国家自然科学基金项目(71271206)资助

多因素耦合作用下煤矿事故复杂性机理及其风险度量研究

李新春　刘全龙　乔万冠
李贤功　孟现飞　著

中国矿业大学出版社

图书在版编目(CIP)数据

多因素耦合作用下煤矿事故复杂性机理及其风险度量研究 / 李新春等著. — 徐州 ：中国矿业大学出版社，2016.12

ISBN 978 - 7 - 5646 - 3350 - 9

Ⅰ.①多… Ⅱ.①李… Ⅲ.①煤矿—矿山事故—研究—中国Ⅳ.①TD77

中国版本图书馆 CIP 数据核字(2016)第 288763 号

书　　名	多因素耦合作用下煤矿事故复杂性机理及其风险度量研究
著　　者	李新春　刘全龙　乔万冠　李贤功　孟现飞
责任编辑	马晓彦
出版发行	中国矿业大学出版社有限责任公司 (江苏省徐州市解放南路　邮编 221008)
营销热线	(0516)83885307　83884995
出版服务	(0516)83885767　83884920
网　　址	http://www.cumtp.com　**E-mail**:cumtpvip@cumtp.com
印　　刷	江苏淮阴新华印刷厂
开　　本	787×1092　1/16　**印张** 18.25　**字数** 309 千字
版次印次	2016 年 12 月第 1 版　2016 年 12 月第 1 次印刷
定　　价	52.00 元

(图书出现印装质量问题，本社负责调换)

前　言

我国煤炭产量居世界第一，但是煤矿事故年死亡人数一直居高不下。近年来我国煤矿百万吨死亡率和死亡人数显著下降，但重大事故仍然不能避免，给国家和人民造成了严重的经济损失。煤矿事故的发生并不只是单一因素作用的结果，而是多个因素相互作用导致的，既有技术原因，也有管理原因。要想实现对煤矿事故的风险预控，就要清楚事故中多因素耦合作用机理，准确地对煤矿事故风险进行度量。目前对煤矿事故机理的研究多数仍局限于单一事故致因因素，缺乏动态、系统的危险源风险概率和损失评估研究。因此，本书主要从多因素耦合作用的视角来研究煤矿事故复杂性机理及风险度量，对有效控制诱发煤矿事故的危险源和提高煤矿安全管理效率具有重要的科学理论指导意义。

本书对我国八大类煤矿事故进行广泛调研和资料收集，分析煤矿事故特点和诱发煤矿事故危险源的特点，构建煤矿事故人、机、环境和管理四类危险源相互耦合作用模式。在此基础上分析煤矿事故结构复杂性、脆性复杂性和动态复杂性机理，揭示多因素耦合作用下煤矿事故复杂性机理。针对煤矿事故四类危险源的特征，确立单一危险源可靠度度量方法，并分别建立不同类危险源风险度量模型；在单一危险源风险度量和煤矿事故复杂性机理分析基础上，分别度量煤矿事故结构复杂性风险、系统脆性复杂性风险以及系统动态反馈和延迟复杂性风险。最后，在分析四类危险源相互耦合作用的基础上，针对上述三种不同的煤矿事故复杂性，推演出煤矿事故演化途径，确立对煤矿事故不同复杂性的管控方法，实现对煤矿事故的全面管控。

通过采用风险管理、系统分析、安全技术与工程等多学科交

叉的集成来进行多因素耦合作用下煤矿事故复杂性机理及风险度量的研究，发挥了多学科、多技术、多手段交叉的优势，弥补了现有煤矿事故致因理论和危险源风险测算方法上的局限。同时，将煤矿事故看成一个复杂的社会技术系统，定位我国目前煤矿事故发生的主要原因是安全管理缺陷和安全管理漏洞，并且将煤矿事故社会系统分为人、机、环境和管理四个子系统来研究煤矿事故复杂性机理和风险度量，从而能够全面科学地揭示煤矿事故机理，准确度量煤矿事故风险。

本书是国家自然科学基金“多因素耦合作用下煤矿事故复杂性机理及风险度量研究”（项目编号：71271206）的研究成果，特别感谢国家自然科学基金委的资助。研究生郭泗良、王培、邱文平、许微娜、李孝迁、裴丽莎、杨学营、孙祥佼、王雷、韩继磊、胡江、周峰雷、吕帆、刘炜烜参与了本书部分内容的资料收集和整理工作，在此，对他们表示感谢。另外，在具体研究过程中，本书参考了国内外许多专家学者的文献资料，在此对专家学者们表示特别感谢。当然，书中还存在不少有待进一步完善的地方，欢迎专业人士和读者提出批评和建议。

著　者

2016 年 8 月

目　录

第1章　绪　　论

1.1　我国煤矿事故状况分析

煤炭是我国的主要能源，在一次能源结构中将长时间占据不可替代的地位，煤炭产量快速增长保证了我国经济和社会发展的需要，支撑着国民经济的快速发展；与此同时，国民经济快速增长拉动了煤炭需求，也带动了煤炭工业的迅速发展。从“十三五”规划和中国实际能源消费来看，煤炭占比能源主体短期内仍然不会改变。

安全生产是煤炭生产高速发展的有力保证，是关系到煤炭工业健康发展的头等大事，而煤炭行业是一个高危行业，在铁路、冶金、建筑、石油、煤炭等12个产业门类中，煤炭行业事故频发、伤亡最严重、影响最恶劣。我国煤炭产量居世界第一，同时煤矿事故年死亡人数也久居世界第一，占到了世界煤矿事故年死亡人数的80%以上，煤矿百万吨死亡率是一些采煤大国的几十倍。2004年10月至2005年2月短短几个月，接连发生了河南郑州大平矿、陕西铜川陈家山矿、辽宁阜新孙家湾矿等数起重大煤矿瓦斯爆炸事故，死亡人数均在百人以上，特别是2005年2月14日发生的孙家湾煤矿瓦斯爆炸事故死亡214人，成为新中国成立以来死亡人数最多的一次煤矿生产事故。从2006年开始，虽然全国煤矿事故总量有较大幅度下降，重特大事故明显减少，百万吨死亡率和死亡人数分别下降，到2009年和2010年百万吨死亡率已下降到1以内，2014年已降低到0.24。但重大事故仍有发生，与其他发达国家和发展中国家相比仍然差距很大。

我国是世界上主要的产煤国之一，95%属于地下开采，煤矿地质条件复杂，受自然条件限制，生产过程复杂，作业环境恶劣，受到水、火、瓦斯、矿尘和冒顶等多种灾害的威胁，加之从业人员的整体素质不高，煤矿企业生产力

水平整体偏低、安全生产基础比较薄弱，安全管理水平低下，致使煤矿企业生产与安全的矛盾突出、特大事故时有发生。下面将从以下几个方面对我国煤矿事故的状况进行分析。

（1）从煤矿类型来看，乡镇煤矿是煤矿事故的重灾区。按照所有权的归属、隶属关系和产品分配形式的不同，我国煤矿可以划分为 3 种：由中央和省两级煤炭管理部门（部、厅）管理控制的国有重点煤矿、由地（市）和县政府的相关部门管理控制的地方国有煤矿，以及由集体组织或个人控制的非国有矿（乡镇煤矿）。国有重点煤矿是由国家投资建设，生产的煤炭产品主要由国家指导分配，超出国家配额的部分，可以自由进入市场销售；地方国有煤矿是由地方性政府建设，主要用于为地方提供煤炭产品；非国有矿（乡镇煤矿）是由个人或乡镇投资建设，其生产的煤炭产品直接进入市场交易。因为乡镇煤矿是在 20 世纪 80 年代后期才发展起来的，所以新中国成立初期的煤矿事故都发生在国有煤矿，因此对中国不同类型煤矿安全状况的比较主要从 20 世纪 80 年代开始，如图 1-1 和 1-2 所示。

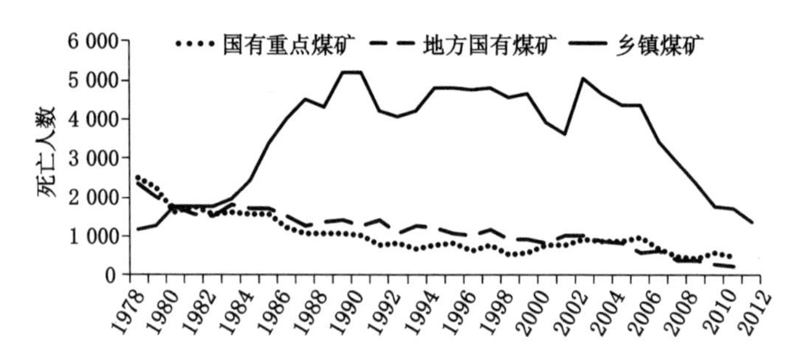

图 1-1　全国不同类型煤矿死亡人数（1978～2012 年）

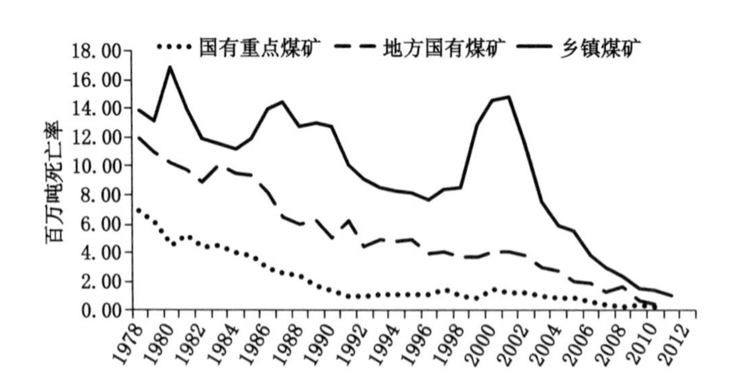

图 1-2　全国不同类型煤矿百万吨死亡率（1978～2012 年）

从图 1-1 中可以看出，国有重点煤矿和地方国有煤矿的死亡人数整体上呈现出下降的趋势，在最初的 4 年，国有重点煤矿的死亡人数略高于地方国有煤矿，而从 1982 年开始一直到煤矿安全管理体制改革后的两年内，地方国有煤矿的死亡人数略高于国有重点煤矿，在 2002～2012 年，国有重点煤矿的死亡人数又略高于地方国有煤矿。乡镇煤矿是事故的重灾区，从 20 世纪 80 年代开始发展起来其死亡人数在最初的 10 年显著上升，而后 15 年处于居高不下的状态，在 1998 年也就是国家出台了关闭大量小煤矿的政策后，乡镇煤矿死亡人数略有下降，但从煤矿安全管理体制改革后的 2001 年开始又快速回升，从 2003 年至今乡镇煤矿的死亡人数逐年显著下降。而从煤矿生产百万吨死亡率（图 1-2）来看，其变化趋势也大致相同，国有重点煤矿低于地方国有煤矿，而乡镇煤矿的百万吨死亡率一直远远高于其他类型的煤矿，直到最近两年才略高于其他类型煤矿。

总之，中国不同类型煤矿的改善程度不一样，乡镇煤矿无论是在死亡人数还是百万吨死亡率方面都显著高于国有煤矿，安全状况远远糟糕于国有煤矿。

（2）从事故类型结构来看，瓦斯爆炸事故是煤矿企业中危害最大、死亡比例最高的事故，如图 1-3 所示。例如 2002 年，全国煤矿企业共发生 4 344 起死亡事故，共计死亡 6 995 人，其中瓦斯爆炸事故 325 起，总死亡 1 703 人，分别约占事故总数和总死亡人数的 7.48％和 24.35％；同时，从各事故类型所占比例可以发现，人为原因引起的事故是煤矿安全生产重点排查防控的事故类型，而煤矿地质条件引起的事故类型所占比例上升。

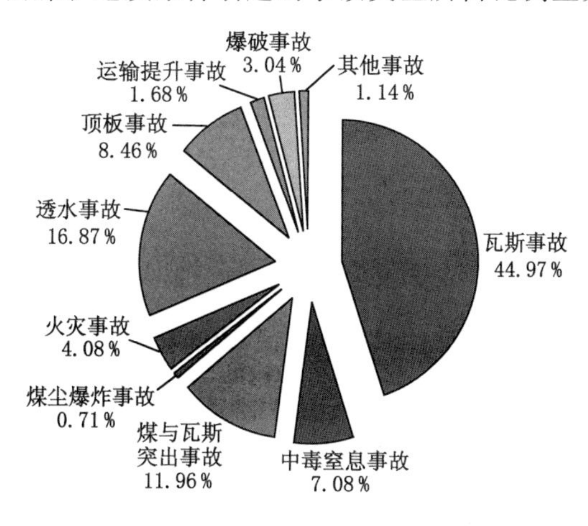

图 1-3　不同事故类型造成的死亡人数百分比（2001～2010 年）

(3) 从历史发展来看，煤矿安全具有经济、社会的时代特征，煤矿安全与社会经济发展阶段具有相关性。1949 年中国煤炭产量 3 243 万 t，2014 年增长到 38.7 亿 t，增长了约 118.3 倍；百万吨死亡率也由 1949 年的22.54 下降到 2014 年的 0.24，下降了约 93 倍。全国煤矿事故死亡人数及百万吨死亡率总体呈现下降趋势，但是这个过程并不均衡(见图 1-4)。从图 1-4 中可以看出，其间出现几次事故高峰，包括新中国成立初期、“大跃进”时期、“文化大革命”后期、“七五”计划时期以及煤矿安全监察管理体制改革初期，体现了特殊社会经济发展阶段。

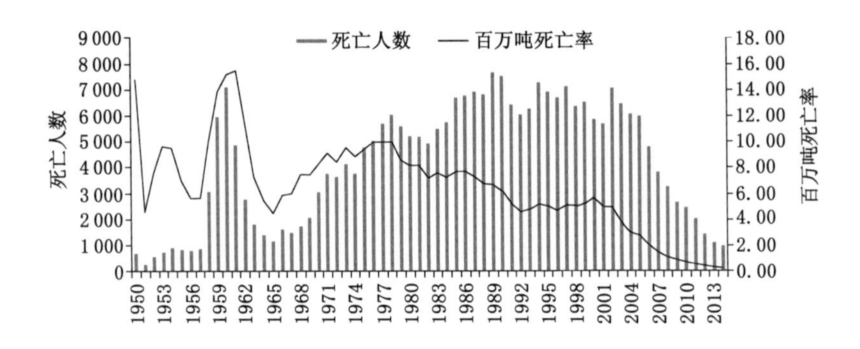

图 1-4　全国煤矿事故历年死亡人数及百万吨死亡率(1950～2014 年)

一是新中国成立初期(1949～1954 年)。煤矿安全生产初创期，百废待兴，煤矿开采技术和装备以及管理都很落后，原始的采掘方法普遍存在，因此，造成煤矿伤亡事故多发，这期间全国平均煤矿百万吨死亡率高达 11.45。

二是“大跃进”时期(1958～1961 年)。“大跃进”给煤炭工业造成了巨大冲击，受“生产第一”和“高指标”的影响，且推行“二参一改三结合”(干部参加劳动，工人参加管理，改革管理制度，干部、技术人员和工人三结合)，严重削弱了煤炭企业和主管部门安全生产管理工作，煤矿管理局及煤矿技术安全监察局被撤销，大部分煤矿企业撤消了安全科，废除了许多行之有效的规章制度，重大伤亡事故接连发生，全国造成恶劣影响，尤其是 1960 年 5 月 8 日发生在山西大同矿务局老白洞煤矿的瓦斯爆炸事故是中外采矿史上最惨烈的事故(684 名矿工遇难)。这一时期，全国煤矿平均每年死亡 5 218 人，煤矿生产平均百万吨死亡率高达 13.6。

三是“文化大革命”后期(1971～1978 年)。“文化大革命”时期“极

左”思想泛滥，劳动保护被当成“资产阶级活命哲学”受到批评，在调整时期，即1962～1965年制定的一系列煤矿安全措施政策遭到否定，煤矿安全法律法规和管理机构遭到破坏，初步形成的煤矿安全管理体制瘫痪，煤矿安全生产的监管以及法律法规建设崩溃。煤矿安全生产领域的综合管理和法制建设全面瘫痪，纪律松弛、违章指挥和冒进蛮干成为生产现场的常态。在这种背景下，煤矿伤亡事故再次大幅度上升，形成新中国成立以来的又一次伤亡事故高峰，在此期间平均每年死亡人数和百万吨死亡率分别为4 560人和9.39。

四是“七五”计划时期(1985～1991年)。在“‘有水快流’——中央、地方、集体、个体一起上”的思想指导下，国家放松了办矿政策，大力发展乡镇煤矿。此后，乡镇煤矿的数量和产量快速增加，1991年时其数量达到10多万座。乡镇煤矿的迅速崛起，大大缓解了中国煤炭供需紧张的局面，结束了煤炭短缺的历史，促进了产煤区的就业和经济发展，但同时也带来了安全形势恶化，使得煤矿死亡人数大幅度上升。这期间煤矿事故平均每年死亡人数为6 936人，百万吨死亡率为6.78。其中，乡镇煤矿平均每年死亡人数为4 400人，约占总死亡人数的63.4%，百万吨死亡率平均为12.72。

五是煤矿安全监察管理体制改革初期(1998～2003年)。从1998年底开始，国家对煤炭工业管理体制进行了一系列重大改革，对小煤矿采取了关闭压产的政策，重新组建新的煤矿安全监察管理组织机构，成立国家煤矿安全监察局，实行垂直管理、分级监察。随着这一系列行政管理体制的变革，煤矿事故平均每年死亡人数为6 278人，其中，乡镇煤矿平均每年死亡人数为4 425人，约占总死亡人数的70.5%。

从2001年开始，尤其是2002年以后，中央政府以高压政策整顿煤矿、抑制煤矿事故，同时煤矿安全监察管理体制不断完善，煤矿安全监察监管力度不断加大，舆论监督也于2002年开始正式介入煤矿安全，煤矿安全形势开始出现好转。2002年全国煤矿事故总死亡人数为6 995人，此后逐年下降，到2014年全国煤矿事故总死亡人数已下降为931人；全国原煤生产百万吨死亡率也从2002年的4.94下降为2014年的0.24。

表 1-1　　2000～2011 年中美煤矿安全生产状况比较

年份	中国			美国		
	原煤产量/Mt	死亡人数	百万吨死亡率	原煤产量/Mt	死亡人数	百万吨死亡率
2000	999.17	5796	5.71	1 073.6	38	0.035
2001	1 105.59	5 670	5.03	1 127.7	42	0.037
2002	1 415.31	6 995	4.94	1 094.3	28	0.026
2003	1 727.87	6 434	3.71	1 071.8	30	0.028
2004	1 997.35	6 027	3.08	1 112.1	28	0.025
2005	2 151.32	5 938	2.81	1 131.5	23	0.020
2006	2 331.78	4 746	2.04	1 162.7	47	0.040
2007	2 523.42	3 786	1.49	1 146.6	34	0.030
2008	2 748.57	3 215	1.18	1 171.8	30	0.026
2009	3 012.51	2 631	0.87	1 074.9	18	0.017
2010	3 248.33	2 433	0.75	1 085.3	48	0.044
2011	3 498.23	1 973	0.56	1 105.3	21	0.019
合计	26 759.45	55 644	32.17	13 357.6	387	0.347

（4）从横向对比来看，我国煤矿安全形势依然十分严峻。

虽然近十几年以来，我国煤矿安全形势得到了很大改善，但是从横向对比来看，我国煤矿安全生产的状况与世界主要产煤国家相比还是存在很大的差距，尤其是煤矿重大事故频发、生命财产损失严重，煤炭的伤亡事故率和百万吨死亡率一直处于很高的水平。以 2011 年为例，美国煤矿事故总死亡人数 21 人，煤炭生产百万吨死亡率为 0.019，我国煤矿事故总死亡人数 1 973 人，煤炭生产百万吨死亡率为 0.56，分别约是美国的 94 倍和 29 倍。表 1-1 对 2000～2011 年中美两国煤矿安全生产与安全状况情况进行了比较。

从表 1-1 中可以看出，2000～2011 年，中国原煤产量逐年大幅增加，事故死亡人数在最初的 2 年里呈现上升而后逐年下降，百万吨死亡率逐年下降。但是这 12 年间煤矿平均死亡人数为 4 637 人，煤矿平均百万吨死亡率约为 2.68，总计生产 267.6 亿 t 的煤炭付出了 5.6 万个矿工的生命，远远高于美国煤矿的伤亡水平，原煤产量约是美国的 2 倍，而事故死亡人数却约是美国的 143.8 倍，百万吨死亡人数约是美国的 92.7 倍。需要指出的是，在

中央政府高压政策下，一些地方存在着严重的事故瞒报现象，尤其是一些死亡人数少于10人的事故，矿主为了躲避惩罚，往往通过各种手段隐瞒。因此，中国煤矿事故与死亡人数的实际数值仍然是一个谜。

1.2 煤矿事故主要特点

煤炭生产是一个相对独立的系统过程，煤矿事故是指发生在煤炭生产过程中，导致生产系统暂时或较长时间或永远中断运行，或人员伤害或物的损失的事故。按煤炭工业伤亡事故的性质，伤亡事故分为顶板事故、瓦斯事故、机电事故、运输事故、爆破事故、水害、火灾和其他事故等8类。分析起来，煤矿事故具有如下特点：

（1）事故的偶然性（随机性）、因果性和必然性。

从本质上讲，伤亡事故属于在一定条件下可能发生，也可能不发生的随机事件。就某一特定事故而言，其发生的时间、地点、状况等均无法预测。事故是由于客观存在不安全因素，随着时间的推移，出现某些意外情况而发生的，这些意外情况往往是难以预知的。因此，事故的偶然性是客观存在的，这与是否掌握事故的原因毫无关系。换言之，即使完全掌握了事故发生的原因，也不能保证绝对不发生事故。

事故的因果性决定了事故发生的必然性。煤矿事故是许多因素互为因果连续发生的结果。一个因素是前一因素的结果，又是后一因素的原因。也就是说，因果关系有继承性，是多层次的。事故因素及其因果关系的存在决定了事故或迟或早必然要发生，其偶然性仅表现在何时、何地、因什么意外事件触发产生而已。

事故的必然性中也包含着规律性。既为必然，就有规律可循。必然性来自因果性，深入探查、了解事故因素的因果关系，就可以发现事故发生的客观规律，从而为防止事故发生提供依据。

（2）事故的潜在性（隐藏性）、再现性和预测性。

煤矿事故往往是突然发生的，然而导致事故发生的因素，即所谓隐患或潜在危险是早就存在的，只是未被发现或未受到重视而已。随着时间的推移，一旦条件成熟，在特有的时间和场所就会显现而酿成事故，这就是事故的潜在性。

事故一旦发生，就成为过去。时间是一去不复返的，完全相同的事故不

会再次发生。然而，没有真正地了解事故发生的原因，并采取有效措施去消除这些原因，就有可能再次发生类似的事故。

由于事故的反复出现，人们可以根据对事故所积累的经验和知识，以及对事故规律的认识，使用科学的方法和手段对未来可能发生的事故进行预测。

(3) 事故的相关性（连锁性）、破坏性和周期性。

煤矿井下生产系统的管网式空间布置，多种危险因子共存的生产环境，决定了在不同地区各种灾害发生的危险程度、灾害产生后果的严重程度各不相同。同一地点的某种灾害事故，不仅受本地区事故因子的影响，而且受相关区域，甚至整个系统事故因子的影响。事故的后果，不仅影响本地区的设备、设施、人员，而且可能危及相关地区，甚至整个系统。不同的事故形式，互为触发事故的因果。因此，煤矿井下灾害具有很强的相关性和破坏性。

煤炭生产，由于空间有限，发生事故时，容易造成巨大的破坏性。如瓦斯爆炸和突水事故，往往导致矿井发生毁灭性的破坏和人员的巨大伤亡。

此外，煤矿生产系统有其内在的设计寿命（生产年限），煤矿事故是在设计寿命内产生、发展的，在设计寿命的晚期，发生事故的概率就会增加，随着矿井的报废，煤矿生产安全事故就不再发生。因此，分析煤矿事故发生机理，要考虑在煤矿生命周期不同阶段各因素的作用权重。

(4) 事故结果表现形式多样性。

煤矿事故发生结果的表现形式是多样性的，有设备的损失、人的生命损失、停产等形式。

1.3 煤矿事故原因分析

随着社会的发展和技术的进步，现代煤矿企业系统越来越趋向于大型化和复杂化，系统和各级子（分）系统、基本元素自身及其相互关系也呈现出网络化和复杂化的特点。在这种状况下，系统的安全性及系统安全管理的实现由于关系到系统的稳定性、经济性和正常运行，逐渐成为人们关注的焦点。近年来我国煤矿安全生产形势严峻，特别是重大事故频频发生，造成人民生命财产、企业经济效益和社会福利的重大损失。虽然造成事故的直接原因是人的不安全行为、物的不安全状态和作业环境等因素，但从深层次

看，对系统安全管理复杂性认识的缺失或不足是导致事故"多米诺骨牌"链倒塌的内在原因。

煤矿生产系统是一个由人、机器、环境、管理组成的复杂系统，含有设备、物质、人员和作业环境等要素，其作业空间和单元分布极其复杂，井下作业环境是动态变化的；也是一个半人工、半自然的动态复合系统，同时也是一个事故发生系统，存在着瓦斯事故、火灾事故、水灾事故、顶板事故、机电事故等事故类型，这些事故具有动态性、随机性和模糊性，其各类事故具有在纯自然环境或人工环境下完全不同的事故致因特性。煤矿事故的发生并不是只有单一因素作用的结果，而是多个因素相互作用导致的，既有技术原因，也有管理原因。煤矿生产系统中危险源多，空间分布复杂且相互制约，致因因素复杂，随机性、隐蔽性强，这些特点给危险源管理工作带来了极大的困难，致使矿井安全管理水平难以提高。在我国煤矿事故频发，关键是管理漏洞，使安全管理水平比较落后、薄弱。据统计我国煤矿事故90%以上是由于管理上出现偏差才导致的。在事故发生之前，导致事故发生的危险源已经暴露出来，但由于管理没有跟上，对已暴露出来的危险源没有实施有效的管控，才最终导致事故的发生。

煤炭行业的作业环境与其他行业相比，井下深处有限的空间，环境条件恶劣、多变。随着巷道掘进尺度的不断增加，工作环境中的危险因素也越来越多。在煤矿工人工作过程中，顶板、瓦斯、煤炭自燃、粉尘、透水等自然灾害时刻威胁着作业人员的安全。矿井环境条件恶劣、多变的固有属性是引起煤矿事故多发的潜在危险因素。而在人员方面，由于煤矿工作环境差、安全形势严峻、工资水平又不太高，难以吸引综合素质较高的员工，而不得不招聘大量临时农民工（外包队伍），这同样给提升煤矿安全水平带来更大的困难，从而导致安全形势的恶性循环。同时，煤矿企业内部管理失误和企业外部监察的缺失也是导致我国煤矿重大事故频发的原因。

从世界范围来看，全球一些主要的煤炭生产国家，如美国、澳大利亚、南非等国家已经在煤矿安全生产管理工作中取得了巨大的成功，实现了对煤矿事故的有效控制，煤炭开采成为这些国家中较安全的行业之一。相比之下，我国的煤矿生产安全管理工作成效不甚理想，煤矿安全生产状况十分严峻，事故频繁发生，尤其是重大事故造成的影响极大。虽然我国煤矿的百万吨死亡率虽然已经于2014年降低到0.24，但是与发达国家相比差距甚远，即使与其他发展中国家行列中的产煤大国，如印度、南非

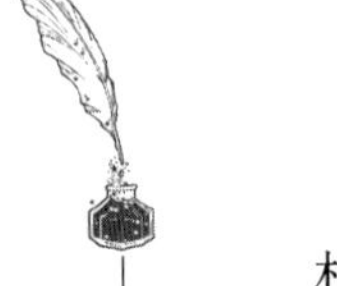

相比依然差距很大。要扭转我国煤矿安全管理在世界上的不利局面，依然任重道远。

在煤矿生产系统中，引发煤矿事故的因素，除自然条件变化外，主要包括以人因为中心的组织、软件、硬件设施所组成的系统。早先以及当前对系统中事故的各个致因因素的研究都有了一定的成果，不同的理论形成了不同的事故预防和控制方法。但在当前的研究中，从系统致因复杂性的角度研究各个因素之间交互作用以及整个复杂系统结构及状态变化引起事故的还比较少。煤矿事故的发生并不是单一因素作用的结果，而是多个因素相互作用导致的。煤矿系统既包括管理的因素，又包括人、机器和环境的因素，各个因素之间相互影响、相互作用，在考虑煤矿系统多因素耦合作用的情况下，如何对煤矿事故复杂性机理及其风险度量进行研究，就是本书要探讨的问题。

1.4 煤矿事故复杂性研究现状

1.4.1 国外研究现状

1. 事故致因理论研究现状

事故致因理论(accident-causing theory)是从大量的典型事故的本质原因的分析中所提炼出来的事故机理和事故模型。这些机理和模型反映了事故发生的规律性，能够为事故原因的定性、定量分析，为事故的预防，为安全管理工作的改进，从理论上提供科学的、完整的依据。随着科学技术的发展，事故发生的本质规律在不断变化，人们对事故原因的认识也在不断深入，国外事故致因理论的研究主要有：

英国的格林伍德(M. Greenwood)、伍兹(H. Woods)在1919年和查姆勃(Chamber)、法默(Farmer)在1939年分别提出和完善的事故频发倾向理论；1936年，美国的海因里希(W. H. Heinrich)提出了事故因果连锁理论(accident causation sequence theory)；在因果连锁理论基础上，博德(Frank Bird)提出了反映现代安全管理理念的事故因果连锁理论；英国伦敦大学的约翰·亚当斯(John Adams)提出了一种与博德事故因果连锁理论相类似的因果连锁模型；日本北川彻三在对海因里希理论进行了一定修正的基础上，提出了另一种事故因果连锁理论；1961年由吉布森(J. Gibson)提出，并

在1966年由哈登(W. Hadden)引申的“能量意外释放论”(energy transfer theory);1969年瑟利提出瑟利事故模型,与此类似的理论还有1970年的海尔(Hale)模型,1972年威格里沃思(Wigglesworth)的“人失误的一般模型”,1974年劳伦斯(U. Lawrence)提出的“金矿山人失误模型”,以及1978年安德森(Anderson)等人对瑟利模型的修正等;1972年,本尼尔(L. Benner)提出了在处于动态平衡的生产系统中由于“扰动”导致事故的理论;詹姆斯·瑞森(James Reason)针对复杂系统并以医疗事故为研究对象分别于1990年和2000年提出著名的纵深防御模型和瑞士奶酪模型;莱文森(N. G. Leveson)建立了基于系统理论的系统理论事故模型(systems theoretic accident model and processes,STAMP)等。

近十几年来,比较流行的事故致因理论是“轨迹交叉”论。该理论认为,事故的发生是人的不安全行为和物的不安全状态两大因素相互作用的结果,人的因素和物的因素在事故致因中占有同样重要的地位,且可以相互关联、互为因果和相互转化,并说明在人流和物流(能量流)之间设置安全装置作为屏障,可提高机械设备的可靠性,又可大大降低事故发生的概率。当人的不安全行为和物的不安全状态在各自发展过程(轨迹),在一定时间、空间发生了接触(交叉),事故就会发生。轨迹交叉论的重点是说明人为因素难以控制,但可控制设备、物流不发生故障。

2. 危险源理论研究现状

20世纪70年代以来,预防重大工业事故引起了国际社会的广泛关注,并随之产生了“危险源(hazard)”、“重大危险源(major hazard)”等概念。对于危险源的研究,主要集中在对危险源尤其是重大危险源的辨识、评价和监控等方面。

但究竟什么是危险源,危险源有哪些种类等问题,到目前为止尚无理论上的确切界定。英国的健康和安全委员会(Health and Safety Commission)将危险源定义为可能造成事故发生的生产装置、设施或场所,是事故发生的根源。Willie Hammer定义危险源为可导致人员伤亡或物质损失事故的潜在不安全因素。美国化学工程研究所化工安全研究中心CCPS定义危险源为“存在于生产系统中,并能产生和释放能量的各种物质,在一定的触发条件下,足以导致人员伤亡、职业危害和财产损失事故发生的潜在的各种不安全因素”。此定义忽视了人的因素对生产系统的影响。从前面的定义可以看出危险源是客观存在的,是导致事故的根源。英国的

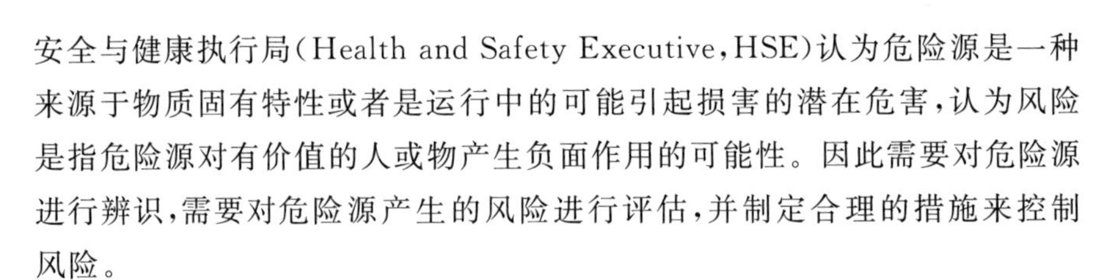
安全与健康执行局(Health and Safety Executive,HSE)认为危险源是一种来源于物质固有特性或者是运行中的可能引起损害的潜在危害,认为风险是指危险源对有价值的人或物产生负面作用的可能性。因此需要对危险源进行辨识,需要对危险源产生的风险进行评估,并制定合理的措施来控制风险。

对于危险源辨识、分类以及与灾害关系的主要研究有:布雷克叶(Blaikie)提出的D=H+V(D是disaster的缩写,意为灾害;H是hazard的缩写,意为危险或危险源;V是vulnerability的缩写,意为脆弱性)公式;1976年,英国重大危险咨询委员会ACMH首次提出了重大危险设施标准的建议书,并于1979年修改标准;欧共体先后在1982年6月和1996年12月颁布了《塞韦索法令》和《塞韦索法令Ⅱ》;1985年6月国际劳工大会ILO通过了关于危险物质应用和工业过程中事故预防措施的决定;1988年ILO出版了重大危险源控制手册,1991年ILO出版了预防重大工业事故实施细则;1992年,美国劳工部职业安全卫生管理局颁布了《高度危险化学品处理过程的安全管理标准》;1992年,国际劳工组织第79届会议专门讨论了预防重大工业灾害的问题,1993年6月国际劳工组织通过了《预防重大工业事故》公约和建议书;1996年9月澳大利亚国家职业安全卫生委员会颁布了国家标准《重大危险设施控制》和《重大危险设施控制实施规定》,并在2002年修订了国家标准 。

近几十年来,通过大量的信息和资料表明,西方工业发达国家通过重大危险源研究,使其职业伤害不断下降,取得了极大的社会效益和经济效益。

3. 风险评价与风险度量研究现状

安全风险评价最早起源于20世纪30年代的保险业。保险公司在衡量风险程度的过程中产生了风险评价,其发展不但为保险公司提供了收取费用的依据,也使客户企业事故风险得到降低,促使许多生产经营单位、集团公司、国家政府加强了对安全评价理论和技术的研究,开发风险评价方法。

20世纪60年代,系统安全工程的发展大大推动了安全评价技术的发展。1961年美国Watson在研究导弹发射控制系统的安全性评价时提出了FTA(事故树/故障树分析)方法,对以后的安全评价发展推动很大。英国在20世纪60年代中期建立了故障数据库,可靠性服务咨询机构也对企业开展了概率风险评价工作。1964年美国陶氏(DOW)化学公司开发了“火灾、爆炸危险指数评价法”,并于1966年、1972年、1980年、1987年、1994年等先后修订了七版，使该方法趋于成熟。1967 年，F. R. Farmer 针对核电站安全性提出了定量风险评价方法（quantity risk analysis，QRA）。1972 年美国原子能委员会委托麻省理工学院的专家组对商用核电站进行安全评价。1974 年发表了“WASH-1400”评价报告书，采用事件树和事故树分析方法，对“核反应堆堆芯熔化”事故的概率、危险后果进行了定量评价，引起了各国的关注和重视。1974 年英国帝国化学公司蒙德部提出了“蒙德火灾、爆炸、毒性危险指标评价法”。日本劳动省在 1976 年也提出了化学工厂六阶段评价方法。1976 年，荷兰劳动安全总局根据 DOW 化学公司火灾爆炸指数法第四版也提出了化学工厂危险评价法。

20 世纪 70 年代以后，世界范围内发生了许多震惊世界的火灾、爆炸、毒气泄漏事故，造成严重的人员伤亡和财产损失，促使各国政府、议会立法或颁布规定，规定工程项目、技术开发项目都必须进行安全评价，并对安全设计提出了明确要求。对于如核电站、大型化工厂等复杂系统、动态系统在系统安全工程的指导下发展了概率风险评价法。1975 年，J. Rusmusen 利用概率风险评价法对核电站安全性进行危险评价，取得了非常令人满意的结果，从而也确定了概率风险评价法的位置，该法随后在航空航天、战略武器系统、核能及其他重要领域也得到广泛应用。随着人类社会对安全要求的提高，各国已相继开展了危险评价的进一步研究工作。欧盟在 1982 年颁布的《塞维索法案》中列出了 180 种物质及其临界量标准，并对正在运行的 1 800 多个危险装置进行了概率危险评价。荷兰应用科学研究院（TNO）、英国健康与安全执委局（HSE）、日本安全工学学会、加拿大安大略大学等机构相继开展了危险评价的研究，并提出了一些危险评价方法。美国 K. J. 格雷尼姆和 G. F. 金妮提出多因子评分法即 LEC 法，半定量地评价人们在具有潜在危险环境中作业时的危险程度。由此可见，发达国家对安全评价工作非常重视，对安全评价理论及技术研究的投入也很大。

1.4.2 国内研究现状

1. 事故致因理论研究现状

我国安全管理专家在国外事故致因理论的发展基础上，提出由人、机器、环境构成的复杂系统是事故致因理论研究的主要对象，而人的不安全行为和物的不安全状态始终是事故致因理论研究的两个基本方面。事故的直接原因是人的不安全行为和物的不安全状态，但是造成人失误和物故障的

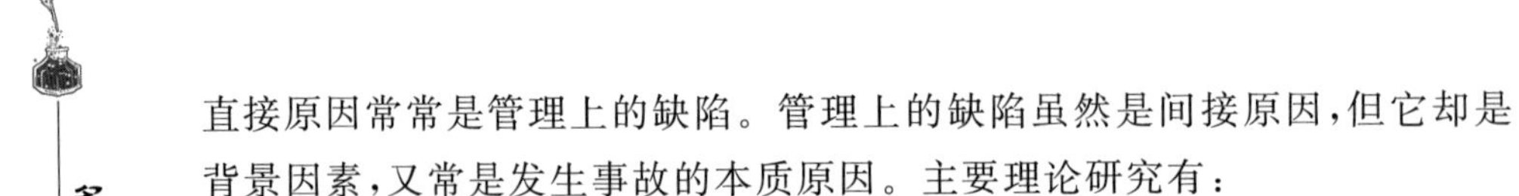

直接原因常常是管理上的缺陷。管理上的缺陷虽然是间接原因，但它却是背景因素，又常是发生事故的本质原因。主要理论研究有：

陈宝智1995年在对系统安全理论进行系统研究的基础上，提出了事故致因的两类危险源理论；田水承2001年提出组织失误是第三类危险源，认为第三类危险源是事故发生的根本原因；何学秋1998年针对事物发展变化的流变-突变规律，提出了安全科学的流变-突变理论；卢建军认为，管理失误是导致矿山事故发生的本质原因；于殿宝、宋启国认为，事故发生的机理就是由管理、人为、物质和环境四大原因构成，管理原因随时随地制约着人为、物质和环境3种原因；许名标、彭德红引入信息缺陷的概念，他们认为煤矿事故致因理论中的间接原因，包含四个基本要素：人员的缺陷、物质的缺陷、环境的缺陷以及信息的缺陷，而直接原因包括：工人的不安全行为、设备和设施的不安全状态、不安全的生产环境；许正权2004年提出交互式安全管理理论；王帅认为在煤矿生产过程中，人、物、环境、能量、管理等因素相互作用，产生了危险因子，危险因子和非危险因子在自控和被控的过程中相互转化，在一定的时空条件下，导致事故的发生。

2. 危险源理论研究现状

为了有效控制煤矿事故的发生，我国在煤矿企业中大力提倡安全科学。安全科学中一个最重要、最基本的概念是危险源，科学准确的理解和把握危险源，对安全科学的建设发展，我国安全水平的提高以及实际生产生活中安全问题的解决具有重要意义。就目前国内研究危险源的主要内容来讲，主要包括以下方面：

20世纪90年代初，东北大学陈宝智教授提出2类危险源理论；丁新国、赵云胜等将工业生产活动中，可能意外泄漏有毒有害物质、释放有害能量，给人们生命财产构成一定威胁的生产装置、设备、设施、物体、场所或区域称为危险源；田水承在2类危险源理论的基础上提出第3类危险源的概念，3类危险源分别指能量、载体或危险物质；孙斌则认为危险源是具有一定能量的载体、影响载体中的能量释放的环境因素及风险管理因素；白勤虎等从两类危险源的角度出发，将危险源的类型分为固有型危险源和触发型危险源两类；丁新国、赵云胜认为从企业安全管理的角度出发，首先必须辨识所管理的企业存在哪些危险源，在此基础上，进一步辨识各危险源存在的能直接或者间接导致事故发生、发展的一切物质、能量、条件、行为等；文杰认为危险源辨识应全面考虑三种时态、三种状态和六种类型；李新娟认为危

险源和脆弱性是构成灾害的两个必要条件，只有两者同时存在，才会导致灾害的发生，并分析了危险源、脆弱性和灾害的危害程度之间的关系，定义了灾害危害指数公式等。

3. 风险评价与风险度量研究现状

国内目前用于煤矿安全评价的方法有10余种，根据评价结果量化程度可分为定性和定量两类。定性评价方法是我国煤矿安全评价普遍采用的方法。

秦庭荣等在《综合安全评价(FSA)方法》中对FSA方法作了本质性分析和应用性研究；许家武在《海运公司安全管理的FSA(综合安全评估)研究》中，运用综合安全评估的原理，首先构建了海运公司安全管理评价指标体系，用层次分析法确定了各指标的权重，然后用模糊综合评价方法构造海运公司安全管理的综合评价模型，并对评价结果进行了应用检验；张爱霞在《煤矿安全综合评价与伤亡事故预测方法研究》中充分考虑了影响矿井安全的各种因素前提下，构建了全面的煤矿安全综合评价指标体系，并建立煤矿安全现状综合评价模型；孙斌在《基于危险源理论的煤矿瓦斯事故风险评价研究》中运用模糊综合评价方法研究瓦斯事故危险源综合评价问题；王小群、陈洪彪在《模糊层次综合法在企业安全评价中的应用》中将模糊综合评价法与层次分析法相结合，运用模糊层次综合法对企业进行安全评价；张吉军在《模糊层次分析法(FAHP)》中首先通过分析指出层次分析法(AHP)存在的问题，然后给出了模糊一致矩阵的定义，并对新定义的模糊一致矩阵的性质，用模糊一致矩阵表示因素两两重要性比较的合理性，以及表示因素两两重要性比较的模糊一致矩阵同表示因素重要程度权重之间的关系进行了讨论，最后给出了模糊层次分析法的原理和步骤；刘海波在《自然权重原理及其在煤矿安全评价中的应用》中引入了自然权重的概念；高顺川等人结合Markov理论和组合数学方法建立了动态故障树模型；周忠宝等针对传统的动态故障树Markov链分析方法的不足，研究了优先或门、顺序相关门、功能相关门、存在公共备件的备件门和层叠功能相关门向动态贝叶斯网络的转化方法，以及基于动态贝叶斯网络的顶事件概率、重要度等计算方法，用该方法对心脏辅助装置进行了分析；杨宏刚将控制论的方法用于系统安全评价理论的研究；于群、冯玲在《基于BP神经网络的网络安全评价方法研究》中采用系统工程的思想和方法，以层次分析法为基础，构建了BP神经网络评价模型；林济铿、余贻鑫提出一种新型的决策树(DT)-人工神经

网络(ANN)混合结构形式;刘兰翠采用模糊 Modular 神经网络理论对煤矿的安全性进行评价;许满贵综合模糊数学和神经网络技术的优点,利用神经网络工具箱建立了煤矿安全评价的模糊神经网络模型等。

1.4.3 目前研究存在的不足

综上所述,国内外很多学者在事故机理分析方面除了对事故的发生进行路径分析外,还从整个系统角度分析了事故致因;在危险源理论研究方面,危险源作为安全科学中的一个基本概念,已经引起了国内外学者的广泛关注,其基本理论(包括基本概念、特点、辨识和分类等)也不断在发展和丰富。同时,控制危险源对控制事故的重要作用,已被学者们充分认识到;在危险源风险评价方面诸多学者也采用风险概率与风险效用研究危险源的风险值。这些研究对于正确揭示煤矿事故机理,分析煤矿事故产生途径,正确评估煤矿事故危险源危害性等方面都具有很高的理论指导意义。但从目前研究来看仍存在如下几个方面的缺陷:

第一,对于煤矿事故机理多数研究仍局限于单一事故致因因素分析,认为煤矿事故是瓦斯、水、顶板、设备、煤层气、人的不安全行为等危险源中某一重要因素出现不正常所导致的,即使分析多因素作用也是多个危险源简单叠加。目前研究尚未系统分析煤矿事故的发生机理,尤其没有全面分析多因素之间的相互作用机理,对于煤矿事故发生途径认识不够明晰。

第二,在危险源风险度量方面,通过导致煤矿事故发生的危险源的特点分析,可以知道传统的静态的评估危险源导致事故发生的概率是片面的,甚至是不准确的,因为传统的方法没有考虑到危险源的复杂、随机、动态和模糊等特性,所以,只有通过动态、系统的危险源风险概率和损失评估,才能更准确地对事故危险源进行风险分析,为进一步采取预控措施提供更加准确的信息。

第三,对于煤矿事故的危险源耦合风险度量国内外还没有较好的方法,传统的简单概率累加不能正确揭示多危险源耦合带来的风险加大和减弱,也不能准确度量多危险源耦合后的风险。尤其对于系统风险不能很好地解释和度量,如当所有危险源都在安全值以内时,传统度量认为系统是安全的,而实际有可能产生系统风险,导致事故发生,这正是多危险源耦合所导致的。

1.5 研究思路与主要框架

本书认为，煤矿要实现对事故的风险预控，关键是实现对诱发事故产生的危险源和事故产生途径的管控。要想实现对危险源和事故产生途径的科学、合理、有效管控，首先需要明晰煤矿事故的发生机理和事故中多因素耦合作用机理，这样才能比较全面地把导致煤矿事故发生的危险源辨识出来，才能弄清煤矿事故产生途径，实现对煤矿事故的有效控制和危险源管控。其次需要对其风险性作出正确度量，这样才能在数以千计的危险源中抓住关键危险源，找到安全管理重点，对重点危险源实施有效管控，从而实现对事故的预控，减小事故发生的可能性，降低事故损失。

本书将在对诱发煤矿事故危险源的动态性、多变性、时空依托性、模糊性和隐蔽性等特点进行分析的基础上，研究基于人、机器、环境和管理四要素一体的煤矿事故结构的复杂性、外部因素干扰导致系统脆性的复杂性以及内部多因素交互作用耦合的动态复杂性，建立多因素耦合作用下煤矿事故产生的复杂性机理模型，从而明晰煤矿事故产生途径，实现对煤矿事故的科学有效管控；以煤矿事故诱发单危险源的风险概率和风险效用研究为基础，构建多危险源产生风险的度量模型，对煤矿事故风险进行准确、及时的风险度量，从而有效控制危险源以免诱发事故发生。具体到每一章内容包括：

第 1 章为绪论。本章首先对我国煤矿事故状况进行分析，指出煤矿事故的主要特点，并对其原因进行分析；其次对煤矿事故复杂性研究进行概括性的文献评述；最后给出本书对多因素耦合作用下煤矿事故复杂性机理及其风险度量进行研究的研究思路与研究框架。

第 2 章为煤矿事故复杂性理论基础。首先阐述了复杂性与复杂系统理论，包括系统复杂性的概念与分类、系统复杂性产生的根源以及复杂系统的定义；接着，对煤矿事故致因理论、煤矿事故风险耦合理论以及安全管理基本理论进行了阐述，这些理论都是接下来要研究内容的基础和方法指导。

第 3 章为煤矿事故危险源的辨识。危险源辨识是识别危险源的存在并确定其性质的过程，是进行风险评价的基础。只有充分辨识了危险源，才能有的放矢地采取控制措施控制危险源。本章重点论述煤矿事故危险源的定义、分类、特点以及辨识方法等。

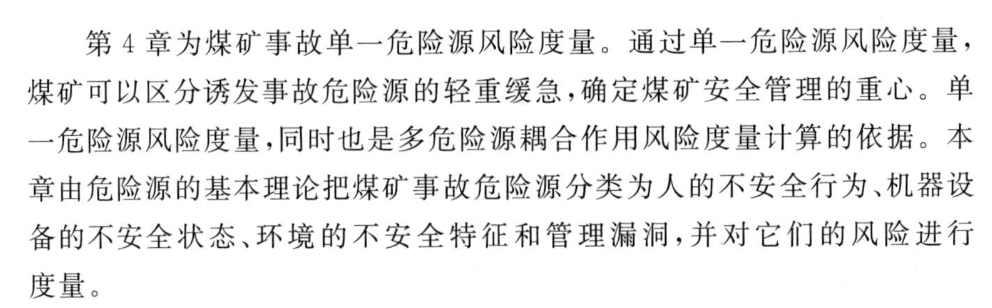

第 4 章为煤矿事故单一危险源风险度量。通过单一危险源风险度量，煤矿可以区分诱发事故危险源的轻重缓急，确定煤矿安全管理的重心。单一危险源风险度量，同时也是多危险源耦合作用风险度量计算的依据。本章由危险源的基本理论把煤矿事故危险源分类为人的不安全行为、机器设备的不安全状态、环境的不安全特征和管理漏洞，并对它们的风险进行度量。

第 5 章为煤矿事故结构复杂性机理及其风险度量。本章首先通过对诱发煤矿事故的人、机器、环境、管理四大类危险源风险耦合性的内涵、特征、分类及过程等，分析基于人、机器、环境、管理多层次的、四维一体多因素交互耦合下的煤矿事故系统结构复杂性；然后，对于多因素耦合作用下所带来的煤矿事故系统结构复杂性所产生的风险进行度量，建立煤矿事故风险度量模型。

第 6 章为煤矿事故脆性复杂性机理及其风险度量。煤矿系统是一个开放系统，人、机器、环境、管理四个子系统不是封闭的，都要受到外部因素的影响。当系统与外界进行物质和能量交换时，系统就会受到外部因素干扰，系统内部就会发生扰动，煤矿系统有序状态就会遭到破坏，最后发生崩溃，也就爆发了煤矿事故，这就是煤矿事故脆性复杂性。本章首先通过建立脆性关联模型来研究人、机器、环境、管理四个子系统之间的脆性同一、脆性波动和脆性对立，揭示煤矿事故脆性复杂性机理；然后，对于煤矿事故脆性复杂性风险，拟通过煤矿事故故障树分析，在人的不安全行为、机器设备不安全状态、环境不安全特征和管理漏洞的脆性关联度量基础上，建立脆性风险熵来度量事故风险。

第 7 章为煤矿事故动态复杂性机理及其风险度量。煤矿安全的人、机器、环境、管理四个子系统要素不是一成不变的，是不断发展变化的，这就导致煤矿事故具有动态复杂性机理。煤矿事故动态复杂性主要表现为反馈复杂性和延迟复杂性。本章首先分析煤矿系统的动态反馈与延迟，以煤矿瓦斯事故为例建立煤矿瓦斯事故系统动力学模型，并对其进行仿真实证研究。

第 8 章为多因素耦合作用下煤矿事故风险管控途径。本章在多因素耦合作用下煤矿事故结构复杂性、系统脆性复杂性和系统动态复杂性以及煤矿事故风险度量研究基础上，从基于结构复杂性、系统脆性复杂性和系统动态复杂性三个方面确立煤矿事故管控途径和管控方法。

第 2 章　煤矿事故复杂性理论基础

2.1　复杂性与复杂系统理论

2.1.1　系统复杂性概念与分类

“复杂性”的提出起源于 20 世纪初对理论生物学的研究。1928 年，奥地利生物学家贝塔朗菲（L. V. Bertalanffy）在其《生物有机体》论文中首次提出了复杂性的概念。20 世纪后半叶，在自然科学、工程技术和社会科学研究的各个领域，复杂性作为一个重要词汇涌现出来，并且迅速成为一种研究的新概念范式。

在关于复杂性概念的界定上，麻省理工学院物理学家塞思·劳埃德通过电子邮件向美国记者约翰·霍根提供的关于复杂性定义的清单中，复杂性的定义包括信息、参数个数或自由度或维度、规则复杂性、复杂适应系统、混沌边缘等 45 种之多。圣菲研究所关于经济学领域的复杂性研究提出：复杂性概念主要包括复杂自适应系统、涌现、混沌边缘、报酬递增和路径依赖等。关于复杂性的定义主要包括自组织、复杂适应系统、路径依赖、涌现、混沌边缘、奇怪吸引子等。而美国匹兹堡大学的雷谢尔教授，从哲学观上总结了复杂性概念，并对复杂性进行了分类（见表 2-1），在一般意义上复杂性不仅是纯粹本体论的或纯粹认识论的，而是包括了这两个方面。

表 2-1　　复杂性概念的分类

<table>
<tr><td rowspan="3">认知复杂性</td><td rowspan="3">计算复杂性</td><td>描述复杂性：为了给系统提供一个恰当描述必须给定的说明长度</td></tr>
<tr><td>生成复杂性：提供产生系统的一个途径而必须给定的一组指令长度</td></tr>
<tr><td>计算复杂性：解决一个问题所耗费的努力和时间总量</td></tr>
<tr><td rowspan="2">本体论模型</td><td rowspan="2">组分复杂性</td><td>构成复杂性：构成要素或组分的复杂性</td></tr>
<tr><td>类别复杂性：构成要素的多样性，在其物理构造中，组分的不同种类的数量</td></tr>
</table>

续表 2-1

本体论模型	结构复杂性	组织复杂性：相互关系的不同模式中组分排列可能方法的多样性
		层级复杂性：包含和归类模式中的从属关系的复杂精致性
	功能复杂性	操作复杂性：各种操作或机能类型的模式的多样性
		通用复杂性：支配未决现象的规律的精细和错综

吴彤在分析国外关于复杂性的定义时，将国外现有研究归为九类五十三种，第九类则是隐喻型描述复杂性(15 种)。具体包括：① 信息类 10 种，包括信息、费希尔信息、Chernoff 信息、共有信息或通道容量、演算共有信息、储存信息、条件信息、条件演算信息含量、Kullbach-Liebler 信息、算法信息含量；② 熵类 3 种，即熵、Renyi 熵、计量熵；③ 描述长度或距离类 8 种，包括自描述代码长度、纠错代码长度、最小描述长度、费希尔距离、信息距离、演算信息距离、Hamming 距离、长幅序；④ 容量类 1 种，拓扑机器容量；⑤ 深度类 2 种，逻辑深度和热力学深度；⑥ 复杂性类 10 种，包括 Lempel-Ziv 复杂性、随机复杂性、有效或理想复杂性、层级复杂性、同源复杂性、时间计算复杂性、空间计算复杂性、基于信息的复杂性、规则复杂性、算法复杂性；⑦ 多样性类 2 种，包括树形多样性和区别性；⑧ 独立参数个数或维数类 2 种，包括参数个数或自由度或维数、分形；⑨ 综合(隐喻)类有 15 种，包含混合、相关性、分辨力、自组织、自组织临界性、复杂适应系统、报酬递增、路径依赖、适切景观、涌现、生成关联、混沌边缘、自相似、模拟退火、奇怪吸引子。

复杂性描述之复杂，以至于保罗·西利亚斯说："复杂性是复杂的"。他认为混沌理论对于复杂性研究能够作出的贡献比较有限。在进行复杂系统分析的时候，对于初始条件的敏感性并不是如此重要的话题，而且，正是复杂系统的鲁棒性，即在不同条件下以同样的方式发生作用的能力，保证了系统的生存。对于复杂性的量化问题，他提出了熵，但仅仅用香浓的信息熵却是不合适的，因为复杂性不仅仅是随机的。

2.1.2 复杂性产生的根源

我国著名哲学家苗东升教授认为，复杂性是现代科学中最复杂的概念之一，至今无法给出统一的定义是正常的，也许根本就不存在统一的复杂性定义。但物理、生物、社会、意识这些现实世界的不同层次各有性质不同的

复杂性，既不可以拿低层次的复杂性代替高层次复杂性，也不可以拿高层次的复杂性否定低层次的复杂性，不可混淆不同层次的复杂性。人们可以从不同的角度、不同的层次认识复杂性。

1. 源于系统规模的复杂性

系统元素和子系统的数目代表系统的规模，在一定范围内，规模增大不足以造成现有方法无法处理的复杂性。复杂性的形成需要足够的系统规模，规模巨大就会带来描述和处理的困难，小系统或大系统的方法无济于事。简单系统不存在源于规模的复杂性，具有足够规模（圣塔非要求系统有中等规模，钱学森要求达到巨系统规模）是产生复杂性的必要条件，但不是充分条件，即使巨系统也不一定是复杂系统。

2. 源于系统结构的复杂性

组分的多样性和差异性造成组分之间相互关系的多样性和差异性，是系统复杂性的根本来源。对于产生复杂性，结构效应比规模效应重要得多，因为组分的差异越大，把它们整合起来的难度就越大。尤其是等级层次结构，它是复杂性的主要根源之一，复杂性研究者几乎都强调这一点。只有要素和整体两个层次的系统必定是简单的，被当作非等级层次结构，在要素层次不能完成全部整合任务，需要经过不同层次逐级整合才能最终形成系统整体。因而在要素与系统整体之间还有中间层次的系统，才是等级层次结构。复杂性只可能出现于等级层次结构的系统中。层次越多，越容易产生复杂性。

3. 源于开放性即外部环境的复杂性

封闭系统没有复杂性，复杂性必定出现于开放系统。自适应系统被当作复杂系统，其复杂性并非来自系统规模或结构，而是来自环境的多样性和极不规则性。但对外部环境开放也不是产生复杂性的充分条件。即使外部环境对系统的影响不能忽略，只要可以近似地当作对系统的干扰、扰动因素看待，或者系统行为可以归结为输出对输入的响应关系，就还是简单系统，用传统的封闭系统模型加扰动的方法或者黑箱方法，足以有效地处理。只有当外部环境对系统的作用不再是被当作干扰而是系统自身特性的有机组成部分，封闭系统加扰动方法或者黑箱方法都失效，这种系统必然呈现某种复杂性。开放性也是复杂性的重要根源，系统与环境相互关系的复杂性是系统复杂性的重要表现。

4. 源于动力学特性的复杂性

动态因素变化可以忽略不计的系统，或者动态因素变化可以作为静态模型的干扰因素来对待的系统，可以当作简单系统来处理。动力学过程可能产生无穷的多样性、差异性、丰富性、奇异性(包括分叉、突变、混沌等)、创新性，是产生复杂性的重要机制，复杂性只能出现于动态系统且一定是某种动力学特性。动力学因素是产生复杂性最重要的物理学根源。

5. 源于非平衡态的复杂性

平衡态不可能产生复杂性，处于平衡态的系统都是简单的。非平衡态也不一定产生复杂性，所谓近平衡态的系统原则上可以使用平衡态的处理方法，或加以小的修正。复杂性只能出现于远离平衡态，在这种条件下系统通过自组织形成耗散结构，即自组织地产生出复杂性。复杂系统必定是处于非平衡态的系统，耗散结构才具有最小的复杂性。物理化学层次的耗散结构还不可能具有生物复杂性，但只有具备了这种最小复杂性，才可能进化出更高级的生物复杂性。

6. 源于非线性的复杂性

线性系统都是简单系统，无法造就复杂性。非线性意味着无穷的多样性、差异性、可变性、非均匀性、奇异性。要素之间、子系统之间的非线性相互作用是系统产生复杂性的根本内在机制，复杂性只能出现于非线性系统。但非线性自身包含极大的差异性。弱非线性，或非本质非线性，仍然不可能产生复杂性，可以作为扰动因素处理，特别是系统的局部性质，用线性模型加微扰的方法往往可以有效描述。只有强非线性，特别是本质非线性，才可能产生复杂性。

7. 源于不确定性的复杂性

确定性连通简单性，不确定性连通复杂性。首先是源于随机性的复杂性，但随机性也不是产生复杂性的充分条件，平稳随机过程属于简单系统，非平稳过程才可能出现复杂性。随机性与复杂性是截然不同的。物理系统随机性的规律一般只服从大数定律，仍属于简单性范围，可以用统计方法处理。生命系统、社会系统、意识系统的组分具有智能性，组分之间具有复杂的相互作用，只靠大数定律不能揭示其本质特征，宏观整体特性不能仅仅看作是大量微观组分相互碰撞的结果，现在的概率统计方法不足以处理这类系统中的随机过程。另一种重要的不确定性为模糊性，它既是复杂性的来源，又是复杂性的表现或结果。扎德的模糊集理论就是为处理复杂性而提

出来的。他的不相容性原理认为，系统的复杂性超过一定阈值，描述的精确同描述的有意义互不相容，二者不可兼得。但目前的复杂性科学尚未涉足模糊性问题。

8. 源于主动性、能动性的复杂性

作用者与被作用者、原因与结果界限分明的是简单系统。不同组分之间、系统与环境之间互为因果，互动互应(所有组分都既是被作用者，又是主动作用者)，一连串的、相互交叉的、网络式的因果联系，才能产生复杂性。特别是当组分有一定的自适应能力时，在不断适应环境的行为过程中必然产生出整体的复杂性。圣塔菲的一个基本信念是适应性产生复杂性，所谓复杂适应系统(CAS)，就是在不断适应环境的过程中通过演进产生出复杂性的系统。

9. 源于系统要素智能的复杂性

由智能组成部分构成的系统(如耗散结构理论和协同学理论研究的贝纳德流、固体激光器等)，即使通过自组织这种主动过程产生出复杂性，一般也是较为初步的、低级的，能够有效应对，这些属于初级复杂性。由智能组分构成的系统能够辨识环境、预测未来、在经验中学习，以形成好的行为规则，使自身发生适应性变化，因而必定是复杂的。组分的智能越高级，系统的复杂性也越高级。组分智能是复杂性的重要根源之一。

10. 源于人类理性与非理性的复杂性

以人作为构成要素的系统，其行为必须考虑人的理性因素的作用。尤其公平竞争性系统中，博弈者的理性(智慧、谋略等)是产生复杂性的重要来源。但在完全理性(无限理性)假设下，复杂性的根源被抛弃了，博弈方都采取最大-最小策略，这种系统仍然是简单的，可按照运筹学处理。不完全理性即有限理性才可能产生复杂性。

非理性因素，如人的感情、意志、偏好等，必然带来至少现在的科学还无法描述的行为特征，包括国内研究者所说的人理，这也是复杂性产生的重要根源。目前的科学发展还极少涉及这类复杂性来源。西蒙所谓“人工性和复杂性这两个论题不可解脱地交织在一起”，其中的人工性同时包含人的理性和非理性因素。

上述论述可以表明的确存在本质上属于复杂性的对象领域，简单性与复杂性有根本上的区别。诸多复杂性成因中的每一种都难以单独造成真正的复杂性，现实存在的复杂性是由多种因素交织在一起而造成的。

2.1.3 复杂系统定义及特征

复杂系统是相对牛顿时代以来构成科学事业焦点的简单系统相比而言的，两者具有根本性的不同。简单系统通常具有少量个体对象，它们之间的相互作用比较弱，或者具有大量相近行为的个体，比如封闭的气体或遥远的星系，以至于我们能够应用简单的统计平均的方法来研究它们的行为。而复杂并不一定与系统的规模成正比，复杂系统要有一定的规模，但也不是越大越复杂。另外复杂系统中的个体一般来讲具有一定的智能性，例如组织中的细胞、股市中的股民、城市交通系统中的司机、生态系统中的动植物等，这些个体都可以根据自身所处的部分环境通过自己的规则进行智能的判断或决策。

复杂系统与复杂性一样，由于研究者的领域不同，对复杂系统的理解也不完全相同。在 1999 年 4 月出版的 *Science* 杂志上，列出了以下几种定义：

① N. Goldenfeld 和 Kadanoff 认为复杂系统是一种高度结构化的系统，它表现出多种多样的结构属性。

② Whitesides 和 Ismagilov 认为复杂系统是一种在演化过程中对于初始条件和扰动非常敏感、系统的部分之间的关系高度依赖，系统存在多种不同演化路径的系统。

③ Weng, Bhalla 和 Iyengar 则认为复杂系统是一种在设计、功能或两者都很难去理解或确认的系统。

④ D. Rind 认为复杂系统是系统的许多构成部分之间存在多元交互关系的系统。

⑤ W. Brian Arthur 认为复杂系统是其过程随时间不断进化并且显现的系统。

在分析上述观点的基础上指出：通过对一个系统的构成部分的了解，不能对系统的性质作出完全的解释，称这样的系统为复杂系统。

我国学者宋学锋认为，虽然目前国内外关于复杂系统的认识与定义尚未统一，但是对复杂系统基本特征的认识却比较一致。一般认为复杂系统具有以下特征：

① 非线性与动态性。普遍认为非线性是产生复杂性的必要条件，没有非线性就没有复杂性。复杂系统都是非线性的动态系统。非线性说明了系统的整体大于各组成部分之和，即每个组成部分不能代替整体，每个层次的

局部不能说明整体，低层次的规律不能说明高层次的规律。各组成部分之间、不同层次的组成部分之间相互关联、相互制约，并有复杂的非线性相互作用。

② 非周期性与开放性。复杂系统的行为一般是没有周期的。非周期性展现了系统演化的不规则性和无序性，系统的演化不具有明显的规律。系统在运动过程中不会重复原来的轨迹，时间路径也不可能回归到它们以前所经历的任何一点，它们总是在一个有界的区域内展示出一种通常是极其无序的振荡行为。

系统是开放的，与外部是相互关联、相互作用的，系统与外部环境是统一的。开放系统不断与外界进行物质、能量和信息的交换，没有这种交换，系统的生存和发展是不可能的。任何一种复杂系统，只有在开放的条件下才能形成，也只有在开放的条件下才能维持和生存。开放系统还具有自组织能力，能通过反馈进行自控和自调，以达到适应外界变化的目的；具有稳定性能力，保证系统结构稳定和功能稳定，具有一定的抗干扰性；在同环境的相互作用中，具有不断的演化能力；受到自身结构功能和环境的种种参数的约束。

③（积累效应）初值敏感性。初值敏感性即所谓的"蝴蝶效应"或积累效应，是指在混沌系统的运动过程中，如果起始状态稍微有一点改变，那么随着系统的演化，这种变化就会被迅速积累和放大，最终导致系统行为发生巨大的变化。这种敏感性使得我们不可能对系统作出精确的长期预测。

④ 奇怪吸引性。复杂系统在相空间里的演化一般会形成奇怪吸引子。吸引子是指一个系统的时间运行轨道渐进收敛到的一系列点集。换句话说，吸引子是一个系统在不受外界干扰的情况下最终趋向的一种稳定行为形式。而奇怪吸引子既不同于稳定吸引子，它使系统的运行轨道趋向于单点集（点吸引子）或者一些周期圆环（极限环）；也不同于不稳定吸引子，它使系统趋向于一些完全随机的行为形式。

⑤ 结构自相似性（分形性）。所谓自相似，是指系统部分以某种方式与整体相似。分形的两个基本特征是没有特征尺度和具有自相似性。对于经济系统，这种自相似性不仅体现在空间结构上（结构自相似性），而且还体现在时间序列的自相似性中。一般来说，复杂系统的结构往往具有自相似性，或其几何表征具有分数维。

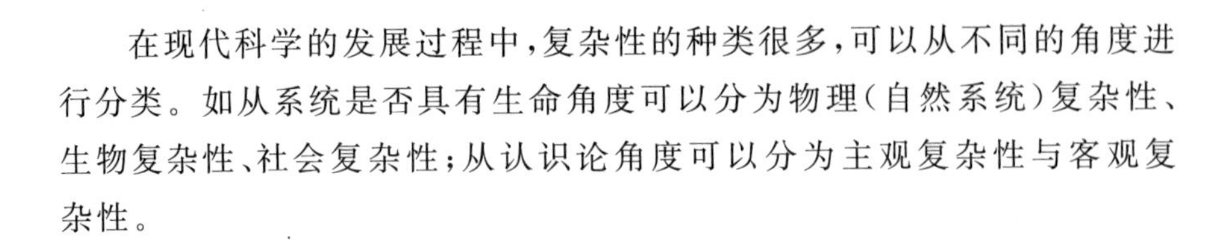
在现代科学的发展过程中，复杂性的种类很多，可以从不同的角度进行分类。如从系统是否具有生命角度可以分为物理（自然系统）复杂性、生物复杂性、社会复杂性；从认识论角度可以分为主观复杂性与客观复杂性。

2.2 煤矿事故致因理论

事故致因理论（accident causation theory）是从大量典型事故本质原因的分析中所提炼出来的事故机理和事故模型。这些机理和模型反映了事故发生的规律性，能够为事故原因的定性、定量分析，为事故的预防，为安全管理工作的改进，从理论上提供科学、完整的依据。随着科学技术的发展，事故发生的本质规律在不断变化，人们对事故原因的认识也在不断深入，下面列举国内外事故致因理论的研究现状。

1. 事故频发倾向理论

1919 年，英国的格林伍德（M. Greenwood）和伍兹（H. Woods），对许多工厂里的伤亡事故数据中的事故发生次数按不同的统计分布进行了统计检验，结果发现，工厂中的某些工人较其他工人更容易发生事故。从这种现象出发，1939 年查姆勃（Chamber）和法默（Farmer）对此进行了进一步的补充，并明确提出了“事故频发倾向论”（accident proneness theory）。该理论认为，从事同样的工作和在同样的工作环境下，某些人比其他人更容易发生事故，这些人是事故倾向者，他们的存在是工业事故发生的主要原因；如果通过人的性格特点区分出这部分人而不予雇佣，则可以减少工业生产中的事故。该理论把事故致因完全归咎于人的天性。

2. 事故因果连锁理论

（1）海因里希事故因果连锁理论。

1936 年，美国的海因里希（W. H. Heinrich）对当时美国工业安全实际经验进行总结和概括，并上升为理论，提出了“事故因果连锁理论”（accident causation sequence theory），用以阐明导致伤亡事故的各种因素之间以及这些因素与事故、伤害之间的关系。该理论的核心思想是：伤亡事故的发生不是一个孤立的事件，而是一系列原因事件相继发生的结果，即伤害与各原因相互之间具有连锁关系。

（2）博德事故因果连锁理论。

博德(Frank Bird)在海因里希事故因果连锁理论的基础上，提出了反映现代安全管理理念的事故因果连锁理论。博德认为事故的本质原因在于管理的缺陷。博德的事故因果连锁过程包括5个因素：本质原因(安全管理)、基本原因(个人原因及工作条件)、直接原因(人的不安全行为或物的不安全状态)、事故和损失。

(3) 亚当斯事故因果连锁理论。

英国伦敦大学的约翰·亚当斯(John Adams)教授通过研究，提出了一种与博德事故因果连锁理论相类似的因果连锁模型。亚当斯连锁理论的核心在于对造成现场失误的管理原因进行了深入的研究。操作者的不安全行为及生产作业过程中的不安全状态等现场失误，是由于企业领导者和安全技术人员的管理失误造成的，管理失误又是由企业管理体系中存在的问题所引起的。

(4) 北川彻三事故因果连锁理论。

日本人北川彻三在对海因里希的理论进行了一定修正的基础上，提出了另一种事故因果连锁理论。北川彻三从技术原因、教育原因、身体原因、精神原因4个方面探讨事故发生的间接原因，并且认为事故的基本原因应该包括管理、学校教育、社会或历史3个方面的原因。

3. 能量意外释放理论

1961年由吉布森(J. Gibson)提出，并在1966年由哈登(W. Hadden)引申的“能量意外释放论”(energy transfer theory)，是事故致因理论发展过程中的重要一步。该理论认为，事故是一种不正常的，或不希望的能量转移，各种形式的能量构成了伤害的直接原因。如果意外释放的能量转移到了人体，并且能量超过了人体的承受能力，则人体将受到伤害。

4. 瑟利事故模型

1969年瑟利提出瑟利事故模型，该模型以人对信息的处理过程为基础描述事故发生因果关系，根据人的认知过程分析事故致因，把事故的发生过程分为危险出现和危险释放两个阶段，这两个阶段各自包括一组类似的人的信息处理过程，即感觉、认识和行为响应。与此类似的理论还有1970年的海尔(Hale)模型，1972年威格里沃思(Wigglesworth)的“人失误的一般模型”，1974年劳伦斯(U. Lawrence)提出的“金矿山人失误模型”，以及1978年安德森(Anderson)等人对瑟利模型的修正等。这些理论把人、机器、环境作为一个整体(系统)看待，研究人、机器、环境之间的相互作用、反

馈和调整，从中发现事故的致因，揭示出预防事故发生的途径，因此，也有人将它们统称为系统理论(system theory)。

5. 动态变化理论

1972年，本尼尔(L. Benner)提出了在处于动态平衡的生产系统中由于"扰动"导致事故的理论，即事故P理论(P-theory of accident)，进而提出了"多线事件连锁法"(multilinear-events sequencing methods)事故调查方法。此后，约翰逊(Johnson)于1975年发表了"变化-失误模型"，1981年佐藤吉信提出了"作用-变化与作用连锁模型"(action-change and action chain model)。

(1) P理论。

本尼尔认为可以将事故看作由事件链中的扰动开始，以伤害或损害为结束的过程，这种事故理论称为事故P理论，又称为扰动起源事故理论。

(2) 变化-失误理论。

约翰逊(W. Johnson)将变化看作是一种潜在的事故致因。他认为：事故是由不希望的或意外的能量释放引起的，这种能量释放的发生是由于管理者或操作者没有适应生产过程中的物或人的因素变化，产生了计划错误或行为失误，从而导致人的不安全行为或物的不安全状态，破坏了对能量的屏蔽或控制，即发生了事故，由事故造成生产过程中的人员伤亡或财产损失。

6. 轨迹交叉理论

近十几年来，比较流行的事故致因理论是"轨迹交叉论"。该理论认为，事故的发生是人的不安全行为和物的不安全状态两大因素相互作用的结果，人的因素和物的因素在事故致因中占有同样重要的地位，且可以相互关联、互为因果和相互转化，并说明在人流和物流(能量流)之间设置安全装置作为屏障，可提高机械设备的可靠性，又可大大降低事故发生的概率。当人的不安全行为和物的不安全状态在各自发展过程(轨迹)，在一定时间、空间发生了接触(交叉)，事故就会发生。轨迹交叉论的重点是说明人为因素难以控制，但可控制设备、物流不发生故障。

7. Reason的复杂系统事故因果模型

詹姆斯·瑞森(James Reason)针对复杂系统并以医疗事故为研究对象分别于1990年和2000年提出著名的纵深防御模型和瑞士奶酪模型。瑞森认为，在纵深防御条件下，任何技术失效、人误、违章都只是事故的必要条件

而非充分条件，它们只是事故的触发器，只有当这些触发器与纵深防御系统的能限及管理的缺陷机会重合时，才会发生事故。他还指出，在事故的所有贡献因素中，最不易被觉察到且危险最大的是系统中的“潜在错误”(特指管理错误)。当没有发生其他技术失效或人失误时，这些管理错误似乎并未对系统的安全构成威胁，因而往往不易被觉察到，或者不被认为是错误的。当事后追查事故发生的原因时，由于那些作为事故触发器的技术失效或人失误最为明显，更易被人们认定为事故的直接原因，而潜在的管理错误的作用则往往被忽略了。瑞士奶酪模型从系统防御体系存在的缺陷上形象刻画了复杂系统失效时的发生过程，提出主动失误和潜在条件的共同作用是导致复杂系统防御层存在漏洞的原因，虽然该模型对复杂系统事故形成机制给出了一个形象解释，但并没有论及复杂系统事故控制模式。此外，瑞森在瑞士奶酪模型中不再强调对具体的事故因果路径分析，而只考虑预防系统的可靠性，指出“主动失误”和“潜在条件”造成的系统防御层上的漏洞是事故成因，但又没有说明这些漏洞是如何形成的，以及复杂系统所需要的防御层数。

8. 系统理论事故模型 STAMP

莱文森(N. G. Leveson)建立了基于系统理论的系统理论事故模型(systems theoretic accident model and processes，STAMP)，从复杂性科学的角度出发，把安全看作是在一定环境下系统元素相互作用而产生的涌现特性，而涌现特性受到与系统元素行为相关的约束的控制或强制。相应地，事故致因中除了故障和人失误之外，还有元素之间非功能性的相互作用。系统元素之间非功能性相互作用引起的事故称为系统事故，系统事故的发生是由于缺乏适当的控制来约束元素之间的相互作用。相应的安全理念是：防止事故需要辨识和消除或者减轻系统元素之间的不安全的相互作用，在系统开发、设计和运行过程中加强控制和强化有关的安全约束。

9. 三类危险源理论

陈宝智在对系统安全理论进行系统研究的基础上，提出了事故致因的两类危险源理论。该理论认为：一起伤亡事故的发生往往是两类危险源共同作用的结果。第一类危险源是伤亡事故发生的能量主体，是第二类危险源出现的前提，并决定事故后果的严重程度；第二类危险源是第一类危险源造成事故的必要条件，决定事故发生的可能性。两类危险源相互关联、相互依存。田水承(2001 年)提出组织失误是第三类危险源，认为第三类危险源

是事故发生的根本原因。

10. “流变-突变”理论

何学秋(1998年)针对事物发展变化的流变-突变规律,提出了安全科学的“流变-突变”(R-M)理论。安全流变与突变就是事物在发展过程中安全与危险的矛盾的运动过程,这一矛盾随时间的运动过程就决定了事物发展各个阶段的安全状态,要把影响安全的质划分出流变和突变的界限是很困难的,因为事物的发展总保持自身的连续性,总在一切对立概念所反映的客观内容之间存在中间过渡环节。

11. 内外因事故致因理论

国汉君提出了内外因事故致因理论。他根据不安定因素的性质和作用,从人、机器、环境角度,将系统中的不安定因素分为危险源和触发因子两种。煤矿事故发生需具备3个条件:客观存在着危险源,并具备足够的破坏能量;危险源监测监控管理体系不完善;存在触发因子。事故的发生不是单一因素造成的,也非个人偶然失误或单纯设备故障所形成的,而是各种不安全因素综合作用、危险源被偶然事件触发所造成的结果。

2.3 煤矿事故风险耦合理论分析

2.3.1 煤矿事故风险的内涵和特征

1. 风险的含义

由于对风险的理解和认识角度不同,或对风险的研究角度不同,不同领域对风险的概念有着不一样的理解。风险概念的出现是在1895年,美国的一位学者海恩斯在著作 *Risk as an economic factors* 中首次让我们了解到风险是一种什么样的概念,并把风险描述为:由于行为具有不确定性,而这种不确定性随时可能产生风险,那么该行为就具有一定的风险。因此,我们可以将风险理解为一种可能性以及具有一定的损失机会。还有一些学者进一步对风险进行细化,将风险认为是一种损失的不确定的情况下,通过对不确定的来源分类,将风险分为主观风险和客观风险。主观风险,就是指不同人对于风险有不同的认识也有不同水平的评估;客观风险,就是指结果和预期不一样,不符合自己的预期。但是,在我们的生活,客观风险和主观风险的划分没有那么明确,而且二者也存在着一定的交叉部分,因此我们在定义

风险的时候要主、客观相结合，既要认识到风险存在的客观性，也要用主观的方法进行风险的度量。个人的工作经验、技能水平以及每个人对风险的直觉不同，都会影响到对风险度量的准确性。到了 1901 年，威雷特指出了“风险的客观性”和“风险事件的不确定性”。这两个观点一直影响着后人对风险的研究。后人的研究都是基于这两点的。

风险的大小取决于所造成损失程度的大小以及所造成损失的概率有多大。如果风险所造成的损失很小，并且这种损失发生的概率也很低，那么我们就可以认为它是一种低风险状态；如果风险所造成的损失很大，并且这种损失发生的概率也很大，那么我们就认为这是一种高风险状态。高风险和低风险状态还取决于不同人对于风险的敏感度不同，有的人认为这种风险是一种高风险，而有的人却认为这是一种低风险，因此不同人的风险敏感度也会对风险大小产生影响。

F. J. Yates 和 E. R. Stone 在“The risk construct: risk-taking behavior”一文中提出了风险结构的三个主要因素的模型，这三个主要因素包括具有潜在性的风险、风险损失的大小程度以及损失发生具有一定的不确定性。这三个主要因素的提出，对目前的现代风险理论具有指导性的作用，体现出了现代风险的基本内涵，构建出了风险的基本框架。日本学者武井勋也归纳出了风险的三个基本要素：一是风险的客观存在性；二是风险的不确定性；三是风险的可测量性。《煤矿安全风险预控管理体系规范》(AQ/T 1093—2011)给出风险的定义为：某一特定危险情况发生的可能性和后果的组合。

通过理解上面不同学者对风险的定义，我们总结了风险的内容，主要包括：风险是一种行为的不确定性；风险的大小却决定损失的大小以及风险出现的概率；风险是客观存在并且可以度量的；风险是事故发生的可能性大小以及所造成事故大小严重性的组合。虽然不同学者给出了不同的定义，但透过这些定义，我们可以发现风险的本质内容没有变化。主要包括：

(1) 风险是客观存在的。风险无处不在，无论我们是在生产还是在运动，风险总会产生，所以我们不必恐惧风险，因为风险的产生是客观存在的。

(2) 风险是不确定的。风险的产生没有一定的规律性，我们不可能利用一些特定的手段和方法来控制风险。这主要是由于人们的主观性不同，以及内部客观事故的规律较为复杂，人们不能全面认识到这种规律，因此风险具有不确定性。

(3) 风险是可以估测的。我们可以采用一些研究方法对风险进行度量。虽然风险存在着不确定因素，但随着人们的风险意识逐渐加强，以及对内部客观规律的深入研究，大多数的风险可以较为精确的度量，而我们所得到的预期结果一般为一定的风险范围或者区间。组织行为学中，对人的本质进行研究，发现人们对于预期收益和预期损失的敏感度是不同的，预期损失要远远高于预期收益。所以我们对于风险的研究，应从不利的方面着手。因此，在本研究中，我们把风险定义为一种客观存在的，受到个人的主观和客观事物规律影响的，并且会造成损失的一种可能性。

2. 风险构成要件

风险要素、危险事件以及损失三者共同构成了风险的三要素。只有当三者存在，并且发生了，风险才算是真正意义上的产生。三者之间逐渐递进的关系，构成了风险的要件。想要领悟风险的内涵，那么三者的相互作用关系，以及内部的流程就必须要分析清楚。风险因素是产生风险的前提，只有存在危险源才有可能会有风险的产生。危险事件是中间过程。当危险源变为危险事件的时候，为损失提供了一个载体。损失的出现，也就说明了风险的产生。

(1) 风险因素。

风险因素可以理解为煤矿风险预控体系中的“危险源”。风险因素是危险事件产生的必要条件，同时在一定程度上也是损失会加大的根源，会增大损失的严重程度，它是事故产生的根本原因。要想控制事故的发生，就必须要预防和控制住风险因素。目前对于划分风险因素的方式有许多不同的理解。根据风险因素所造成的风险值的大小程度，可以划分为重大风险因素、中等风险因素以及低风险因素。根据风险因素的形态，可以划分为有形风险因素和无形风险因素。有形风险因素主要指看得见的风险，例如机器的风险；无形风险因素主要指的是一些意识、观念等看不见的风险，例如企业的安全文化风险以及人的安全意识风险等。

(2) 危险事件。

危险事件是风险产生的中间过程，也是风险因素转化为损失的载体。风险因素通过危险事件，从而造成损失。危险事件也是损失出现的直接原因。

(3) 损失。

在风险管理中，把损失定位于不在自己的计划以及预期内而产生价值

的减少或消失。损失可以划分为直接损失和间接损失。直接损失主要是由危险事件直接造成的财产损失或者人身伤害;而间接损失则是在直接损失的基础上,进一步造成的破坏事实。

3. 风险的特征

要想真正认识到风险的本质,我们必然要了解风险具有哪些特征,认识和理解风险的特征,才能让我们更加准确地去控制风险。

风险的特征如下:

(1) 客观性。

风险的存在并不会因为人的意志改变而发生本质上的改变,亦即是说风险是客观存在的。有些事故的风险并不是人类所能掌控的,例如一些自然因素导致的意外事故风险等,但不是说,全部的风险是不可控的,仍有些事故风险,人们可以通过一些科学技术以及管理方法来预防和控制。可以把这些风险消除、隔离、弱化以及推延等,这样我们就可能发现这些风险的规律,从而能够预防这一类风险的产生。

(2) 损害性。

只要有风险就会产生损失,有了损失的存在,就会给人们带来财务上的、身体上的或者是精神上的伤害,而身体上的伤害和精神上的伤害很难用金钱来衡量。因此风险的损害特性会对我们的生活造成不可估量的影响。

(3) 不确定性。

风险具有以下几个方面的不确定性:时间上的不确定性、空间上的不确定性和损失程度上的不确定性。

(4) 可测定性。

有些风险虽然我们无法精确地测量出风险发生的地点、时间以及造成损失的程度,但是我们可以大体预算出这些东西来,这为我们提早预防风险的发生具有重要的意义。通过利用科技的手段以及一些数学统计上的方法,发现这一类风险的规律,我们基本上可以得到一些相关的预测结果。就像是现在的天气预报一样,随着科学技术的发展,在预测天气的准确度上面我们也取得了长足的进步。

4. 煤矿风险的要件

煤矿事故的风险要件同样包含了风险影响因素、风险的不安全事件以及损失三个方面,三者的共同存在导致了事故风险的产生。煤矿风险因素的产生,为煤矿风险不安全事件的产生提供了基础,煤矿风险不安全事件又

为损失的出现提供了载体。也就是说，没有煤矿风险因素，就没有煤矿风险不安全事件以及损失的产生，也就构不成风险。同样，没有煤矿风险不安全事件，那么损失也就没有了载体，就不可能发生。因此，煤矿风险影响因素是基础，煤矿风险的不安全事件是载体，损失是结果，三者层层递进，构成风险的产生。

(1) 煤矿风险因素。

在煤矿生产系统中，我们把风险因素称为“危险源”。煤矿风险因素是煤矿风险危险事件产生的必要条件，同时在一定程度上也是损失会加大的根源，会增大损失的严重程度，它是煤矿事故产生的根本原因。要想控制事故的发生就必须要预防和控制住风险因素。目前对于划分煤矿事故风险因素的方式有许多不同的理解。根据风险因素所造成的风险值的大小程度，可以划分为重大风险因素、中等风险因素以及低风险因素。根据煤矿事故风险因素的形态，可以划分为有形风险因素和无形风险因素。有形风险因素主要指看得见的风险，例如机器的风险；无形风险因素主要指的是一些意识、观念等看不见的风险，例如企业的安全文化风险以及人的安全意识风险等。按照风险要素的不同，可以划分为人为风险、设备风险、环境风险以及管理风险等。

(2) 煤矿不安全事件。

煤矿不安全事件是由危险源转化而成的。由于对危险源的辨识、了解和控制方法的不熟悉，导致一些本应可以控制住的危险源，在一定条件下触发，从而引起煤矿不安全事件的产生。煤矿不安全事件种类包含水灾、火灾、瓦斯爆炸、煤与瓦斯突出、煤尘爆炸、顶板事故、运输事故、电气机械事故等。瓦斯事故的特点是发生频率低，造成的危害大。顶板事故的特点正好相反，发生的频率很高，但是每次造成的损失比较有限。

(3) 损失。

由煤矿不安全事件引发的损失，不单单包括物质上的损失，同时还包括一些无法用货币衡量的损失，例如人员的损失、精神上的损失、对社会造成的不良影响、对环境产生一定的破坏。这些损失对社会造成的危害程度更大。当煤矿企业发生一起事故时，直接造成的损失包括财产损失、人员损失、矿井的破坏等，由这些直接损失引发的间接损失包括对失去家人亲属的精神损失、社会的不良影响等。

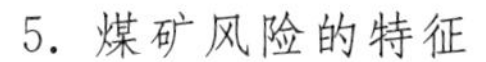

5. 煤矿风险的特征

煤矿事故风险不仅具有一般风险的特性，同时还具有自身的一些特性，包括复杂性、耦合性以及动态性等。这些自身的特性对于我们认识煤矿事故风险，发现煤矿风险的产生规律，具有重要的意义。只有了解了自身的特性，才能够采取一些相关措施来预防和控制煤矿风险，使这些风险处于一个合理的范围。

（1）客观性。

煤矿事故风险的存在并不会因为人的意志改变而发生本质上的改变，同样并不是所有煤矿事故风险都能被我们掌控，例如一些煤矿的设备意外事故、自然灾害事故是我们不能控制的。但不是说，全部的风险是不可控的，仍有些煤矿事故是我们可以通过一些科学技术以及管理方法来预防和控制的，可以把这些风险消除、隔离、弱化以及推延等，这样我们就可能发现这些风险的规律，从而能够预防这一类风险的产生。

（2）偶然性。

煤矿生产系统是一个复杂的大系统，许多因素都能够影响到煤矿系统的风险。这些影响因素自身又具有突发性以及偶然性的特点，这也就导致了煤矿风险的偶然性。由于煤矿事故风险不确定性的存在，会引发一些煤矿事故风险突然发生，让人们很难有充足的时间来进行风险产生后的补救，这也就会进一步加大煤矿风险造成的损失。因此煤矿风险偶然性的存在，会加大风险带来的损失。

（3）动态性。

煤矿事故风险的大小并不是一成不变的，而是会随着时间的推移、影响因素的改变而发生变化，影响因素的动态变化也就决定了煤矿事故风险的动态性。例如：当抽风机突然停止运行工作、瓦斯浓度增加超出安全范围等风险要素的变动，都可能会导致煤矿风险的产生，或者造成损失程度加大。在煤矿生产系统中，导致煤矿事故的危险源的种类及其结构关系都是处在动态变化中 。由于煤矿事故风险动态性的存在，预防和控制风险的机会也会随之发生改变，这也就要求煤矿从业人员要有扎实的专业技能、丰富的煤矿生产经验，当一种风险的苗头产生的时候，就应该当机立断，把风险控制在合理的范围内。

（4）耦合性。

影响煤矿风险的要素有很多，而单个要素会与其他要素相互作用产生

联系，导致煤矿风险的产生，同时煤矿系统内部因素也会受到外部因素的影响而发生改变，风险也会随之而来。煤矿事故风险是一个整体的风险，人、机器、环境、管理四个因素相互耦合、相互影响，从而能够引发新风险的加大或者是新风险的产生。

(5) 复杂性。

煤矿事故风险具有复杂特性，这主要体现在两个方面：其一就是煤矿自身环节复杂。生产过程的复杂也就会影响到煤矿风险形成的复杂性，人们又不能完全掌握煤矿风险发生的机理，不同的环节会产生作用强度不同的风险，因此也给我们度量煤矿事故的风险造成了一定的难度。其二就是风险产生原因、表现形式的复杂性。煤矿事故种类有很多，例如煤矿瓦斯事故、顶板事故、透水事故等八大事故；煤矿事故产生的原因也是多种多样的，有人的原因、设备的原因、环境的原因或者是管理的原因，从而导致煤矿事故的复杂性。

2.3.2 煤矿事故风险耦合的内涵和特征

1. 煤矿事故风险耦合的定义

“耦合”一词一直是物理学上的概念，把耦合定义为两个及以上的实体相互依赖于对方的一个量度。耦合作为名词，在通信工程、软件工程、机械工程等工程中都有相关名词术语。在整个系统的理论中，耦合则是指系统之间的相互作用，世界上的事物总是会存在着一些千丝万缕的联系，这也就构成了我们所谓的系统，而系统与系统之间也会有着线性的或者非线性的关系，系统之间的相互影响、相互作用，我们也可以称之为耦合。

煤矿风险耦合指的是煤矿影响因素所造成的风险在风险链上蔓延，在遇到其他影响因素的风险会出现交互的现象，从而会改变风险值的大小，偏离了人们对风险的预估值，造成损失。煤矿风险耦合不仅包括自身内部之间因素的风险，同时也包括与外部系统的耦合。与外部系统的耦合我们称之为广义的风险耦合，广义的风险耦合既包括系统内部之间的耦合，同时也包括与外部系统，例如煤矿安全监察系统、科学技术系统等发生交叉、耦合。狭义的煤矿事故风险耦合则指的是系统内部影响要素之间发生如人、机器、环境、管理四个要素之间的耦合。本书研究的煤矿事故风险耦合主要局限于煤矿系统的内容，不考虑外部系统对煤矿系统的影响。

2. 煤矿事故风险耦合的分类

目前对于煤矿影响因素的划分基本都是从人的因素、机器因素、环境因素以及管理因素的角度，在此基础上，我们根据四个因素产生的风险强度、风险方向以及耦合的数量来进行划分。

（1）按风险耦合的参与因素分类。

根据煤矿事故风险耦合的参与因素来划分煤矿风险耦合的分类，可以划分为同质单因素风险耦合和异质双、多因素风险耦合。

煤矿事故同质单因素风险耦合，是指在同一个一级影响因素指标下面的二级影响因子之间发生耦合。同质单因素耦合由于同属于同一影响因素，因此他们之间发生的频率要高一些，影响的范围也比较广，例如人的影响因素中的专业技能素质水平和员工的心理素质会存在一定的耦合，设备因素的机器设备设计得是否合理会影响到机器的老化、磨损速率等。

煤矿的异质双、多因素风险耦合包括两个不同风险因素风险耦合和多个不同风险因素风险耦合。双因素风险耦合我们可以理解为两个来源不同的风险因素进行耦合，例如人和机器会发生耦合，人也会与环境或者管理因素发生耦合，同时这些因素之间会发生耦合，也会与人的因素发生耦合。双因素风险耦合具有一些明显的特点，它们会在一定程度上加大事故产生的可能性和风险的强度。煤矿事故多因素风险耦合设计的风险因素要在三个及以上。例如人、机器、环境耦合，人、机器、管理耦合，人、环境、管理耦合，机器、环境、管理耦合，以及人、机器、环境、管理四个因素同时耦合。耦合的因素越多，那么可能造成的损失就越大，但是从概率论的角度上来说，多个因素耦合的概率就会变小许多，因此煤矿多因素风险耦合作用的特点就是：概率小，造成的损失大。

（2）按煤矿事故风险的作用方向分类。

煤矿风险耦合作用中有的可能会造成事故风险的加大，有的可能会造成事故风险的减小，也有可能在耦合之后，风险内部耦合机制发生改变，但是风险的大小却没有改变。因此我们根据耦合后造成的风险的作用方向，把煤矿事故的风险耦合划分为正向耦合、零度耦合和负向耦合。

3. 煤矿事故风险耦合的特征

煤矿事故风险本身具有一定的特性，包括复杂性、耦合性以及非线性动态性等。而煤矿事故的耦合风险同样具备自身的一些特性，只有了解煤矿事故风险耦合的特征，才能够分析出煤矿事故风险耦合的机理，对于控制煤矿事故耦合风险的产生，减少耦合后的煤矿事故风险具有指导性的作用。其特性如下：

（1）随机性。

由于煤矿风险的产生具有一定的随机性，那么不同风险因素的耦合也就具有一定的随机性。比如说人员生理状态和心理状态、设备发生故障、地质条件的变动都具备随机性，而这些随机发生的风险因素又会影响到其他的因素，这些被影响的风险因素同样也具有随机性，这也就导致煤矿事故耦合风险的随机性出现。我们无法预料到风险因素什么时候产生，也无法预料到耦合作用什么时候发生。

（2）突发性。

突变理论解释耦合风险为什么会突然出现，这是由于事物在由一种状态转变为另外一种状态的时候，会有一个慢慢储蓄能量的阶段，这个阶段人们不容易发觉，具有一定的隐蔽性，当人们觉察到风险要发生的时候为时已晚。因此当两个风险因素发生耦合的前期阶段，能量会一直被储备，而人们却发现不到这些微小的变化，然后能量逐渐积累，最后突然迸发出来，引起煤矿事故的发生。这也就说明了煤矿耦合风险具有突发性的特点。

（3）非线性。

当多个因素发生耦合后，所造成的风险并不是简单的线性相加，而是存在着一种非线性的关系。耦合作用，每个风险因素所产生的风险流并不是对等的，有的风险因素有可能起的作用更加大一些，有的风险因素起的作用小一些，因此耦合风险受到风险流较大的因素影响作用更大，造成的风险也比较偏向于风险流较大的风险因素。但是起主导作用的风险因素，在耦合过程中也有可能逐渐弱化，变成次风险流，而次风险流也有可能变为主风险流，这也就进一步增加了耦合风险的动态性变化。

（4）不可逆性。

煤矿事故耦合风险的不可逆性指的是当风险因素进行耦合后，风险状态就会发生改变，同样也会影响到煤矿系统本身的状态以及外部系统的专题，而这个过程导致的状态的变化是不能返回跟以前一模一样的状态的。

由于耦合后会造成风险的加大或者是新风险的产生，而造成风险加大的部分是来源于不同的风险因素，这部分风险是混沌的，不能再把它分离出来，这也就造成煤矿事故耦合风险的不可逆性。

2.3.3 煤矿事故风险因素分析及耦合过程

1. 煤矿事故风险因素构成

（1）人为因素。

在煤矿系统中，人是最活跃的因素，对事故的发生和发展起着至关重要的作用。随着科技进步，系统设备的可靠性不断提高，运行环境极大改善，人作为系统中极其重要的因素，因其生理、心理、社会、精神等特性，既存在一些固有的弱点，又具有极大的可塑性和难以控制性。尽管系统的自动化程度越来越高，但归根到底还是由人来设计、制造、组织、管理、维修、训练。特别是从安全性来看，随着机械系统失效率的下降，由人的因素而诱发的事故已成为系统最主要的事故源之一。因此，要想实现煤矿的安全，就要研究人的行为特性，研究人的失误及其原因，从而采取有效措施预防事故的发生，提高煤矿生产系统的安全性。

（2）机器因素。

设备是劳动工具，在客观上存在不安全状态，是诱发事故的物质基础。随着科学技术的进步，设计水平和维护质量的提高，这些不安全因素会不断削弱。但是设备使用不当也将人为地降低其效用。设备因素风险包括通信、监视、导航、照明等设备风险。设备因素风险具体表现为设备损坏而未及时修理或更换、设备老化及异常磨损、设备故障、系统软件程序出现问题、网络维护不到位、设备没有足够的备件、企业自动化水平较低等风险。

（3）环境因素。

环境的因素分为三种，分别是社会环境、自然环境和工作环境。煤矿井下作业环境是人工开拓出来的半封闭式空间，是一种特殊的作业环境。其特殊性表现为：第一，工作空间狭小，四周是支护起来的原生煤岩体，空间时常堆放松散的煤岩，还有多种机械设备，逸散着能量，产生振动和噪声，视觉环境差，矿尘污染严重，不少矿井还存在温度高、湿度大的危害。第二，采矿环境的多变性增加了人、机器、环境信息交换以及环境改造的困难，增加了各种理论及技术应用的困难。对于这样复杂多变的采矿系统，更需要进行人、机器、环境功能特点的分析，寻求人、机器、环境结合面的最佳功能匹配，

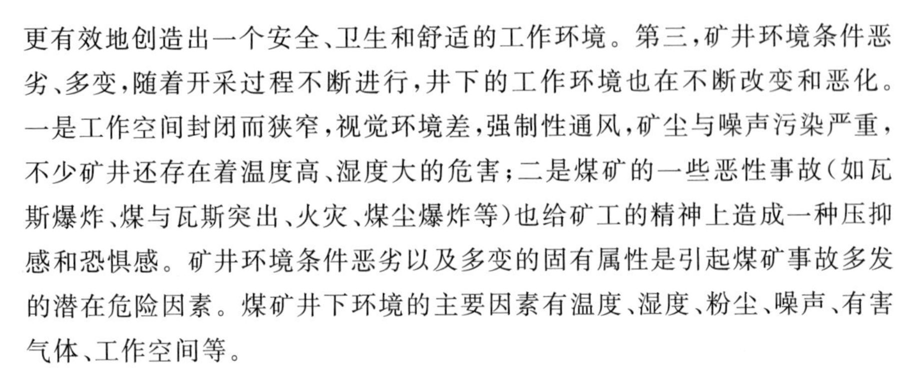

更有效地创造出一个安全、卫生和舒适的工作环境。第三，矿井环境条件恶劣、多变，随着开采过程不断进行，井下的工作环境也在不断改变和恶化。一是工作空间封闭而狭窄，视觉环境差，强制性通风，矿尘与噪声污染严重，不少矿井还存在着温度高、湿度大的危害；二是煤矿的一些恶性事故（如瓦斯爆炸、煤与瓦斯突出、火灾、煤尘爆炸等）也给矿工的精神上造成一种压抑感和恐惧感。矿井环境条件恶劣以及多变的固有属性是引起煤矿事故多发的潜在危险因素。煤矿井下环境的主要因素有温度、湿度、粉尘、噪声、有害气体、工作空间等。

（4）管理因素。

管理指的是管理者为了达到一定的目的，对管理对象进行的计划、组织、指挥、协调和控制的一系列活动。安全管理指管理者对安全生产进行的计划、组织、指挥、协调和控制的一系列活动，以保护员工在生产过程中的安全与健康，保护国家和集体的财产不受损失，促进企业改善管理、提高效益，保障事业的顺利发展。安全管理能力是企业在对安全系统进行协调控制的过程中积累起来的一组知识与技能的集合。它包括5个方面内容：增加员工安全知识与技能的能力、优化设备安全性能的能力、提高物料安全水平的能力、改善安全制度的能力、监测环境安全状况的能力。由于任何系统都不是孤立存在的，时刻与周围环境进行着物质、能量的交换，因此它们必然与其他系统有着一定的关联性，这种联系可能会很紧密，也可能是微乎其微的，但总而言之，万事万物之间都是具有某种关联的。

2. 煤矿事故风险因素的正耦合形成过程

从上述风险叙述可知，煤矿企业最担心的是各个子系统之间形成正耦合效应，当正耦合产生时，会加大风险传导的速度和事故范围的扩大，甚至能够产生新的风险，接下来让我们分析下煤矿企业在风险过程中正耦合的形成机理。

单个因素往往很难造成煤矿事故的发生，这是由于煤炭企业整个系统具有自我调节和修复的功能，当单个风险因素产生的时候，企业的防御系统就会阻碍风险的产生。煤矿生产系统是一个完整的生态系统，而一个完整的系统都具有自我学习、自我调节的功能，因此当风险耦合发生的时候，煤矿生产系统会对风险进行阻断，使其达不到阈值，从而处于零耦合或负耦合的状态，因此导致事故发生的一定是一连串的失误、缺陷等。如图2-1所示，当煤矿系统中的人、机器、环境、管理四个子系统出现缺陷或失误后，突

破各自的防御系统，然后继续在煤矿风险事故链上蔓延，一旦遇到其他几个因素形成的突发事件后会迅速耦合，经过耦合的震荡，促使其打破平衡态的临界点，如果达到了风险所能容纳的阈值就会导致煤矿系统正耦合效应的产生，从而会造成事故风险加大，甚至产生新的风险。

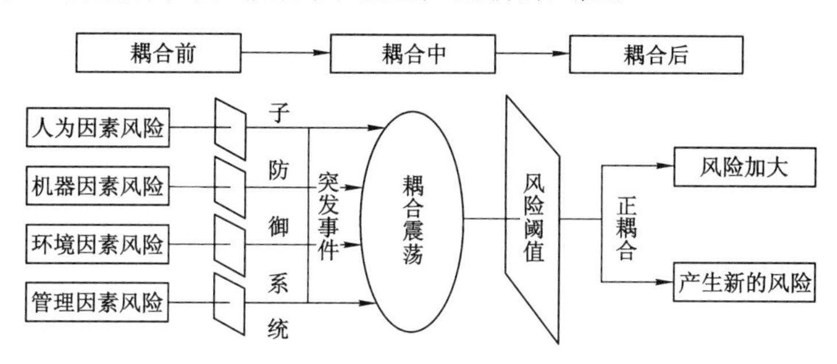

图 2-1　煤矿风险正耦合形成机理

2.4　安全管理基本理论

2.4.1　工业安全理论

美国安全工程师海因里希(Heinrich)在 1931 出版的著作《安全事故预防：一个科学的方法》中阐述了根据当时的工业安全实践总结出来的工业安全理论，这个理论的主要内容是：

(1) 工业生产过程中人员伤亡的发生往往是由于一系列因果连锁之末端事故的结果，而事故常常起因于人的不安全行为和机械、物质(统称物)的不安全状态。

(2) 不安全行为是大多数工业事故的原因。

(3) 因为不安全行为而受到了伤害的人，几乎重复了 300 次以上没有造成伤害的同样事故。换言之，人员在受到伤害之前，已经数百次面临来自物方面的危险。

(4) 在工业事故中，人员受到伤害的严重程度具有随机性。大多数情况下，人员在事故发生时可以免遭伤害。

(5) 防止事故发生的方法与企业生产管理、成本管理及质量管理的方法类似。

海因里希的工业安全理论主要阐述了工业事故发生的因果连锁论、人与物的关系、事故发生频率与伤害严重度之间的关系、不安全行为的原因等工业安全中最基本的问题，该理论曾被称作“工业安全公理”(axioms of industrial safety)，受到世界上许多国家安全研究学者的赞同。

但是海因里希工业安全理论也与事故频发倾向理论一样，把大多数工业事故的责任都归因于人的不安全行为，表现出时代的局限性。

另外，他提出了著名的“安全金字塔”法则，如图 2-2 所示。该法则认为，在 1 起死亡、重伤害事故背后，有 29 起轻伤害事故，29 起轻伤害事故背后，有 300 起无伤害虚惊事件以及大量的不安全行为和不安全状态存在。

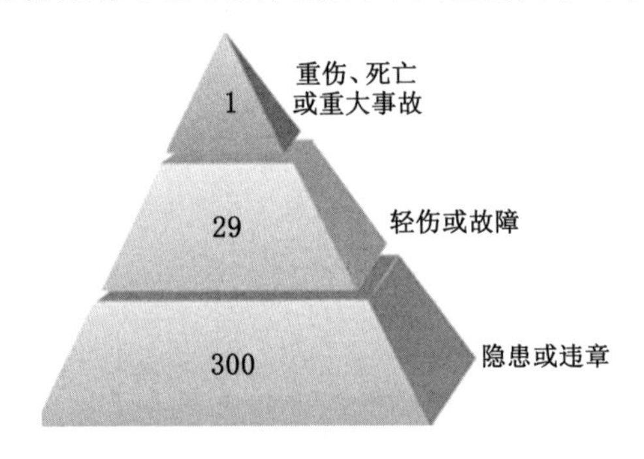

图 2-2 “安全金字塔”法则

从海因里希“安全金字塔”塔底向上分析可以看出，若不对不安全行为和不安全状态进行有效控制，可能形成 300 起无伤害的虚惊事件，而这 300 起无伤害虚惊事件的控制失效，则可能出现 29 起轻伤害事故，直至最终导致死亡、重伤害事故的出现。

海因里希“安全金字塔”揭示了一个十分重要的事故预防原理：要预防死亡重伤害事故，必须预防轻伤害事故；要预防轻伤害事故，必须预防无伤害虚惊事故；要预防无伤害虚惊事故，必须消除日常不安全行为和不安全状态；而能否消除日常不安全行为和不安全状态，则取决于日常管理是否到位，也就是我们常说的细节管理，这是作为预防死亡、重伤害事故的最重要的基础工作。现实中我们就是要从细节管理入手，抓好日常安全管理工作，降低“安全金字塔”底层的不安全行为和不安全状态，从而实现企业当初设定的总体方针，预防重大事故的出现，实现全员安全。

2.4.2 系统安全理论

20世纪50年代以来，科学技术进步带来了设备、工艺及产品的越来越复杂化，这也使工业系统的安全问题面临着新的挑战。战略武器研制、宇宙开发及核电站建设等使得作为现代科学技术标志的大规模复杂系统相继问世，这些复杂的系统往往由非常复杂的关系相连接，人们在研制、开发、使用及维护这些大规模复杂系统的过程中，逐渐萌发了系统安全的基本思想。于是，美国在20世纪50年代到60年代研制洲际导弹的过程中，系统安全理论应运而生。

在系统安全中涉及人的因素问题时，采用术语“人失误”。人失误是指人的行为的结果偏离了预定的标准，人的不安全行为可被看作是人失误的特例。人失误可能直接破坏对物理系统的控制，造成能量或危险物质的意外释放。例如，错合了开关使检修中的线路带电；误开阀门使有害气体泄放等。人失误也可能造成物的故障，进而导致事故发生。例如，超载起吊重物造成钢丝绳断裂，发生重物坠落事故。

物的因素问题可以概括为物的故障。故障是指由于性能低下不能实现预定功能的现象，物的不安全状态也可以看作是一种故障状态。物的故障可能直接使约束、限制能量或危险物质的措施失效而发生事故。例如，电线绝缘损坏发生漏电；管路破裂使其中的有毒有害介质泄漏等。有时一种物的故障可能导致另一种物的故障，最终造成能量或危险物质的意外释放。例如，压力容器的泄压装置故障，使容器内部介质压力上升，最终导致容器破裂。物的故障有时会诱发人失误；人失误会造成物的故障，实际情况比较复杂。

环境因素主要指系统运行的环境，包括温度、湿度、照明、粉尘、通风换气、噪声和振动等物理环境，以及企业和社会的软环境。不良的物理环境会引起物的故障或人失误。例如，潮湿的环境会加速金属腐蚀而降低结构或容器的强度；工作场所强烈的噪声影响人的情绪，分散人的注意力而发生人失误。企业的管理制度、人际关系或社会环境影响人的心理，可能引起人失误。

系统安全理论包括很多区别于传统安全理论的创新概念：

(1) 在事故归因理论方面，改变了人们只注重操作人员的不安全行为而忽略硬件的故障在事故归因中作用的传统观念，开始考虑如何通过改善

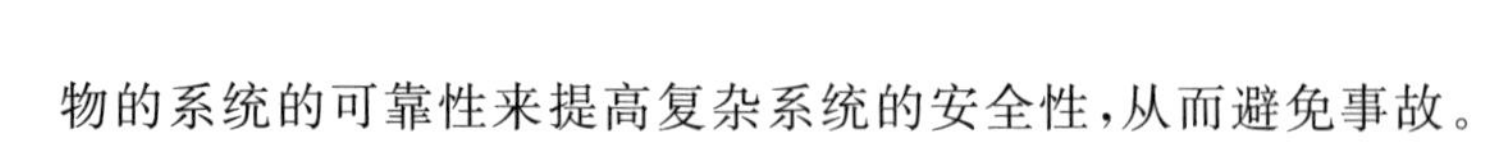
物的系统的可靠性来提高复杂系统的安全性，从而避免事故。

（2）没有任何一种事物是绝对安全的，任何事物中都潜伏着危险因素。通常所说的安全或危险只不过是一种主观的判断。能够造成事故的潜在危险因素称作危险源，来自某种危险源的造成人员伤害或物质损失的可能性叫做危险。危险源是一些可能出问题的事物或环境因素，而危险表征潜在的危险源可能造成伤害或损失的机会，可以用概率来衡量。

（3）不可能根除一切危险源和危害，但可以减少来自现有危险源的危险性，宁可减少总的危险性而不是仅仅彻底消除几种固定的危险。

（4）由于人的认识能力有限，有时不能完全认识危险源和危险，即使认识了现有的危险源，随着生产技术的发展，新技术、新工艺、新材料和新能源的出现，又会产生新的危险源。由于受技术、资金、劳动力等因素的限制，对于认识到的危险源也不可能完全根除。由于不能全部根除危险源，只能把危险降低到可接受的程度，即可接受的危险。安全工作的目标就是控制危险源，努力把事故发生概率降到最低，把伤害和损失控制在较轻的程度。

在系统安全研究中，不可靠被认为是不安全的原因；可靠性工程是系统安全工程的基础之一。研究可靠性时，涉及物的因素时，使用故障这一术语；涉及人的因素时，使用人失误这一术语。这些术语的含义较以往的人的不安全行为、物的不安全状态深刻得多。一般地，一起事故的发生是许多人失误和物的故障相互复杂关联、共同作用的结果，即许多事故因素复杂作用的结果。因此，预防事故必须在弄清事故因素相互关系的基础上采取恰当的措施，而不是相互孤立地控制各个因素。

2.4.3 防御漏洞理论

防御漏洞理论的基础是曼彻斯特大学教授詹姆斯·瑞森（James Reason）在其著名的心理学专著 *Human error* 一书中提出的概念模型，原始模型在理论上建立后被迅速而广泛地应用于人机工程学、医学、核工业、航空等领域。这一模型的核心点在于其系统观的视野，在对不安全事件行为人的行为分析之外，更深层次地分析影响行为人的潜在组织因素，从一体化相互作用的分系统、组织权力层级的直接作用到管理者、利益相关者、企业文化的间接影响等角度，全方位地拓展了事故系统致因，并以一个逻辑统一的事故反应链将所有相关因素进行了理论串联。该系统的要素是决策者、基层管理者、组织文化、生产活动和防御。

如图 2-3 所示，该理论认为：事故的发生不仅有一个事件本身的反应链，还同时存在一个被穿透的组织缺陷集，触发事故的因素和组织各层次的缺陷(或安全风险)是长期存在并不断自行演化的，但是这些事故促因和组织缺陷并不一定造成不安全事件，当多个层次的组织缺陷在一定条件下同时或次第出现时，不安全事件就会失去多层次的阻断屏障而发生。

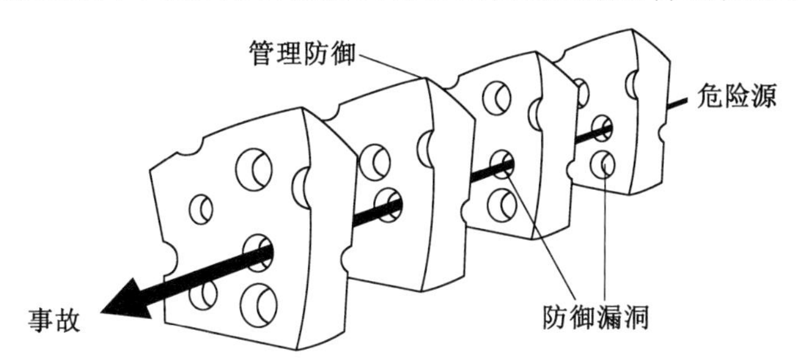

图 2-3　瑞士奶酪模型

既然安全事件的发生是由于安全保障各个环节的缺陷处于贯通状态，那么要提高安全保障水平，就需要从两个方面着手：一是减少各环节所存在的缺陷；二是要避免各个环节上所存在的缺陷具有关联性(即要防止上一环节缺陷的发生导致下一环节产生贯通位置的缺陷)。对复杂系统事故形成机制给出了一个形象独到的解释，模型中不再强调对具体的事故因果路径分析，而只考虑预防系统的可靠性，指出“主动失误”和“潜在条件”造成的系统防御层上的漏洞是事故成因。但越来越多的学者认同运用系统的、复杂的观点来看待系统事故致因理论，并进行事故的预防与控制。

第3章　煤矿事故危险源辨识

3.1　煤矿事故危险源的定义

“危险源”一词译自英文 hazard，按英文辞典的解释，“Hazard—a source of danger”，即危险的根源的意思。究竟什么是危险源，危险源有哪些种类等问题，到目前为止尚无理论上确切界定，国内外的学者都有不同的观点。多数学者也从事故致因理论解释事故的发生、发展和变化，来界定危险源的概念和各个危险源之间的关系。或者说，其界定危险源的概念是为了其解释事故致因理论来服务的。

如国汉君提出的内外因事故致因理论，认为危险源是系统中固有的、可能发生意外释放的能量或危险物质，是事故发生的内因，决定事故的严重程度。事故的触发因子源于人的不安全行为、设备的不安全状态、环境的不安全条件及管理上的缺陷，其中管理上的缺陷通过其他三项因素发生作用。但是，人的不安全行为、设备的不安全状态、环境的不安全条件或者是管理上的缺陷，也会直接引起事故，这时，人、机器、环境、管理就不是触发因子了。因此可以认为将危险源定义为系统中固有的、可能发生意外释放的能量或危险物质是片面的。

何学秋提出，危险源是产生和强化负效应的核心、危险能量爆发点，强调危险源具有能量性，且此能量具有破坏性、危险性；孙猛，吴宗之等指出，危险源是可能造成事故发生的生产装置、设施或场所，是事故发生的根源，此定义同样认为危险源可能会导致事故的发生，同时认为危险源的具体表现形式是不安全的物或场所；王金波、陈宝智等认为，危险源是指存在着导致伤害、疾病或财务损失可能性的情况或环境潜在的或固有的特性；李继胜定义危险源为，对人类自身、财产、环境有损害潜能的固有的物理、化学属性及危险物质，操作环境及意外的致灾事件等。

《职业健康安全管理体系 规范》(GB/T 28001—2001)中将危险源定义

为：危险源是可能导致伤害或疾病、财产损失、工作环境破坏或这些情况组合的根源或状态。根源是指事件产生的根本原因，状态是指事物或系统所处的状态。此定义强调危险源的特征是可能造成一定的严重后果，危险源的表现形式是某种根源或状态。

从上述定义可以看出，学者们对于危险源的具体表现形式，理解虽然不尽相同，但大家都认为危险源与事故密切相关，可能会造成人员伤亡、职业危害、财产损失或环境破坏等不良后果，它是事故发生的原因。为了给危险源下一个准确的定义，又要考虑到事故致因理论，可以将事故致因理论中分析出的本质原因、直接原因、间接原因、危险物质和触发条件等，统一都界定为危险源。因此我们给危险源下的定义是：危险源就是导致事故发生的根源。它大致包括人的不安全因素或行为、物（机器、环境）的不安全状态和管理上的缺陷。煤矿事故危险源则是导致煤矿事故发生的根源和状态。

3.2 煤矿事故危险源的分类

对于生产中危险源的具体表现形式是什么，从上述定义可以看出，大家的理解并不一致，有的认为危险源就是危险源物质，有的认为危险源包含危险事件，有的则认为危险源还应包含危险环境。为了进一步明确危险源的具体表现形式是什么，需要对危险源进行分类。

20 世纪 90 年代初，陈宝智教授提出两类危险源理论，即第一类危险源和第二类危险源。根据事故致因的能量释放理论，事故是能量或危险物质的意外释放，作用于人体的过量的能量或干扰人体与外界能量交换的物质是造成人身伤害的直接原因。于是把系统中存在的可能发生意外释放的能量或危险物质称为第一类危险源。第一类危险源是事故发生的前提，是事故发生过程中能量与危险物质释放的主体。实际工作中往往把产生能量的能量源或拥有能量的能量载体作为第一类危险源来处理。在生产、生活中，为利用能量，让能量按照人们的意图在系统中流动、转换和做功，必须采取措施约束、限制能量，即必须控制第一类危险源。约束、限制能量的屏蔽措施应该能够可靠地控制能量，防止能量意外释放。但是在许多因素的复杂作用下，约束、限制能量的屏蔽措施可能失效，甚至可能被破坏，进而发生事故或未遂事件。导致屏蔽措施失效或破坏的各种不安全因素称为第二类危险源，它包括人、物、环境三方面的问题。第二类危险源是导致伤害、损失或

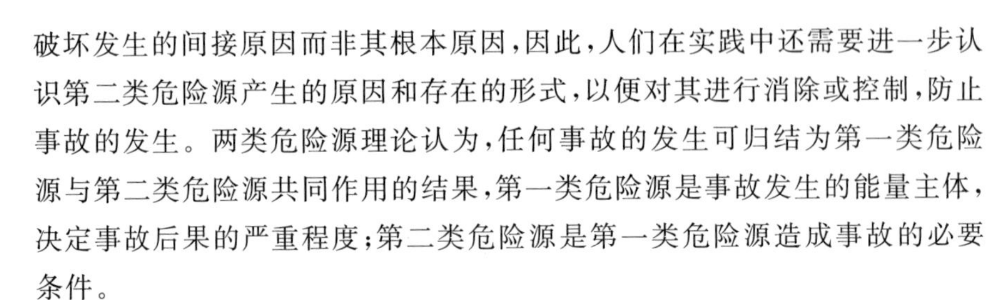
破坏发生的间接原因而非其根本原因，因此，人们在实践中还需要进一步认识第二类危险源产生的原因和存在的形式，以便对其进行消除或控制，防止事故的发生。两类危险源理论认为，任何事故的发生可归结为第一类危险源与第二类危险源共同作用的结果，第一类危险源是事故发生的能量主体，决定事故后果的严重程度；第二类危险源是第一类危险源造成事故的必要条件。

田水承在两类危险源理论的基础上提出第三类危险源的概念，即由于安全管理决策、组织失误（组织程序、组织文化、规则等）、人不安全行为、人失误造成系统失衡的这种不安全因素称为第三类危险源。

江兵、白勤虎等人把危险源分为固有型危险源和触发型危险源两类。把生产系统中客观存在的各种能量的物质称为固有型危险源，它们是系统危险和事故的内因，是造成灾害的物质决定因素。把固有型危险源正常存在的条件遭到破坏的各种硬件和软件保障系统故障称为触发型危险源。固有型危险源涉及本质安全化问题，其控制更多地依赖于技术、工艺水平。触发型危险源是诱发固有型危险源能量失控的外在因素，是危险源预防管理的主要对象。

马国忠等人将运输系统中的危险（源）分为固有危险（源）和变动危险（源）两类。固有危险（源）是指由系统自身性质与结构所决定的，与系统共生的，对系统的安全始终构成潜在威胁的，在某种条件下将会对系统的运作可靠性造成重大影响的一种客观存在。变动危险（源）是指在系统运动过程中，系统中各要素相互作用，在各种内外部条件影响下，可能导致系统状态恶化的一种变化着的客观存在。变动危险（源）指系统中的危险（源）是变化的，这种变化具有 3 个基本特征：① 危险程度（亦即危险源所对应的风险等级的高低）的变化性，即系统中的危险（亦即危险源所对应的风险等级）随系统内外条件的改变发生程度（高低）上的变化。② 危险轨迹呈随机游走性，从宏观角度表现为在各子系统间的游动（亦即高风险危险源在各子系统之间做随机运动，会随机出现在不同的子系统中）。③ 危险征兆的突发性，受人们对客观事物认识水平的限制，一些危险征兆往往不易被察觉，待到被察觉已是非常明显，故在感觉上是一种突变。这是指变动危险（源）从主观上给人一种突然出现的感觉，但在客观上却早已存在，只是没有被人察觉或发现而已。这是所谓的变化的“突发性”特征。

赵宏展、徐向东把危险源分为基本型危险源和控制型危险源。基本型

危险源也称(工作系统)固有危险源,指的是能量(也可以是具体的能量源或能量载体)或危险物质等物质性危险源。基本型危险源与第一类危险源的内涵也是一致的。人们需要对基本型危险源施加有效的约束,在系统生命周期的每个阶段(分析、设计、开发、运行等阶段),影响控制系统对被控对象施加约束的所有因素,都称之为控制型危险源。

傅国信将危险源分为根源危险源和状态危险源。根源危险源在习惯上也称为第一类危险源。这类危险源是直接引起人员伤害、财产损失或环境破坏的根本原因,是能量、能量的载体或危险物质的存在,这是发生事故的物理本质。这些能量的存在可以包括动能、势能、热能、电能、化学能、核能和机械能等。又由于这类危险源是客观存在的,也称为固有型危险源。状态危险源在习惯上也称为第二类危险源。第二类危险源主要包括三个方面的因素:① 人的不安全行为;② 物的不安全状态;③ 环境的不安全因素。这类危险源是系统从安全状态向危险状态转化的必要条件,是系统能量意外释放的触发原因,有时也将第二类危险源称为触发型危险源。

分析上述观点可以看出,学者们对于危险源的分类大同小异,第一类危险源、固有危险源、基本型危险源、根源危险源等内涵基本一致,指的是系统固有的能量或危险物质,是事故发生的根本原因所在,本书将这类危险源定义为本质型危险源,这类危险源是系统固有的,无法消除,对其只能通过技术或管理手段进行控制。而第二类危险源、第三类危险源、触发型危险源、变动危险源、控制型危险源、状态危险源等的内涵基本相同,此类危险源是造成事故的必要条件或间接原因,本书将这类危险源定义为非本质型危险源,这类危险源来源于四个方面的因素:人的不安全行为、机(物)的不安全状态、环境的不安全状态及管理漏洞等。

人员的不安全因素主要指人员的不安全行为或不安全状态,包括煤矿系统中自然人的不安全行为、状态和组织人的管理失误等,如个体人的误操作、员工的技能和经验达不到要求,员工培训程度不够,责任感、安全感不足,管理者指挥不当、监督失误、决策失误等;机器(物)类危险源,指机器(物)方面的不安全状态,包括煤矿事故系统机器设备的故障等。环境类危险源主要指环境方面的不安全状态,如煤层瓦斯含量、瓦斯涌出量、引燃瓦斯的点火源,水、不稳定的岩体、炸药、断层等。管理类危险源主要指管理制度方面的不安全因素,主要指管理制度体系等的缺陷,包括煤矿系统中管理程序、规则、制度和组织文化的缺陷。

3.3 煤矿事故危险源的特点

在对煤矿事故单危险源的测算中，首先要弄清楚危险源的特点，以便在进行分析时，更加科学合理，有助于我们正确认识煤矿事故危险源。根据对煤矿事故系统及其危险源的分析，综合参考文献，煤矿事故单危险源具有以下特点：

(1) 破坏性。

煤矿事故危险源最根本的特点是其具有破坏性。无论是本质型危险源还是非本质型危险源，都可能直接或间接地导致或诱发事故发生，造成人员伤亡、职业危害、财产损失或环境破坏。

(2) 潜在性。

煤矿事故危险源，尤其是非本质型危险源，其不以客观物质的形态存在，而是表现为人的不安全行为、物的不安全状态、环境的不安全状态及管理漏洞等。这种类型的危险源具有很强的潜在性，其可能会造成事故，也可能不会造成事故，很多时候如果没有造成事故很难发现此类危险源的存在。

(3) 复杂性。

煤矿企业是一个复杂系统，其作业情况是十分复杂的。煤矿事故往往是多种原因综合导致的，因此煤矿事故危险源具有复杂性。

(4) 多变性。

煤矿生产过程中，有些危险源可能随时在发生变化。如每次作业尽管任务相同，但由于参加作业的人员、作业的场所地点、使用的工具以至于所采取的作业方式不同，可能存在的危险源也会不同。相同的危险源也有可能存在于不同的作业过程中。

(5) 可知性。

煤矿生产系统中存在的危险源具有一定的隐蔽性，但是按照辩证的观点来看，一切客观事物都是可知的。根据多年煤矿生产的经验和对已发生的事故进行总结分析，可以在生产作业中预先识别出危险源，这也是危险源辨识的基础和前提。

(6) 可预控性。

危险源的可知性决定了人们可以识别出危险源，认真分析它可能产生的风险和造成的事故，相应地采取有效措施或利用先进的技术，实现危险源

控制。因此危险源具有可预控型。

在对煤矿单危险源进行分析中,要综合考虑煤矿单危险源的分类及其特点,选取合适的方法对其进行测算。

3.4 煤矿事故危险源的辨识

煤矿生产过程中,危险源不仅存在,而且形式多样,很多危险源不是很容易就被人们发现,要采用一些特定的方法对其进行识别,并判定其可能产生的风险和导致事故的类型,这一过程就是危险源辨识。传统的煤矿安全管理侧重过程管理和事后管理,往往是在危险源出现或者事故发生后采取应急措施和追究责任。现代煤矿安全管理是以风险预控为核心的本质安全管理,强调事前管理。这就需要人们对煤矿系统中潜在的危险源进行全面的辨识、分析、评价,然后通过一定的技术手段和管理措施来预先控制或消除危险源。因此煤矿事故危险源辨识是现代煤矿安全管理的前提和基础。煤矿事故危险源辨识不同于传统的煤矿安全隐患排查,隐患排查是检查已经出现的危险征兆,排查的目的是为了整改,消除隐患。而煤矿事故危险源辨识是一项富有创造性的工作,是对系统中现有的、可能出现但尚未出现的或过去曾出现过的所有不安全因素的识别。辨识的目的是为了对煤矿事故危险源进行预控、预警。

3.4.1 煤矿危险源辨识内涵

煤矿危险源辨识是对企业各单元或各系统的工作活动和任务中的危害因素的识别,并分析其产生方式及其可能造成的后果。

危险源辨识是风险管理的基础,只有辨识了危险源之后,才能对其进行风险评价,进而制定合理的控制措施。这项工作全面、准确与否直接影响后期工作的进行。

煤矿危险源辨识不同于隐患排查。隐患排查是检查已经出现的危险,排查的目的是为了整改,消除隐患。而危险源辨识是为了明确所有可能产生或诱发风险的危害因素,辨识的目的是为了对其进行预先控制。

煤矿危险源辨识是一项富有创造性的工作,在工作中,不仅要辨识系统现有的危险源,还要预测分析出系统中潜在的、将来可能会出现的危险源。

3.4.2 煤矿危险源辨识的范围及单元划分

煤矿危险源辨识的范围是煤矿企业所有的系统(生产系统、非生产系统)。为了便于辨识工作的开展以及避免遗漏,企业首先要对整个煤矿进行合理划分,确定煤矿企业危险源辨识的子单元。子单元可以按照空间进行划分,如掘进工作面及其附属巷道、采煤工作面及其附属巷道等;也可以按照劳动组织进行划分,如综采一队、综采二队、通风队、运转队等;还可以按专业进行划分,如采掘专业、洗运专业、机电专业等。不管按照哪种方式划分子单元,必须遵循下列原则:

(1) 独立性:即子单元在危险源辨识范围上尽量独立,不要交叉重叠,不要出现某个对象或某个范围同时属于两个子单元的现象。

(2) 全面性:即子单元的全体须是整个煤矿系统,不可出现某个对象没有隶属单元的现象。

(3) 科学性:即子单元的划分必须科学合理,便于后期危险源监测及控制等工作的开展。

3.4.3 煤矿危险源辨识的依据

煤矿企业确定哪些因素是危险源,需要一定的科学依据,因此,在危险源辨识前,企业需要广泛搜集相关资料,并根据需要进行科学筛选,作为辨识的依据。一般地,企业需要搜集以下几方面的资料:

(1) 国内外相关法律、法规、规程、规范、条例、标准和其他要求。比如:《中华人民共和国宪法》、《中华人民共和国劳动法》、《中华人民共和国安全生产法》、《中华人民共和国矿山安全法》、《煤矿安全监察条例》、《煤矿安全规程》、《爆炸危险场所安全规定》、《煤矿井下粉尘防治规范》、《中华人民共和国职业病防治法》等。

(2) 相关的事故案例、技术标准。

(3) 本企业内部的规章制度、作业规程、操作规程、安全技术措施等相关信息。

(4) 煤矿事故发生机理。

(5) 其他相关资料,如最新颁布的标准、条例、要求等。

3.4.4 煤矿危险源辨识的方法

煤矿企业存在的危险源复杂多变,仅靠一种方法难以辨识完整,在煤矿

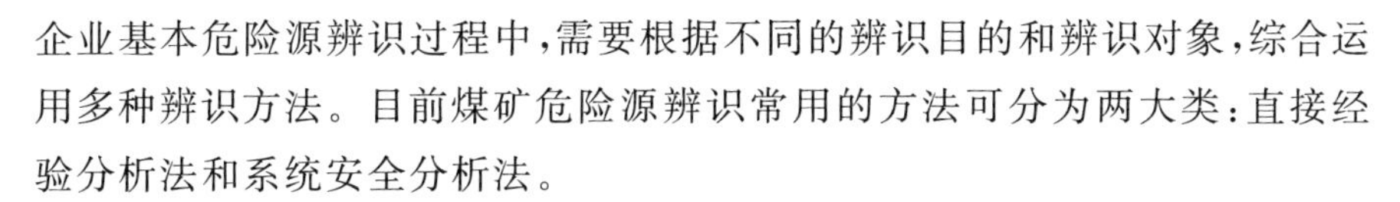

企业基本危险源辨识过程中，需要根据不同的辨识目的和辨识对象，综合运用多种辨识方法。目前煤矿危险源辨识常用的方法可分为两大类：直接经验分析法和系统安全分析法。

1. 直接经验分析法

直接经验分析法就是在大量实践经验基础上，依据安全技术标准、安全操作规程和工艺技术标准等进行分析，对系统中存在的危险源作出定性的描述。目前实践中常用的直接经验分析法主要包括工作任务分析法、直接询问法、现场观察法、查阅记录法等。各种方法有其优缺点和适用范围，下面进行简要地总结说明。

（1）工作任务分析法。

实施步骤：以清单的形式列出系统中所有的工作任务以及每项任务的具体工序，对照相关的规程、条例、标准，并结合实际工作经验，分析每道工序中可能出现的危害因素。

适用范围：辨识煤矿企业现有工作条件下各工作任务中存在的危险源。

要求：事先准备好相关的岗位职责、作业标准、作业规程等资料；辨识人员必须熟悉相应的工作任务及其工序、作业标准、作业规程，且有丰富的从事此工作任务的工作经验。

优点：简便、详尽、易掌握。

缺点：受工作人员主观因素影响。

（2）直接询问法。

实施步骤：组织有现场工作经验的人员进行交谈，询问具体工作有哪些危害因素，根据交谈来初步辨识出工作中存在的危险源。

适用范围：复审煤矿企业危险源辨识结果。

优点：易发现遗漏的危险源。

缺点：受人员主观因素影响。

（3）现场观察法。

实施步骤：通过对工作环境的现场观察，辨识系统存在的危险源。要求现场观察的人员要具有安全技术知识和掌握完善的职业健康安全法规、标准。

适用范围：复审煤矿危险源辨识结果。

优点：易发现遗漏的危险源，且结果客观准确。

缺点：限于对现存在危险源的辨识，应用范围比较窄。

(4) 查阅记录法。

查阅生产单位的事故、职业病的记录及从有关类似单位、文献资料、专家咨询等方面获取有关危险信息,加以分析研究,辨识出系统存在的危险因素。

适用范围:复审、补充煤矿危险源辨识结果。

优点:针对性强,可找出能造成事故的直接原因。

缺点:应用范围较窄。

2. 系统安全分析法

系统安全分析法即利用系统安全工程理论分析,主要包括安全检查表法、事故树分析法、事件树分析法、因果分析法、预先危险性分析法、危险性和可操作性分析法等方法。在实践中比较常用主要是安全检查表方法和事故树分析法。

(1) 安全检查表方法。

为了系统地找出系统中的危害因素,把系统加以剖析,列出各层次的危害因素,然后确定检查项目,以提问的方式把检查项目按系统的组成顺序编制成表,以便进行检查或评审,这种表就叫作安全检查表。安全检查表是进行安全检查,发现和查明各种危险和隐患,监督各项安全规章制度的实施,及时发现并制止违章行为的一个有力工具。

(2) 事故树分析法。

事故树分析(fault tree analysis,FTA)又称作故障树分析或事故机理分析,是一种表示导致灾害事故(或称为不希望事件)的各种因素之间的因果及逻辑关系图。这种由事件符号和逻辑符号组成的模式图,是用以分析系统的安全问题或系统的运行功能问题,并为判明灾害或功能故障的发生途径及导致灾害(功能故障)各因素之间的关系,提供一种形象而简洁的表达方式。

适用范围:分析系统中各类事故产生的原因。

优点:既适用于定性分析,又能进行定量分析。该方法具有简明、形象化的特点,体现了以系统工程方法研究安全问题的系统性、准确性和预测性。

3.4.5 煤矿危险源辨识的基本内容

煤矿是一个由人、机器、环境、管理构成的复杂巨系统,其危险源分布非常广泛。过去我国很多煤矿曾经进行过危险源辨识,但是由于在辨识过程

中缺乏系统性的考虑,辨识出的危险源有很多的遗漏。为了能相对较为全面地辨识出煤矿的所有危险源,根据系统工程原理,煤矿危险源的辨识须从人、机器、环境、管理四个方面分别考虑,这样既能够保证危险源辨识结果的全面性和合理性,且方便对危险源进行分类控制和管理,这四个方面的不安全因素具体项目如表 3-1 所列。

表 3-1　　　　危险源辨识的基本内容

不安全因素	具体项目
1. 人员方面的不安全因素	1.1　操作不安全性(误操作、不规范操作、违章操作)
	1.2　现场指挥的不安全性(指挥失误、违章指挥)
	1.3　失职(不认真履行本职工作任务)
	1.4　决策失误
	1.5　身体状况不佳的情况下工作(带病工作、酒后工作、疲劳工作等)
	1.6　工作中心理异常(过度兴奋或紧张、焦虑、冒险心理等)
	1.7　人员的其他不安全因素
2. 机器(物)方面的不安全因素	2.1　没有按规定配备必需的设备、材料、工具
	2.2　设备、工具选型不符合要求
	2.3　设备安装不符合规定
	2.4　设备、设施、工具等维护保养不到位
	2.5　设备保护不齐全、有效
	2.6　设施、工具不齐全、完好
	2.7　设备警示标识不齐全、清晰、正确,设置位置不合理
	2.8　机器的其他不安全因素
3. 环境方面的不安全因素	3.1　瓦斯威胁
	3.2　水的威胁
	3.3　火的威胁
	3.4　粉尘威胁
	3.5　顶、底、帮的威胁
	3.6　其他自然灾害威胁
	3.7　工作地点温度、湿度、粉尘、噪声、有毒气体浓度等超过规定
	3.8　工作地点照明不足
	3.9　工作地点风量(风速)不符合规定
	3.10　采掘设计缺陷(包括井下巷道布局不合理、工作面布置不合理)

续表 3-1

不安全因素	具体项目
3. 环境方面的不安全因素	3.11　施工质量不符合要求
	3.12　巷道路面质量差，标识不齐全、不正确
	3.13　供电线路布置不合理
	3.14　作业区域警示标志及避灾线路设置位置不齐全、不合理
	3.15　工作环境的其他不安全因素
4. 管理方面的不安全因素	4.1　组织结构不合理
	4.2　组织机构不完备，机构职责不明晰
	4.3　规章制度制定程序不合理、不符合实际情况
	4.4　安全管理规章制度不完善
	4.5　文件、各类记录、操作规程不齐全，管理混乱
	4.6　作业规程的编制、审批不符合规定，贯彻不到位
	4.7　安全措施、应急预案不完善、合理
	4.8　岗位设置不齐全、合理
	4.9　岗位职责不明确
	4.10　岗位工作人员配备不足
	4.11　职工安全教育、岗位培训不到位
	4.12　管理的其他不安全因素

危险源辨识过程中除了需要从人、机器、环境、管理四个方面进行考虑，还需要考虑三种状态及时态。三种状态分别指正常状态、异常状态、紧急状态；三种时态分别指过去、现在和将来。由于危险源具有潜在性，所以辨识危险源必须考虑各种情况下可能出现的不安全因素，同时还要考虑过去曾发生过什么危险事件或事故，从中吸取教训，找出事故原因，考虑目前系统中存在或潜在的不安全因素。此外，危险源辨识过程中还要分析各危险源可能导致的风险后果及事故类型。

第4章 煤矿事故单一危险源风险度量

单一危险源风险度量同时也是多危险源耦合作用风险度量计算的依据。煤矿事故的发生是多个危险源共同作用的结果，控制事故的发生是从控制单个危险源上入手的，但在煤矿系统中，危险源众多，有可能成百上千，不可能控制住每一个危险源。因此要对单危险源进行风险度量，并根据度量结果对危险源进行分级。单一危险源风险度量是煤矿事故风险管理的基础，通过单一危险源风险度量煤矿可以区分诱发事故危险源的轻重缓急，确定煤矿安全管理的重心。

4.1 风险度量基本模型

风险通常包含不确定性和损失两个主要特征，是危险、危害事故发生的可能性与危险、危害事故严重程度的综合度量，即是指某一事故发生的可能性及其可能造成的损失的组合。衡量风险大小的指标是风险值 R，它等于事故发生的概率 P 与事故损失严重程度 D 的乘积，即：

$$R=f(P,D)=P\cdot D \tag{4-1}$$

为更清楚地反映出事故概率 P 和事故严重程度 D 对风险值的影响，对 P 和 D 进行定性分级并赋予相应的分值，见表4-1和表4-2。

表4-1　　事故发生可能性及量化分值

分值	发生的可能性(发生频率)	发生频率量化/(次/年)
1	不可能估计从不发生	1/100
2	很少，10年以上可能发生一次	1/40
3	低可能，10年内可能发生一次	1/10
4	可能，5年内可能发生一次	1/5
5	能发生，每年可能发生一次	1
6	有时发生，1年内能发生10次或以上	≥10/1

表 4-2　　事故可能造成的损失及量化分值

分值	人员伤害程度及范围	由于伤害估算的损失
6	多人死亡	500 万元以上
5	一人死亡	100～500 万元
4	多人受严重伤害	4～100 万元
3	一人受严重伤害	1～4 万元
2	一人受到伤害,需要急救;或多人受轻微伤害	0.2～1 万元
1	一人受轻微伤害	0～0.2 万元

根据 P 和 D 的取值情况,风险值 R 的取值范围为 0～36,将风险等级分为六级,见表 4-3。

表 4-3　　风险等级划分

风险值	风险等级
30～36	特别重大风险
18～25	重大风险
9～16	中等风险
3～8	一般风险
1～2	低风险

4.2　煤矿事故单一危险源风险度量模型

煤矿单危险源风险度量是相对于系统危险源风险度量而言的,它是针对系统中的单个危险源进行风险度量,而不是对由危险源组成的事故系统风险进行度量。根据风险度量的定义,危险源风险度量是评价危险源导致事故、造成人员伤亡或财产损失的危险程度的工作。一般地,危险性涉及危险源导致事故的可能性和一旦发生事故造成人员伤亡、财产损失的严重程度两方面的问题。

危险源的风险度量也可以采用以上方法对 P 和 D 进行定性赋值,计算危险源风险值 R。一般来讲,事故的发生是多个危险源共同作用的结果,而这种相互作用所导致事故发生的机理很复杂,因此直接对危险源导致事故发生可能性赋值是不准确的。

煤矿危险源导致事故的可能性一般主要和两个因素有关：一方面是单危险源风险发生的可能性，在具体应用中可以采用各类危险源的不可靠度、故障率等来衡量；另一方面是单危险源在整个事故中的影响大小，即单危险源在事故系统中的重要度。因此，煤矿事故单危险源的风险度量可采用以下基本模型来计算风险值：

$$R=f(P_1,P_2,D)=P_1\cdot P_2\cdot D \tag{4-2}$$

式中 R——单危险源的风险值；

P_1——单危险源风险发生的可能性；

P_2——单危险源在事故系统中的重要度；

D——事故发生所造成的损失。

根据单危险源风险度量的模型公式(4-2)及各类危险源的测算结果可以得到人、机器、环境、管理各类危险源的风险度量模型。在各类单危险源的风险度量模型中，各类单危险源风险发生的可能性，可以采用危险源的不可靠度、故障率、风险隶属度或不合理性值来衡量。假设根据危险源辨识方法，辨识出事故系统内的危险源，并将危险源进行分类得到：

人的不安全行为分别表示为：$H_1,H_2,\cdots,H_i,\cdots,H_m$；

机器(物)类危险源表示为：$T_1,T_2,\cdots,T_j,\cdots T_n$；

环境类危险源表示为：$E_1,E_2,\cdots,E_k,\cdots,E_p$；

管理类危险源表示为：$M_1,M_2,\cdots,M_l,\cdots,M_q$。

各类危险源在时刻 t 的实时风险评价模型如下文所述。

1. 人的不安全行为的风险度量模型

人的不安全行为风险发生的可能性，主要采用测算出的人的不可靠度来衡量，则人的不安全行为的风险评价模型为：

$$RH_i=HFP_i\cdot P_i\cdot D_i=(1-\overline{HRP_i})\cdot P_i\cdot D_i \tag{4-3}$$

式中 RH_i——t 时刻第 i 个不安全行为的风险值；

HFP_i——t 时刻第 i 个不安全行为的不可靠度；

P_i——第 i 个不安全行为在事故系统中的重要度；

D_i——第 i 个不安全行为所在系统事故发生可能造成的损失；

$\overline{HRP_i}$——t 时刻第 i 个行为的可靠度融合结果。

若确认 t 时刻通过抽查，已经发现第 i 个不安全行为已经发生，则此时第 i 个不安全行为的不可靠度 $HFP_i=1$，其风险值则为：

$$RH_i=P_i\cdot D_i \tag{4-4}$$

2. 机器(物)类危险源的风险度量模型

假设机器(物)类危险源 $T_1,T_2,\cdots,T_j,\cdots,T_n$ 从上次故障出现修复后重新投入工作到 t 时的工作时间分别为 $wt_1,wt_2,\cdots,wt_j,wt_n$，则在 t 时刻危险源 $T_1,T_2,\cdots,T_j,\cdots T_n$ 的故障率分别为 $r_1(wt_1),r_2(wt_2),\cdots,r_j(wt_j),\cdots,r_n(wt_n)$，则风险值模型为：

$$RT_j=r_j(wt_j)\cdot P_j\cdot D_j \tag{4-5}$$

式中　RT_j——t 时刻第 j 个机器(物)的风险值；

$r_j(wt_j)$——t 时刻第 j 个机器(物)的故障率；

P_j——第 j 个机器(物)在事故系统中的重要度；

D_j——第 j 个机器(物)所在系统事故发生可能造成的损失。

若在 t 时刻，第 j 个机器(物)的风险已经发生，即 $r_j(wt_j)=1$，则其风险值为：

$$RT_j=P_j\cdot D_j \tag{4-6}$$

因为机器(物)类危险源的故障率是关于时间的函数，因此也可以预测其在 $t+1$ 时刻的风险值。

3. 环境类危险源的风险度量模型

环境类危险源在某一状态下风险发生的可能性，主要采用其风险隶属度来衡量。假设在 t 时刻监测或计算到的第 k 个环境类危险源的属性或指标值为 x_k，并根据以下章节中介绍的隶属函数确定方法，可以确定第 k 个环境类危险源的风险隶属函数，得到在属性值为 x_k 时的风险隶属度为 $\mu_k(x_k)$，则其风险值为：

$$RE_k=\mu_k(x_k)\cdot P_k\cdot D_k \tag{4-7}$$

式中　RE_k——t 时刻第 k 个环境类危险源的风险值；

$\mu_k(x_k)$——t 时刻第 k 环境类危险源的风险隶属度值；

P_k——第 k 个环境类危险源在事故系统中的重要度；

D_k——第 k 个环境类所在系统事故发生可能造成的损失。

4. 管理类危险源的风险度量模型

管理类危险源风险发生的可能性，将主要采用其合理程度来衡量。假设根据 3.5 章节的不合理程度统计方法得到管理类危险源 $M_1,M_2,\cdots,M_l,\cdots,M_q$ 的不合理性值分别为 $u_1,u_2,\cdots,u_l,\cdots,u_q$，风险值模型则为：

$$RM_l=u_l\cdot P_l\cdot D_l \tag{4-8}$$

式中　RM_l——t 时刻第 l 个管理类危险源的风险值；

u_l——t 时刻第 l 个管理类危险源的不合理性值；

P_l——第 l 个管理类危险源在事故系统中的重要度；

D_l——第 l 个管理类所在系统事故发生可能造成的损失。

根据单危险源风险评价模型就可以得到在各个时刻或危险源各个状态下的风险值，从而可以根据风险值对各类危险源进行动态排序、分级，为实时控制危险源以及风险预警提供依据。

4.3 单危险源风险可能性测算

4.3.1 煤矿事故单危险源基本测算方法与数据特点分析

煤矿事故单危险源测算是指对煤矿事故中辨识出的每一个危险源采用合适的方法进行分析预测等，以准确地掌握单危险源的特性。这一工作既是正确认识和分析危险源的重要工作，也是危险源风险评价的基础，只有正确掌握危险源的特性才能正确地对危险源进行评价，为控制和消除危险源提供基础。

在单危险源测算过程中，既要考虑煤矿事故系统的特点、煤矿事故中各类危险源的特点，又要考虑到各类方法的适用性，同时需要根据所能收集到的关于危险源的各类数据信息，才能确定合适的危险源测算方法。

根据已知的数据或信息，对相关问题进行分析，其方法基本可以分为两大类：一类是统计方法，一类是非统计方法。具体来说有经典统计学方法、灰色方法、模糊方法、熵方法和自助法等其他方法。大样本、多数据的不确定性问题，可以用概率论和数理统计解决；认识不确定性问题，可以用模糊数学解决；少数据、小样本、信息不完全和经验缺乏的不确定性问题，则可用灰色理论来解决。在具体的研究中，应该根据所掌握的数据和信息特征，以及各个方法的特点来选择具体方法。根据对煤矿事故危险源的特点分析，可知其具有复杂性、多变性、多态性、模糊性等多种特点，因此一个较好的危险源测算方法，不应该仅仅依赖于某一个数学原理，应该根据危险源的信息数据特点，选用多种方法进行分析，这样可以解决单一方法本身所具有的局限性，使测算结果更为准确和全面。

在进行危险源测算时，除了要用到相关的理论和方法外，必须通过研究调查掌握关于危险源的各种数据和信息。煤矿系统关于危险源的各类数据

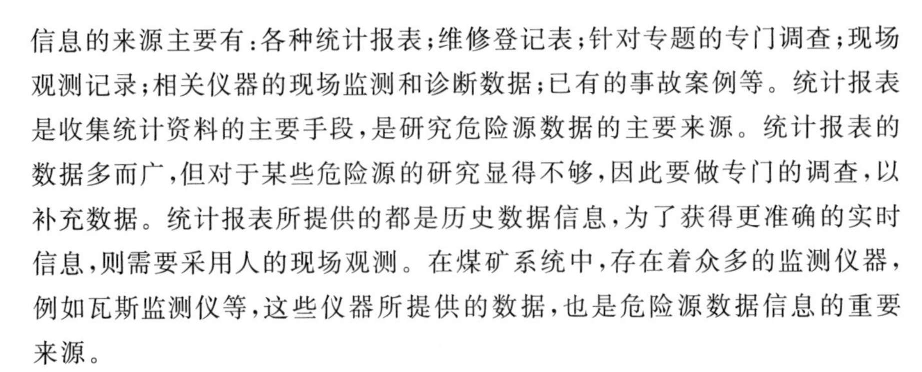
信息的来源主要有：各种统计报表；维修登记表；针对专题的专门调查；现场观测记录；相关仪器的现场监测和诊断数据；已有的事故案例等。统计报表是收集统计资料的主要手段，是研究危险源数据的主要来源。统计报表的数据多而广，但对于某些危险源的研究显得不够，因此要做专门的调查，以补充数据。统计报表所提供的都是历史数据信息，为了获得更准确的实时信息，则需要采用人的现场观测。在煤矿系统中，存在着众多的监测仪器，例如瓦斯监测仪等，这些仪器所提供的数据，也是危险源数据信息的重要来源。

分析已有的危险源数据信息是确定危险源测算方法的一个基础。不同的危险源其数据信息性质是不同的，因此在处理具体的危险源数据信息时需要采用不同的方法。在煤矿事故系统中，可以说关于危险源的数据信息是很少的，具有数据不完备性。单危险源测算的任务就是要根据有限的数据信息选择合适的方法，得到单危险源属性特征的发展规律和特点。

关于人的不安全行为的属性特征主要就是不可靠度，其数据特征主要就是关于煤矿系统中某时某项操作中某人操作不当的违章记录，以及人对于各种操作的认识。所以人的不安全行为测算就是根据这些数据信息，采用合适的方法，测算出人的不可靠度。

机器(物)类危险源的属性特征则是故障率，其数据特征主要是维修登记记录。故障率的测算则是根据维修间隔记录，采用合适的方法，测算出机器的故障率。

环境类危险源的状态是不断变化和发展的。环境类危险源的测算主要是采用合适的方法，测算其在各个状态下的不可靠度，可以采用风险隶属度来衡量。

管理类危险源的属性特征是不合理性，在煤矿系统中关于管理类危险源的数据信息是很少的，主要就是人对管理现状的认识。管理类危险源的测算则是如何采用合适的方法，确定管理类危险源的不合理性值。

4.3.2 人的不安全行为的不可靠度测算

人既是工业事故中的受害者，往往又是肇事者，同时也是预防事故、搞好工业安全生产的主力军。统计表明，人为失误导致的伤亡事故占伤亡事故总数的70%～90%。在所有导致我国煤矿重大事故的直接原因

中，人因所占比例实际上高达97.67%，重大瓦斯爆炸事故中的人因占比达96.59%，对国有重点煤矿而言，人因事故占比89.02%。国内外学者也在事故致因方面公认事故的首要、关键性因素是人因。大量资料表明，人的不安全行为引起的事故，要比机器、环境、管理等的不安全因素引起的事故比例高得多。在煤矿事故系统中，人的不安全行为对煤矿安全有着重要的影响。

在人、机器、环境构成的大系统中，人处于中心的地位，对事故的发生和发展起着至关重要的作用。随着科技进步，系统设备的可靠性不断提高，运行环境极大改善，人作为系统中极其重要的因素，因其生理、心理、社会、精神等特性，既存在一些固有的弱点，又具有极大可塑性和难以控制性。

4.3.2.1 不安全行为的概念及分类

从广义安全管理的角度来看，所谓人的不安全行为，是指在某个特定的时空环境中，行为者能力低于系统对之要求时的行为特征，表现为自然人或组织人的行为功能没有满足系统的要求。根据《企业职工伤亡事故分类》(GB 6441—1986)中的定义，不安全行为是指能造成事故的人为错误，把那些没有造成事故的行为都认为是安全行为，显然是不准确的。一般来讲，人的不安全行为是指那些曾经引起事故或可能引起事故的、违反安全行为的行为，是造成事故的直接原因。

在《企业职工伤亡事故分类》(GB 6441—1986)中，将人的不安全行为详细划分为13类，而美国杜邦公司在其行为安全观察程序中，将不安全行为分为5类。以下将从多个角度，对人的不安全行为进行分类。

(1) 从人的心理状态出发，人的不安全行为分为有意的和无意的两大类。有意的不安全行为是指有目的、有意图、明知故犯的不安全行为，是故意的违章行为；如酒后上岗、酒后驾车等。无意的不安全行为是指非故意的或无意识的不安全行为；人们一旦认识到了，就会及时地纠正。

(2) 按工种分类，可分为放煤失误、割煤失误、设备维护失误和管理失误等。

(3) 按人员完成单元功能角度，可分为：任务不明确或没有执行分配给的任务；错误地执行分配给的任务；按错误的顺序或错误的时间、地点执行分配给的任务；超越了职能范畴，执行没有分配给的任务。

(4) 按照不安全行为的主体，可以分为个人失误和组织失误。

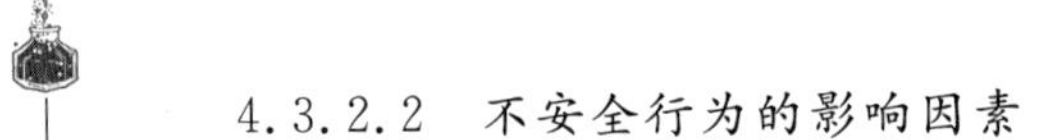

4.3.2.2　不安全行为的影响因素

在煤矿生产过程中，人的不安全行为的产生是多种因素共同作用的结果，主要包括：人的心理原因、生理原因、技能原因、机器设备原因、工作环境原因、管理的原因。其中前三个方面是主观原因（内因），后三个方面是客观原因（外因）。

1. 心理原因

心理因素主要是由人的个性、动机、情绪、思想和对待事物变化的态度决定的。一般来讲，人的类型主要分为五类，即活泼型、冷静型、急躁型、迟钝型和轻浮型。根据人们长期观察的结果，前两种类型的人事故率低，为安全型，而后三种类型的人则为不安全型。动机决定人的行动，愿意按照规章制度操作是良好的动机，就不会产生不安全行为，不愿意按照规章制度操作，就有可能导致事故的发生。人的行为极易受情绪的影响，良好的情绪是安全生产的保证，不好的情绪则会直接导致不安全行为的产生，甚至可能导致事故的发生。导致人的不安全行为的产生，主要存在三种思想，即无所谓思想、麻痹思想和侥幸思想。如果能正确对待面前的新事物，乐于接受新事物，就不会导致不安全行为的产生。

2. 生理原因

生理原因主要指人的健康状况、疲劳状况、运动机能、年龄、性别差异不适应所从事的工作等。如人在生病、疲劳、睡眠不足、醉酒、饥饿等生理状况下，人体血糖变低，会影响大脑的意识水平，从而使人的行为易于出现失误。

3. 技能原因

技能原因主要指能否进行正确操作、技能是否熟练等。

4. 机器设备原因

机械设备原因，如控制器设计没有充分考虑人机协调关系。

5. 工作环境原因

环境因素又包括两个方面，即社会环境和工作环境。社会环境因素指生活条件、家庭情况、人际关系变化等。工作环境因素主要指噪声、照明、空气温度、适度、风速、粉尘、路面状况、道路设施、气候条件变化、安全防护设施不健全或防护措施不符合要求等。如人在高温、低温或是噪声干扰刺激等异常环境下，心理会烦躁，生理会感到疲劳不适、注意力分散、反应迟钝，导致作业能力明显下降，行为失误率明显上升。

6. 管理的原因

管理的原因主要体现在管理松懈、规章制度不健全或可操作性不强、管理的组织机构不健全、工作安排协调不当、信息传递不佳、安全监管工作和安全教育不到位等。

4.3.2.3 不可靠度的基本测算方法

在生产系统中,人的行为通常用可靠性来衡量,人的不安全行为则主要用人的不可靠度来衡量。人的可靠性一般定义为:在规定的时间内以及规定的条件下,人无差错地完成所规定任务的能力。人的可靠性的定量指标为人的可靠度。根据人的可靠性定义可将人的可靠度定义为在规定的时间内以及规定的条件下,人无差错地完成规定任务(或功能)的概率。与人的可靠度相对应的是人的不可靠度。

1. 不可靠度的基本概念和基本函数

可靠性被定义为:产品在给定的条件下和给定的时间内完成规定功能的能力。可靠度则是产品在规定条件下和规定时间内完成规定功能的概率。不可靠度则是产品在规定条件下和规定时间内不能完成规定功能的概率。其中,“产品”可以是元件、器件、设备或系统;“规定的条件”包括使用技术条件、环境条件等;“规定的时间”是指产品在其使用寿命期内随时间不同其可靠性水平也不同,时间可以用周期、次数、里程或其他单位来表示。因而讨论产品可靠性必须明确是在什么时间的可靠性,“规定的功能”是产品为满足需求而实现的功能。研究可靠性时,对不同的产品,可以采用无故障率、可靠度、失效率等可靠性度量指标。

可靠度是时间的函数,可以用 $R(t)$ 表示,称为可靠度函数,表示产品在 $(0,t)$ 时间段内保持正常功能的概率。与可靠度相对应的是不可靠度,又称为故障概率或失效概率,可用 $F(t)$ 表示,显然 $R(t)+F(t)=1$。

令 T 是单元失效的时间,它是一个随机变量。根据可靠性的定义,事件 $\{T>t\}$ 的概率是单元在时刻 t 时的可靠性。换言之,它是单元在 $(0,t)$ 内不发生失效的概率。设 $R(t)$ 是可靠性函数,则有:

$$R(t)=P\{T>t\} \tag{4-9}$$

这里,P 表示概率,事件 $\{T\leqslant t\}$ 是事件 $\{T>t\}$ 的补,它的概率常常被称作累积分布函数,用 $F(t)$ 表示,则有:

$$F(t)=P\{T\leqslant t\}=1-R(t) \tag{4-10}$$

其物理意义是单元在时间间隔 $(0,t)$ 内失效的概率。另一个可靠性基

本函数是概率密度函数，常记为 $f(t)$，它被定义为：

$$f(t)=\frac{\mathrm{d}F(t)}{\mathrm{d}t}=-\frac{\mathrm{d}R(t)}{\mathrm{d}t} \tag{4-11}$$

其物理意义是在时间间隔 $(t,t+\mathrm{d}t)$ 内的单位时间内发生失效的概率。

已知一个单元在时刻 t 是工作的，它在时间间隔 $(t,t+\mathrm{d}t)$ 内的单位时间内发生失效的概率称为单元在时刻 t 的失效率（故障率），通常表示为 $r(t)$，有：

$$r(t)=\frac{P\{t<T\leqslant t+\mathrm{d}t \mid T>t\}}{\mathrm{d}t}=\frac{f(t)}{R(t)} \tag{4-12}$$

以上四个基本函数，只要通过其中一个就可以导出其他三个函数的表达式。上文介绍了从 $F(t)$ 或 $R(t)$ 导出其余函数的过程，下面介绍从 $f(t)$ 和 $r(t)$ 导出其余函数。根据分析 $R(t)$、$F(t)$、$f(t)$、$r(t)$，有如下关系：

$$F(t)=\int_0^t f(t)\mathrm{d}t \tag{4-13}$$

$$R(t)=\int_t^\infty f(t)\mathrm{d}t \tag{4-14}$$

$$r(t)=\frac{f(t)}{\int_t^\infty f(t)\mathrm{d}t} \tag{4-15}$$

$$r(t)=\frac{f(t)}{R(t)}=\frac{-\mathrm{d}R(t)/\mathrm{d}t}{R(t)} \tag{4-16}$$

对上式求积分并整理得：

$$R(t)=\exp\left[-\int_0^t r(t)\mathrm{d}t\right] \tag{4-17}$$

由此可求得：

$$F(t)=1-\exp\left[-\int_0^t r(t)\mathrm{d}t\right] \tag{4-18}$$

$$f(t)=r(t)\exp\left[-\int_0^t r(t)\mathrm{d}t\right] \tag{4-19}$$

对于有限样本，设在规定条件下进行工作的产品总数目为 N_0，令在 $(0,t)$ 时刻的工作时间内，产品的累积故障数目为 $s(t)$，于是可靠度与不可靠度的估计值分别为：

$$R(t)=\frac{N_0-s(t)}{N_0} \tag{4-20}$$

$$F(t)=\frac{s(t)}{N_0} \tag{4-21}$$

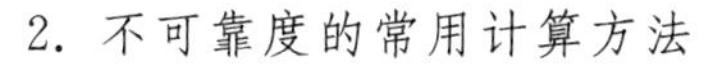
2. 不可靠度的常用计算方法

(1) 人的不可靠度的基本计算模型。

根据不可靠度的定义以及函数分析，人的可靠度可以仿照公式(4-20)给出。

$$HRP=\frac{n}{N} \tag{4-22}$$

式中　n——无差错完成操作的次数；

　　N——执行操作的总次数。

则不可靠度为：

$$HFP=1-\frac{n}{N} \tag{4-23}$$

也可直接采用上面分析的时间函数进行描述。定义差错率和故障率表达式为：

$$\lambda(t)=-\frac{1}{R(t)}\frac{\mathrm{d}R(t)}{\mathrm{d}t} \tag{4-24}$$

$$F(t)=\int_0^t f(t)\mathrm{d}t \tag{4-25}$$

式中　$R(t)$——表示$(0,t)$时刻人的动作可靠度；

　　$\lambda(t)$——表示 t 时刻人的差错率；

　　$f(t)$——表示不可靠度的概率密度函数；

　　$F(t)$——表示人在$(0,t)$内出差错的概率。

密度函数 $f(t)$ 主要是通过概率统计方法获得，目前出现了一种新的方法，即基于最大熵原理的概率密度计算方法，这种方法将在下一节中介绍。

(2) 基于 S-O-R 模式的人操作不可靠度的计算方法。

日本东京大学井口雅一教授根据人的行动过程[即信息输入(S)-判断决策(O)-操作处理(R)，简称 S-O-R 模式，该模式又称作“刺激输入-人的内部反映-输出反应”模型]提出了一种确定人操作可靠度的计算方法，他认为操作者的基本可靠度 γ 为：

$$\gamma=\gamma_1\gamma_2\gamma_3 \tag{4-26}$$

式中　γ_1——信息输入过程的基本可靠度；

　　γ_2——判断决策过程的基本可靠度；

　　γ_3——操作输出过程的基本可靠度。

表4-4给出了γ_1、γ_2和γ_3的取值。

表4-4　　基本可靠度参数的取值

作业类别	内容	γ_1、γ_3	γ_2
简单	变量在几个以下，已考虑工效学原则	0.999 5～0.999 9	0.999
一般	变量在10个以下	0.999 0～0.999 5	0.995
复杂	变量在10个以上，考虑工效学原则不充分	0.990～0.999	0.990

信息输入是指环境中的任何物理变化，可由器官感觉出来。信息输入的主要活动包括搜索和接收信息、识别目标和动作事件，具体行为表现为观察、读、接收、鉴别、辨识和定位。判断决策是指接收了信息之后器官的全部活动。判断决策的主要活动包括信息处理、解决问题以及指定决策，具体行为为翻译、综合、比较和评估等。操作输出的具体行为则表现为关闭、连接、移动、修整、调节和安置等。

在求出了操作者的基本可靠度γ后，再考虑作业条件、作业时间、操作频数、危险程度以及心理与生理对操作的影响。因为对基本可靠度进行修正后便可以得到操作可靠度R值，即：

$$R=1-bcdef(1-\gamma) \tag{4-27}$$

式中　b——作业时间修正系数；

c——操作频数修正系数；

d——危险程度修正系数；

e——生理与心理条件修正系数；

f——环境条件修正系数；

$1-\gamma$——操作的基本不可靠度。

表4-5给出了修正系数的取值范围。

表4-5　　修正系数的取值

系数	作业时间 (b)	操作频数 (c)	危险程度 (d)	心理与生理条件 (e)	环境条件 (f)
1.0	宽裕，时间充分	适当	人身安全	良好	良好
1.0～3.0	宽裕，时间不充分	连续发生	有人身危险	不好	不好
3.0～10.0	无宽裕时间	极少发生	可能造成重大恶性事故	非常不好	非常不好

根据可靠度 R 值，我们也可以得到相应的不可靠度 E 值，即：

$$E=1-R=1-[1-bcdef(1-\gamma)]=bcdef(1-\gamma) \tag{4-28}$$

3. 不可靠度的定量融合

采用 S-O-R 模型，不同类型的人针对同一个操作或行为会得出不同的可靠度，这也使不同的人对信息的掌握程度不一样，都是在信息不完备的情况下获得的。因此，为了充分利用已经获得的信息，就需要采用定量融合方法。定量融合的含义是，在一定的准则下，建立融合模型，考虑一定的权重，对各个解进行数学处理，得出最终解。最常见而且最简单的定量融合方法是加权均值处理。

逐步均值累加（又称滚动均值法）的原理和方法如下：

设用 m 种不同的数学方法得到序列 X（解集，排序序列）为：

$$X=(x_1,x_2,\cdots,x_i,\cdots,x_m)$$

且

$$x_i \leqslant x_{i+1} \quad (i=1,2,\cdots,m-1)$$

滚动均值法的计算公式为：

$$\xi_j=\frac{1}{m-j+1}\sum_{i=1}^{m-j+1}\sum_{k=i}^{i+j-1}\frac{x_k}{j} \quad (j=1,2,\cdots,m) \tag{4-29}$$

融合结果为：

$$X_0=\frac{1}{m}\sum_{j=1}^{m}\xi_j \tag{4-30}$$

式中　ξ_j——逐步均值累加项；

　　X_0——最后融合项，即最终值。

滚动均值法的基本思想来源于自助再抽样，但每次抽样的数据个数是在 $1\sim m$ 变化的，并且依次从前向后滚动，而且滚动是可以再回头的，反复抽样，抽样数据个数逐步增加，直到一次全部抽完为止，最后融合，逐步逼近系统的真值。

设 $m=4$，滚动均值法的抽样与滚动过程如下：

$$\xi_1=\frac{1}{4-1+1}\sum_{i=1}^{4-1+1}\sum_{k=i}^{i+1-1}\frac{x_k}{1}$$

$$=\frac{1}{4}(x_1+x_2+x_3+x_4)$$

$$\xi_2=\frac{1}{4-2+1}\sum_{i=1}^{4-2+1}\sum_{k=i}^{i+2-1}\frac{x_k}{2}$$

$$= \frac{1}{3}\left[\frac{1}{2}(x_1 + x_2) + \frac{1}{2}(x_2 + x_3) + \frac{1}{2}(x_3 + x_4)\right]$$

$$= \frac{1}{6}(x_1 + x_2 + x_2 + x_3 + x_3 + x_4)$$

$$= \frac{1}{6}(x_1 + 2x_2 + 2x_3 + x_4)$$

$$\xi_3 = \frac{1}{4-3+1}\sum_{i=1}^{4-3+1}\sum_{k=i}^{i+3-1}\frac{x_k}{3}$$

$$= \frac{1}{2}\left[\frac{1}{3}(x_1 + x_2 + x_3) + \frac{1}{3}(x_2 + x_3 + x_4)\right]$$

$$= \frac{1}{6}(x_1 + x_2 + x_3 + x_2 + x_3 + x_4)$$

$$= \frac{1}{6}(x_1 + 2x_2 + 2x_3 + x_4)$$

$$\xi_4 = \frac{1}{4-4+1}\sum_{i=1}^{4-4+1}\sum_{k=i}^{i+4-1}\frac{x_k}{4}$$

$$= \frac{1}{1}\left[\frac{1}{4}(x_1 + x_2 + x_3 + x_4)\right]$$

$$= \frac{1}{4}(x_1 + x_2 + x_3 + x_4)$$

$$X_0 = \frac{1}{4}\sum_{j=1}^{m}\xi_j = \frac{1}{4}\sum_{j=1}^{4}\xi_j$$

$$\approx \frac{1}{4}(0.833\,3x_1 + 1.166\,7x_2 + 1.166\,7x_3 + 0.833\,3x_4)$$

$$\approx 0.208\,3x_1 + 0.291\,7x_2 + 0.291\,7x_3 + 0.208\,3x_4$$

可以看出，滚动均值法实际上属于定权均值法，越靠近均值的数据权值越大，因此其效果优于一般的求均值法。滚动均值法的权值大小和数据本身无关。如果各个数据具有某种特性，则需要对权值作出相应的变化来体现数据特性对融合结果的影响。这就是加权逐步均值累加融合。其模型如下：

设用 m 种不同的方法得到序列 X（解集，排序序列）为：

$$X = (x_1, x_2, \cdots, x_i, \cdots, x_m)$$

且

$$x_i \leqslant x_{i+1} \quad (i = 1, 2, \cdots, m-1)$$

考虑各个数据特性的权重集合 W 为：

$$W=(\omega_1,\omega_2,\cdots,\omega_i,\cdots,\omega_m)$$

加权均值滚动方法的计算公式为：

$$\xi_j=\frac{1}{m-j+1}\sum_{i=1}^{m-j+1}\sum_{k=i}^{i+j-1}\frac{\omega_k x_k}{\sum_{k=i}^{i+j-1}\omega_k}\quad (j=1,2,\cdots,m) \tag{4-31}$$

融合结果为：

$$X_0=\frac{1}{m}\sum_{j=1}^{m}\xi_j \tag{4-32}$$

数据融合或信息融合理论是解决解的非唯一性问题的一种有效方法。

假设针对同一行为或操作，不同的人（例如队长、组长、操作者等）根据S-O-R模型得到的不同的可靠度形成可靠度序列 $R_{(1)},R_{(2)},\cdots,R_{(j)},\cdots,R_{(n)}$，将 $R_{(1)},R_{(2)},\cdots,R_{(j)},\cdots,R_{(n)}$ 按照从小到大的顺序排列，并重新编号为：

$$X=(x_1,x_2,\cdots,x_i,\cdots,x_n)$$

且

$$x_i\leqslant x_{i+1}\quad (i=1,2,\cdots,m-1)$$

这样我们就可以根据逐步累加的公式(4-29)和公式(4-30)来融合人的可靠度了。如果要采用加权逐步均值累加，则只需对各个可靠度值给予一定的权重，按照式(4-31)和式(4-32)进行融合。

可以根据以上的定量融合过程和方法得到可靠度定量融合结果：

$$\overline{HRP}=X_0=\frac{1}{m}\sum_{j=1}^{m}\xi_j \tag{4-33}$$

从而得到不可靠度 HFP 的表达式为：

$$HFP=1-\overline{HRP}=1-\frac{1}{m}\sum_{j=1}^{m}\xi_j \tag{4-34}$$

4.3.2.4 人的不安全行为度量分析表

根据不可靠度定量融合的算法，可以采用如表4-6所列的测算分析表对人的不可靠度进行分析和计算。表中可靠度 $R_{(j)}$ 表示不同的人员（例如队长、组长、操作工等）针对同一不安全行为根据S-O-R模型打分计算的可靠度结果；$\overline{HRP}$表示可靠度定量融合结果；HFP 表示根据可靠度定量融合结果计算的不可靠度。

表 4-6　　人的不安全行为测算分析表

不安全行为名称：＿＿＿＿＿＿　$\overline{HRP}$：＿＿＿＿＿＿　HFP：＿＿＿＿＿＿

人员	队长	组长	操作工	……
信息输入可靠度 γ_1				
判断决策可靠度 γ_2				
操作输出可靠度 γ_3				
基本可靠度 γ				
作业时间修正系数 b				
操作频数修正系数 c				
危险程度修正系数 d				
生理与心理条件修正系数 e				
环境条件修正系数 f				
可靠度 $R_{(j)}$				

4.3.3　机器(物)危险源的故障率测算

4.3.3.1　煤矿机械设备特点

矿井生产系统是由机电设备群(如采煤机、带式输送机、电气开关等)为主体所组成的，设备的可靠与否直接影响到矿井系统可靠性的高低。由于煤矿井下瓦斯、煤尘的大量存在，对井下设备尤其是电气设备，提出了很高的安全要求。

煤炭资源多深埋于地下，绝大部分要利用煤矿机械设备进行开采和运输，与一般工、农业生产机械相比，煤矿生产中的机械设备具有如下特点：① 工作环境恶劣。井下环境潮湿，设备时刻处于粉尘、水汽以及有害气体的包围之中；② 工况条件苛刻。大多数机械设备是在高速、重载、振动、冲击、摩擦和介质腐蚀等工况条件下工作；③ 运行时间长。绝大部分机械设备不分昼夜、长年累月连续作业；④ 润滑条件差。由于环境恶劣，工况苛刻，加上停机时间短，这就使得机械零部件得不到良好的润滑和维护。

4.3.3.2　煤矿机器设备的不可靠性分析

就机器设备而言，可靠性是指部件(元件、设备或系统)在规定条件下和规定时间内，完成规定功能的能力。它是产品的一种内在属性，表征产品保持其性能指标的能力。

可靠性的高低，与产品所处的工作环境和规定的工作时间有着密切的关系。所处的工作环境越恶劣，所规定的工作时间越长，对于同类产品来讲，其可靠性就越低。所处的工作环境越优越，所规定的工作时间越短，对于同类产品来讲，其可靠性就越高。一般地说，机器设备的可靠性随使用时间的增加而逐渐降低，使用时间越长，可靠性越低。

从可靠性角度看，矿井设备可分为不可修设备或元件(如照明灯管、控制设备的晶体管、电容、电阻等)和可修设备(如采煤机、输送机、支架等)。

通常可以用几个数量指标来描述设备的可靠性，如可靠度和不可靠度(故障概率)、平均寿命等。机器的可靠度 $R(t)$、不可靠度 $F(t)$(故障概率)、故障密度 $f(t)$、失效率 $r(t)$的计算方法可以参照 4.3.2.3 节中介绍的可靠性的几个基本函数。

寿命特征是衡量产品可靠度的重要尺度。产品寿命的平均值即是平均寿命。平均寿命的数学意义就是寿命的数学期望，数学公式为：

$$E(T)=\int_0^\infty tf(t)\mathrm{d}t=\int_0^\infty R(t)\mathrm{d}t \tag{4-35}$$

4.3.3.3 基于最大熵原理的机器设备故障率测算

机器设备是煤矿系统中的重要部件，其正常运转关系到整个系统的安全。而机器设备故障成为煤矿事故系统中的一类重要危险源。根据煤矿井下机械设备的特点分析可知，煤矿尤其是井下机器设备的概率分布不同于一般机器设备，求煤矿井下机器设备的概率分布也就不能采用一般的统计方法。

目前普遍采用的建立随机变量分布模型的环节为：获取样本、对样本数据进行处理、假设分布形式、估计假设分布参数、检验假设分布、接受假设或拒绝假设。在这一建模过程中，假设分布形式是一个重要环节。对于同一个样本，不同的建模者可能选择不同的模型，尽管建立的统计模型必须通过假设检验，但仍旧不可避免地使模型受到人为因素的影响，或多或少带有建模者的偏见。

最大熵概率密度函数能够表达不同统计分布形式的随机变量的统计特性，具有广泛的适应性。最大熵概率密度函数具有统一的函数表达形式。用最大熵概率密度函数来描述随机变量分布不带任何人为主观偏向。

正是基于以上原因，我们运用了最大熵原理来模拟机器故障概率分布信息。

1. 最大熵概率密度函数

最大熵法是根据随机变量的熵估计随机变量概率分布的一种方法，其理论依据是 Jaynes 原理，即“最符合实际的概率分布使受到给定信息约束的熵最大”。

熵是美国数学家 Shannon 用来表征随机试验不确定性程度的一个量。对于一个连续随机变量 X，概率密度函数为 $f(x)$ 未知，熵定义为：

$$H(x) = -\int f(x)\lg f(x)\mathrm{d}x \tag{4-36}$$

根据 Jaynes 原理，最少偏见的概率分布使得熵在已知信息附加的约束条件下最大化，则可以通过随机变量的最大熵来求不带任何倾向的分布形式。于是构成一个非线性优化问题。

$$\max H(x) = -\int f(x)\lg f(x)\mathrm{d}x \tag{4-37}$$

$$\text{s. t.} \begin{cases} \int_R f(x) = 1 \\ \int_R x^i f(x)\mathrm{d}x = m_i \end{cases} \tag{4-38}$$

式中 R——随机变量的取值空间；

m_i——第 i 阶原点矩，由样本值确定。

为了求未知概率密度函数 $f(x)$，构造拉格朗日函数 $\bar{H}$ 为：

$$\bar{H} = H(x) + (\lambda_0 + 1)\left[\int_R f(x)\mathrm{d}x - 1\right] + \sum_{i=1}^{m}\lambda_i\left[\int_R x^i f(x)\mathrm{d}x - m_i\right] \tag{4-39}$$

式中，拉格朗日乘子为 $\lambda_0, \lambda_1, \lambda_2, \cdots, \lambda_m$。

令导数 $\dfrac{\mathrm{d}\bar{H}}{\mathrm{d}f(x)} = 0$，得：

$$-\int_R [\ln f(x) + 1]\mathrm{d}x + (\lambda_0 + 1)\int_R \mathrm{d}x + \sum_{i=1}^{m}\lambda_i\left(\int_R x^i \mathrm{d}x\right) = 0 \tag{4-40}$$

经整理得：

$$\int_R \left[-\ln f(x) + \lambda_0 + \sum_{i=1}^{m}\lambda_i x^i\right]\mathrm{d}x = 0 \tag{4-41}$$

则：

$$-\ln f(x) + \lambda_0 + \sum_{i=1}^{m}\lambda_i x^i = 0 \tag{4-42}$$

即：

$$f(x) = \exp(\lambda_0 + \sum_{i=1}^{m} \lambda_i x^i) \tag{4-43}$$

即为最大熵概率密度函数的解析形式。

2. 最大熵未知参数的求解

由式(4-43)可知，只要求出未知数 $\lambda_0, \lambda_1, \lambda_2, \cdots, \lambda_m$，$f(x)$ 的表达式就可以确定了，即求最大熵概率密度函数问题可转化为求拉格朗日乘子。又由：

$$\int_R f(x) = 1 \tag{4-44}$$

有：

$$\int_R \exp(\lambda_0 + \sum_{i=1}^{m} \lambda_i x^i) = 1 \tag{4-45}$$

上式两边乘以 $e^{-\lambda_0}$，并两边取对数得：

$$e^{-\lambda_0} = \int_R \exp(\sum_{i=1}^{m} \lambda_i x^i) \tag{4-46}$$

$$\lambda_0 = -\ln[\int_R \exp(\sum_{i=1}^{m} \lambda_i x^i) dx] \tag{4-47}$$

式(4-46)对 λ_i 进行微分可得：

$$\frac{\partial \lambda_0}{\partial \lambda_i} = -\int_R x^i \exp(\lambda_0 + \sum_{i=1}^{m} \lambda_i x^i) dx = -m_i \tag{4-48}$$

式(4-47)对 λ_i 进行微分可得：

$$\frac{\partial \lambda_0}{\partial \lambda_i} = -\frac{\int_R x^i \exp(\sum_{i=1}^{m} \lambda_i x^i) dx}{\int_R \exp(\sum_{i=1}^{m} \lambda_i x^i) dx} \tag{4-49}$$

即得：

$$m_i = \frac{\int_R x^i \exp(\sum_{i=1}^{m} \lambda_i x^i) dx}{\int_R \exp(\sum_{i=1}^{m} \lambda_i x^i) dx} \tag{4-50}$$

通过式(4-50)可以建立求解 $\lambda_1, \lambda_2, \cdots, \lambda_m$ 的 m 个方程组，求出 $\lambda_1, \lambda_2, \cdots, \lambda_m$ 后，可根据式(4-47)求得 λ_0。

为了便于数值求解，可将式(4-50)改写为：

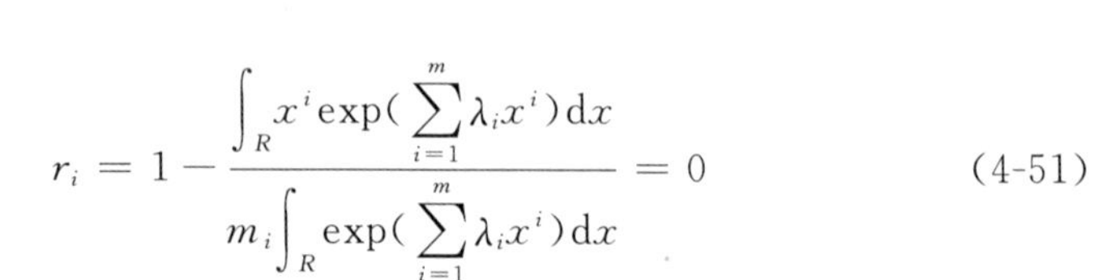

$$r_i = 1 - \frac{\int_R x^i \exp(\sum_{i=1}^{m} \lambda_i x^i) \mathrm{d}x}{m_i \int_R \exp(\sum_{i=1}^{m} \lambda_i x^i) \mathrm{d}x} = 0 \tag{4-51}$$

于是希望式(4-51)的总的离差平方和最小,即:

$$\min R = \sum_{i=1}^{m} r_i^{\ 2} \tag{4-52}$$

这样就可以采用非线性规划求解问题(4-52),从而得到 $\lambda_1, \lambda_2, \cdots, \lambda_m$ 的值。

即可得到:

$$f(x) = \exp(\lambda_0 + \sum_{i=1}^{m} \lambda_i x^i) \tag{4-53}$$

由(4-53)即可得到最大熵概率分布函数为:

$$F(x) = \int_{R_0}^{x} f(x) dx = \int_{R_0}^{x} \exp(\lambda_0 + \sum_{i=1}^{m} \lambda_i x^i) \mathrm{d}x \tag{4-54}$$

3. 机器设备故障率测算

故障率的子样统计一般是对多辆同型号的机器设备元件进行长时间的观察以统计出机器设备的总工作时间,但是,在煤矿系统中,我们所能获得的关于机器设备元件的数据信息主要就是其维修间隔期。所以假设每一个元件在维修之后即被看成一个新的元件来使用,那其维修间隔期就相当于多个同型号元件的寿命了。我们就可以根据元件的维修间隔期,来统计其寿命,进而根据最大熵概率密度函数,得到机器故障率分布。基于最大熵原理的机器设备故障率测算的过程如下:

(1) 根据机器设备元件的维修间隔期或损坏间隔期,得到其寿命期的数据样本。

$$X = (t_1, t_2, t_j, \cdots, t_n) \tag{4-55}$$

(2) 根据公式:

$$m_i = \frac{1}{n} \sum_{j=1}^{n} t_j^i \tag{4-56}$$

计算样本的各阶矩 m_i 并确定积分上、下界的值。积分的上、下界在没有先验知识的情况下,可由样本的分散范围确定。

(3) 根据公式(4-51)和(4-52)计算 $\lambda_1, \lambda_2, \cdots, \lambda_m$ 的值。

(4) 根据式(4-47)计算出 λ_0 的值。

(5) 将 $\lambda_0, \lambda_1, \lambda_2, \cdots, \lambda_m$ 代入式(4-53)得出概率密度函数的解析表达式

(4-57)和概率密度函数图 4-1。

$$f(t)=\exp(\lambda_0+\sum_{i=1}^{m}\lambda_i t^i) \tag{4-57}$$

(6) 再由公式(4-54)即得到概率分布表达式(4-58)和概率分布函数图 4-2。

$$F(t)=\int_{R_0}^{t}f(t)\mathrm{d}t=\int_{R_0}^{t}\exp(\lambda_0+\sum_{i=1}^{m}\lambda_i t^i)\mathrm{d}t \tag{4-58}$$

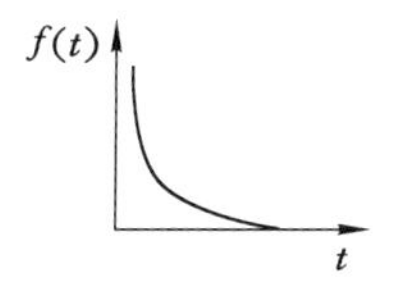

图 4-1　最大熵概率密度函数图

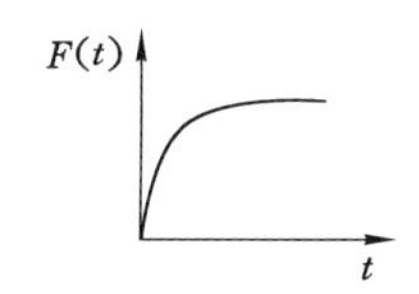

图 4-2　最大熵概率分布函数图

(7) 由概率密度函数 $f(t)$,得到在 t 时刻的失效率 $r(t)$。

$$r(t)=\frac{f(t)}{\int_{t}^{\infty}f(t)\mathrm{d}t} \tag{4-59}$$

4.3.4　环境类危险源的风险隶属度测算

4.3.4.1　环境类危险源分类和特点

环境类危险源主要存在于井下煤矿系统中,主要包括地质环境和作业环境。

1. 地质环境

煤矿地质环境因素主要包括地质构造、煤层顶板、煤层底板、煤层倾角、煤层硬度、煤层节理裂隙发育程度、煤层夹矸、煤层自燃、煤层瓦斯、瓦斯地质条件、水文地质条件、涌水量、煤层变异性、煤层稳定性等,其中地质构造主要包括围岩稳定性、陷落柱和断层等。地质环境的各因素及其状态对煤矿事故有重要的影响,有可能导致事故的发生,因而成为危险源。

各类地质环境因素可以采用不同的属性特征或指标来表征其特性。例如:对于底板的稳定性可以由底板的强度来确定;煤层夹矸状况可以由煤层夹矸系数来表征;煤层瓦斯情况可以由瓦斯涌出量或瓦斯浓度来表征;地质构造、水文地质条件等可以用复杂性表示;煤层自燃

性可以采用容易程度来表述。属性特征值有的可以从相关监测仪器直接获得，有的需采用计算公式来进行计算，有的则需采用模糊数学方法直接进行判断。

2. 作业环境

煤矿井下作业环境是人工开拓出来的半封闭式空间，是一种特殊的作业环境。其特殊性表现为：一是工作空间狭小，四周是支护起来的原生煤岩体，空间时常堆放松散的煤岩和多种机械设备，逸散着能量，产生振动和噪声，视觉环境差，矿尘污染严重，不少矿井还存在温度高、湿度大的热害；二是工作环境随开采过程不断移动，环境多变，缺乏规律性，还面临着顶板、瓦斯、矿尘、水、火和地热等自然灾害的威胁。这些环境因素直接影响着矿工的作业安全性。

矿井作业环境是指在煤矿生产系统空间范围内，对工人工作舒适度、工作效率和系统可靠度有影响的微气候、空气污染、照明、噪声、设备的布局和物料的放置、作业空间、设备外形和控制机构的布置等。

（1）矿井微气候。

矿井微气候主要指矿井空气的温度、湿度和空气的流动速度等。

随着开采深度的增加和机械化程度的提高，井下作业空间的温度显著增加，加上井下的高湿度、一定的风速和辐射条件构成了特殊的井下热环境。这种特殊的热环境不仅对人的生理和心理有影响，而且对其他环境因素也有巨大的影响，因此成为引发事故的主要危险源。例如当风温高于28℃时，工人某些疾病发病率明显上涨；当风速过低时，造成瓦斯积聚，有可能导致瓦斯事故发生。为此，在《煤矿安全规程》中规定了一些微气候的标准范围，如井巷的风流速度应符合表4-7的要求。

表4-7　　井巷中的允许风速

井巷名称	允许风速/(m/s)	
	最低	最高
无提升设备的风井和风硐		15
专为升降物料的井筒		12
风桥		10
升降人员和物料的井筒		8

续表 4-7

井巷名称	允许风速/(m/s)	
	最低	最高
主要进、回风巷		8
架线电机车巷道	1.0	8
运输机巷、采区巷、回风巷	0.25	6
采煤工作面、掘进中的煤巷和半煤岩巷	0.25	4
掘进中的岩巷	0.15	4
其他通风人行巷道	0.15	

(2) 矿井空气污染。

矿井空气污染源主要是煤尘和有毒有害气体。随着矿井生产机械化程度的提高，煤尘和有毒有害气体的生成量和分散度都将显著增加，其危害性也更为严重。其主要危害有三类：首先，对人体身心健康产生危害，引起职业病。矿工长期大量地吸入 5 μm 的矿尘，会造成肺组织的纤维性变化而成为尘肺病。在一定条件下，当有害气体浓度达到某一阀值时，会导致工人中毒或死亡。其次，导致爆炸。煤是可燃物质，被粉碎成细小颗粒，在一定条件下煤尘易燃烧与爆炸，危害职工生命和破坏国家财产。再次，严重影响矿工的工效和安全。一是矿工在高浓度矿尘环境中为了减少矿尘吸入量，自觉不自觉地会屏气、调整呼吸，使人极易疲劳；二是矿尘降低了环境的可见度，影响职工工作操作视线，容易产生事故。

煤矿作业的各个生产过程中都可以产生煤尘。按井下作业地点分，以采掘工作面的矿尘浓度最高，特别在打眼、攉煤、落煤等工序，其次为运输系统中的各转载点。煤尘量的大小取决于采煤机自身的性能，如采煤机的截割速度、滚筒转速、工作面风量。为了降低煤尘量，《煤矿安全规程》规定：开凿井筒或掘进岩巷、半煤巷和煤巷时，必须采用湿式钻眼、冲测井壁岩帮、水炮泥放炮、喷雾装岩(煤)洒水和净化风流等综合防尘措施。

矿井常见的有毒有害气体有一氧化碳、二氧化碳、二氧化硫、硫化氢等。其来源是爆炸产生的炮烟、矿物氧化、火灾以及柴油机工作产生的废气等。《煤矿安全规程》规定了各种有害气体的最高允许浓度，如表 4-8 所列。

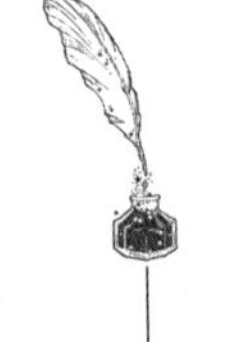

表 4-8　　　　矿井有害气体最高允许浓度

名称	最高允许浓度/%
一氧化碳	0.002 4
氮氧化物(换算成二氧化氮)	0.000 25
二氧化硫	0.000 5
硫化氢	0.000 66
氨	0.004

(3) 矿井照明。

工作环境的照明条件与事故的发生有很大关系。照明对工作效率、工作质量、安全以及人的视力、情绪和身体都有影响。光照不足会使人的大脑皮层得不到足够强度的光刺激,不能引起皮层兴奋强度,会逐渐产主抑制过程,使人们抑郁,容易引发事故;在照明较差的情况下,作业者反复辨认目标,会引起疲劳、视力下降,容易导致事故发生。试验证明,当照度从 10 Lx 增加到 1 000 Lx 时,视力可提高 70%。据美国研究者的统计,在人身事故直接原因中,照明条件差占 5%,在人身事故间接原因中占 20%。改善照明条件后,事故次数减少 16%。

(4) 噪声。

噪音源主要包括采煤机、刮板运输机、碎机、带式输送机、移动变电站等产生的噪声。井下采掘工作面噪声污染严重,溜煤、运输、采煤机、煤电钻等的噪声在 92 dB(A)以上,凿岩机、风镐噪声大都超过 110 dB(A),而且声频范围多处于人耳敏感的中高频。

噪声对人体的危害已被大量的科学研究所证明,这些危害主要表现在生理和心理两方面。噪声不仅会损伤人的听力,而且会使人产生烦恼,引起疲劳、反应迟钝,因而降低人的作业可靠性。若长时间暴露在 90 dB(A)的噪声环境中,则会使机体遭到严重的往往是不可挽回的损伤,严重的情况下会失去听觉。职业性耳聋与噪声强度级及暴露时间密切相关。噪声妨碍诸如口头警告声、声信号、呼喊、车辆与设备音响信号等,又易使人产生烦躁情绪和不安感觉,易分散注意力。

(5) 作业空间。

人在操纵机器时所需要的操作活动空间和机器、设备、工具、被加工对象所占有的空间的总和,称为作业空间。煤矿井下作业空间主要受到煤层

地质条件的限制，如煤层厚度与倾角、采煤方法与支护形式等。

4.3.4.2　环境类危险源风险隶属度测算

环境类危险源的测算也可以依据环境出现故障的间隔来分析环境故障概率分布函数，因此可以采用4.3.3节的最大熵概率分布函数方法。但是在测算时，希望将环境的不可靠性和环境的状态相对应，以更精确地掌握环境类危险源在其状态值下的不可靠性。环境类危险源的在各状态下的好坏及风险大小具有模糊性，因此分析和测算环境类危险源在各状态下的不可靠性，可以通过模糊数学方法来确定危险源在各状态下的风险隶属度。

1. 隶属函数

对于普通集合 A，一个元素 u 对 A 的关系有两种：$u \in A$ 和 $u \notin A$，定义特征函数 $\chi_A(u)$ 满足：

$$\chi_A(u) = \begin{cases} 1, & u \in A \\ 0, & u \notin A \end{cases}$$

A 的特征函数也称为 A 的隶属函数。χ_A 在 u 上的数值 $\chi_A(u)$ 称为 u 对 A 的隶属度。当 u 属于 A 时，u 的隶属度 $\chi_A(u)=1$，表示 u 绝对隶属于 A；当 u 不属于 A 时，u 的隶属度 $\chi_A(u)=0$，表示 u 绝对不隶属于 A。普通集合概念的特点是要求对象对于集合要么绝对属于该集合，要么绝对不属于该集合，不允许模棱两可。

而模糊集合的概念，基本思想是把普通集合中的绝对隶属关系灵活化，使元素对“集合”的隶属度从只能取0或1两个值扩充为可以取闭区间[0,1]中的任意一个数。关于模糊集合有如下定义：

设 U 为论域，$\mu_{\underset{\sim}{A}}$ 是 U 到闭区间[0,1]的一个映射：

$$\mu_{\underset{\sim}{A}}: U \longrightarrow [0,1]$$

$$\forall u \in U, u \longrightarrow \mu_{\underset{\sim}{A}}(u)$$

则称此映射确定了一个模糊子集 $\underset{\sim}{A}$，称 $\mu_{\underset{\sim}{A}}$ 为 $\underset{\sim}{A}$ 的隶属函数，$\mu_{\underset{\sim}{A}}(u)$ 叫做 u 对 $\underset{\sim}{A}$ 的隶属度。模糊子集也称为模糊集。

这种扩充将概念数量化，使得不同元素对同一集合有不同的隶属程度。隶属函数 $\mu_{\underset{\sim}{A}}(u)$ 是事物从真到假、从假到真的过渡函数，可以将模糊边界定量化。

2. 环境类危险源风险隶属函数

风险隶属函数是描述环境类危险源在各状态下的危险程度这一模糊集

合的定量描述。

隶属函数表示了模糊集合(即模糊事件)的完整信息,它的确定通常带有主观性,如果模糊集合定义在实数域上,则模糊集合的隶属函数就称为模糊分布。模糊分布可以分为三种类型:偏小型、中间型、偏大型。常见的有矩形分布、梯形分布、抛物线型分布、正态分布、柯西分布等,分布函数具体的表达式和图形可以参见相关参考文献。

构造隶属函数可综合利用技术总结、科研成果、统计分析和专家经验,可采用统计分析法、待定系数法、多相模糊统计法等恰当的方法。文中主要采用一般的矩形分布,矩形分布的表达式分别为:

偏小型:

$$\mu_{\underset{\sim}{A}}(x)=\begin{cases}1, & x<a\\ \dfrac{b-x}{b-a}, & a\leqslant x\leqslant b\\ 0, & x>b\end{cases} \tag{4-60}$$

中间型:

$$\mu_{\underset{\sim}{A}}(x)=\begin{cases}0, & x<a\\ \dfrac{x-a}{b-a}, & a\leqslant x<b\\ 1, & b\leqslant x<c\\ \dfrac{d-x}{d-c}, & c\leqslant x<d\\ 0, & x\geqslant d\end{cases} \tag{4-61}$$

偏大型:

$$\mu_{\underset{\sim}{A}}(x)=\begin{cases}0, & x<a\\ \dfrac{x-a}{b-a}, & a\leqslant x\leqslant b\\ 1, & x>b\end{cases} \tag{4-62}$$

根据危险源本身的特点及其风险特点,可以确定危险源风险隶属函数矩形分布的具体形式。文中根据《煤矿安全规程》中关于几类危险源的风险描述和煤矿事故系统实际,以及矩形分布的几种表达形式,可以确定几类环境类危险源的风险隶属函数。

(1) 瓦斯风险隶属函数。

根据模糊子集及隶属函数的定义,可以把瓦斯风险定义为一个模糊集

合 $\underset{\sim}{A}$。根据事故机理，在瓦斯浓度达到[0.05，0.16]的时候，瓦斯的风险是绝对存在的，所以其隶属度为1，当瓦斯浓度越接近这一范围的时候，瓦斯风险就越大。因此针对瓦斯风险大小的模糊问题，则可以用如下的隶属函数表示：

$$\mu_{c_1\underset{\sim}{A}}(c_1)=\begin{cases}\dfrac{c_1-a_1}{0.05-a_1}, & c_1\in[a_1,0.05)\\ 1, & c_1\in[0.05,0.16]\\ \dfrac{b_1-c_1}{b_1-0.16}, & c_1\in(0.16,b_1]\end{cases} \tag{4-63}$$

隶属函数图如图4-3所示。

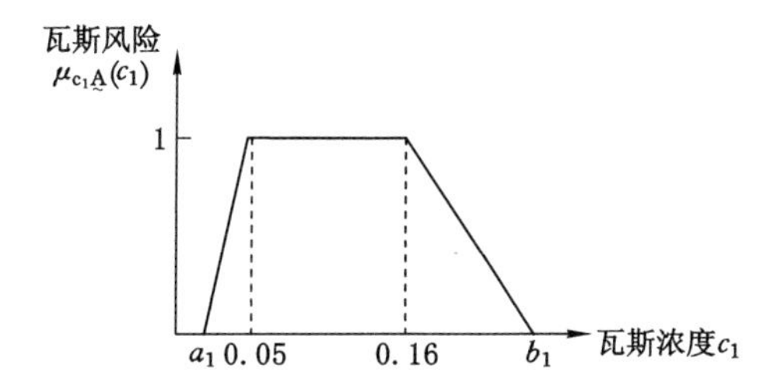

图4-3　瓦斯风险隶属函数图

(2)氢气风险隶属函数。

氢气的爆炸极限是4.1%～74.2%，$[a_2,b_2]$表示氢气的变化范围，则有：

$$\mu_{c_2\underset{\sim}{A}}(c_2)=\begin{cases}\dfrac{c_2-a_2}{0.041-a_2}, & c_2\in[a_2,0.041)\\ 1, & c_2\in[0.041,0.742]\\ \dfrac{b_2-c_2}{b_2-0.742}, & c_2\in(0.742,b_2]\end{cases} \tag{4-64}$$

(3) 一氧化碳风险隶属函数。

一氧化碳的爆炸极限为12.5%～74.2%，$[a_3,b_3]$表示一氧化碳的变化范围，则有：

$$\mu_{c_3\underset{\sim}{A}}(c_3)=\begin{cases}\dfrac{c_3-a_3}{0.125-a_3}, & c_3\in[a_3,0.125)\\ 1, & c_3\in[0.125,0.742]\\ \dfrac{b_3-c_3}{b_3-0.742}, & c_3\in(0.742,b_3]\end{cases} \tag{4-65}$$

(4) 氧气含量的风险隶属函数。

不同的可爆炸气体在发生爆炸时对氧气含量最低限的要求是不同的，若设三种可燃气体(瓦斯、氢气、一氧化碳)混合后发生爆炸时对火区内的氧气含量的最低限要求为 4.9%，$[a_4, b_4]$表示氧气含量的变化范围，则有式(4-66)，风险隶属函数图如图 4-4 所示。

$$\mu_{c_4 \underset{\sim}{A}}(c_4)=\begin{cases}\dfrac{c_4-a_4}{0.049-a_4}, & c_4\in[a_4, 0.049) \\ 1, & c_4\in[0.049, b_4]\end{cases} \tag{4-66}$$

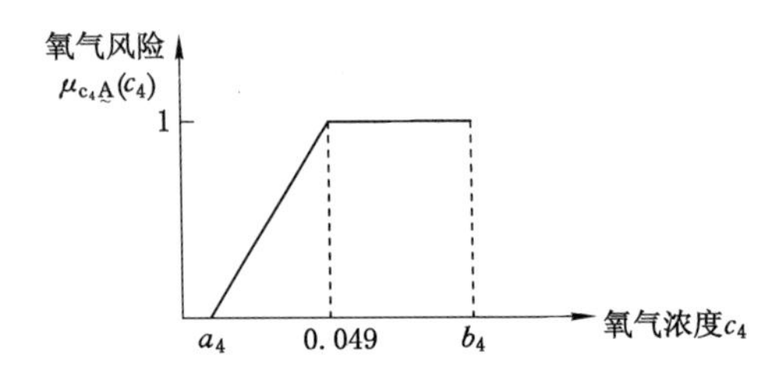

图 4-4 氧气风险隶属函数

以上风险隶属函数不一定符合每个煤矿的实际情况，在具体的应用过程中，应根据实际以及隶属函数一般的确定方法来建立风险隶属函数，从而确定环境类危险源在各个状态下的风险隶属度。其他环境类危险源风险隶属函数的确定，可以采用同样的方法和原则。

4.3.5 管理类危险源的不合理性测算

4.3.5.1 管理类危险源的主要内容

管理类危险源主要表现为：组织结构不合理；组织机构不健全，职责不明晰；规章制度不健全、不符合实际；文件、记录管理不符合要求；管理标准与管理措施、安全技术措施的编制、审批、管理不符合规定，贯彻学习不到位；未根据风险评估及本单位生产计划编制应急预案，预案不完善、不合理；岗位职责不明，设置不合理；员工安全教育培训不符合规定；未开展班组建设活动，没有有效的本质安全文化；其他管理的不安全因素。

管理类危险源的测算主要就是评价其现在状况的不合理性。管理的不合理性状态，一般很难从一般的指标上来衡量，而且相关的数据也很少，但

不合理性状况可以从人的感知上来挖掘，人对管理现状的认识或评价，在一定程度上能反应管理的现实情况。因此，本书将采用模糊数据统计方法，对管理类危险源的不合理性值进行模糊统计。

4.3.5.2　管理类危险源不合理性值的模糊数据统计

1. 模糊数据统计学概述

统计是用来分析、处理自然科学及社会科学信息的工具，在复杂的自然或社会现象中，人们可以借助于样本数据所提供的信息，经过归纳分析、推断检验、决策、预测等过程，使我们对现实情况更了解，更好地处理现实世界的问题。

人类的思维是复杂的、主观的，具有不明确的喜好，不能用单一化的数值加以表达。从人类自身发展对外部现实世界认识的角度来看，如何对人的感知认识(绝大多数都是模糊性的观念等)进行数量化，并加以统计信息处理及运算，进而实施统计推断及预测等一直是传统统计学无法解决的问题。

我们所获得的信息源自测量和感知，而感知信息中的不确定因素，主要是我们的语言对某些概念表达模糊所引起的。模糊数学是定量化处理人类语言、思维的一门新兴学科。模糊数据统计学就是将模糊数学应用到统计学中，是处理不确定事件的一种新技术。

2. 模糊数据统计学的基本定义

模糊数据统计学最基本的定义主要就是模糊集合和隶属函数，这部分内容在4.3.4.2节中已经介绍过。因为关于管理类危险源合理与否评定的样本数据主要是离散型，下面主要介绍一些离散型的模糊数据统计量。

定义4.1　离散模糊数的反模糊化值

设x表示离散模糊数，语言变量$\{L_i|i=1,\cdots,k\}$为论域U中的有序的数列，$\mu_{L_i}(x)=m_i$为模糊数x相对于语言变量L_i的隶属度，$\sum_{i=1}^{k}\mu_{L_i}(x)=1$，则称$x_f=\sum_{i=1}^{k}m_iL_i$为模糊数$x$的反模糊化值。

定义4.2　离散型模糊均数和方差

设U表示一个论域，令$L=\{L_1,L_2,\cdots,L_k\}$为论域U上的k个语言变量，而

$$\left\{x_i = \frac{m_{i1}}{L_1} + \frac{m_{i2}}{L_2} + \cdots + \frac{m_{ik}}{L_k}, i = 1,2,\cdots,N\right\}, \sum_{j=1}^{k} m_{ij} = 1 \quad (4\text{-}67)$$

为论域中的总体观测值，其中 m_{ij} 为第 i 个样本相对于语言变量 L_j 的隶属度，则离散型模糊总体均数定义为：

$$F_\mu = \frac{\frac{1}{N}\sum_{i=1}^{N} m_{i1}}{L_1} + \frac{\frac{1}{N}\sum_{i=1}^{N} m_{i2}}{L_2} + \cdots + \frac{\frac{1}{N}\sum_{i=1}^{N} m_{ik}}{L_k} = \frac{\mu_1}{L_1} + \frac{\mu_2}{L_2} + \cdots + \frac{\mu_k}{L_k}$$

$$\left\{x_i = \frac{m_{i1}}{L_1} + \frac{m_{i2}}{L_2} + \cdots + \frac{m_{ik}}{L_k}, i = 1,2,\cdots,n\right\}, \sum_{j=1}^{k} m_{ij} = 1 \quad (4\text{-}68)$$

为从论域中抽出的一组样本观测值，离散型模糊样本均数定义为：

$$F_{\bar{X}} = \frac{\frac{1}{n}\sum_{i=1}^{n} m_{i1}}{L_1} + \frac{\frac{1}{n}\sum_{i=1}^{n} m_{i2}}{L_2} + \cdots + \frac{\frac{1}{n}\sum_{i=1}^{n} m_{ik}}{L_k} = \frac{\hat{\mu}_1}{L_1} + \frac{\hat{\mu}_2}{L_2} + \cdots + \frac{\hat{\mu}_k}{L_k} \quad (4\text{-}69)$$

把离散型模糊总体方差定义为：

$$F_{\sigma^2} = \frac{\frac{1}{N}\sum_{i=1}^{N}(m_{i1} - \mu_1)^2}{L_1} + \frac{\frac{1}{N}\sum_{i=1}^{N}(m_{i2} - \mu_2)^2}{L_2} + \cdots + \frac{\frac{1}{N}\sum_{i=1}^{N}(m_{ik} - \mu_k)^2}{L_k} \quad (4\text{-}70)$$

而把离散型模糊样本方差定义为：

$$F_{S^2} = \frac{\frac{1}{n-1}\sum_{i=1}^{n}(m_{i1} - \hat{\mu}_1)^2}{L_1} + \frac{\frac{1}{n-1}\sum_{i=1}^{n}(m_{i2} - \hat{\mu}_2)^2}{L_2} + \cdots + \frac{\frac{1}{n-1}\sum_{i=1}^{n}(m_{ik} - \hat{\mu}_k)^2}{L_k} \quad (4\text{-}71)$$

若 $L=\{L_1,L_2,\cdots,L_k\}$ 为一组有序尺度，可假设 $L_1=1,L_2=2,\cdots,L_k=k$。

定义 4.3 离散型总体的模糊期望值

设 $X=\frac{X_1}{L_1}+\frac{X_2}{L_2}+\cdots+\frac{X_k}{L_k}$ 表示总体中的一个模糊随机变量，其中 X_i 表示相对于 L_i 的随机变量，$0\leqslant E(X_i)\leqslant 1$，且 $\sum_{i=1}^{k} E(X_i) = 1$，把离散型总体的模糊期望值定义为：

$$F_{E(X)} = \frac{E(X_1)}{L_1} + \frac{E(X_2)}{L_2} + \cdots + \frac{E(X_k)}{L_k} \quad (4\text{-}72)$$

定义 4.4 离散型总体参数的模糊无偏估计量

设 $F_{\hat{\theta}} = \frac{\hat{\theta}_1}{L_1} + \frac{\hat{\theta}_2}{L_2} + \cdots + \frac{\hat{\theta}_k}{L_k}$ 表示一个离散型模糊总体参数 $F_{\hat{\theta}} = \frac{m_1}{L_1} + \frac{m_1}{L_2} + \cdots + \frac{m_k}{L_k}$ 的估计量，若 $E(F_{\hat{\theta}}) = F_\theta$，则称 $F_{\hat{\theta}}$ 为离散型模糊总体参数 F_θ 的模糊无偏估计量。

性质 4.1 设 $F_\mu = \frac{m_1}{L_1} + \frac{m_2}{L_2} + \cdots + \frac{m_k}{L_k}$ 表示一个离散模糊总体均数，则 $F_{\bar{X}}$ 为 F_u 的模糊无偏估计量。

3. 模糊量表设计与分析

常见的传统量表主要有李克特式量表和语意差别量表。语意差别量表实际上是对李克特式量表原有等级进行细分，如把原来的 5 个等级分为 11 个等级，但调查对象还是只能选择一个，而不能选择两个等级之间的态度。通过模糊量表，则允许调查对象选择两个等级之间的态度，这是通过模糊数学中的隶属度实现的。隶属度指隶属于各等级的程度，其取值为[0,1]区间的任意数，但隶属于各等级程度的总和为 1。以煤矿组织结构合理性调查为例，模糊量表如表 4-9 所列。

表 4-9　　模糊量表

语意 问题	很合理	合理	普通	不合理	很不合理
煤矿的组织结构是否合理		50%	50%		
对应计分值	5	4	3	2	1

在进行煤矿管理类危险源可靠性现状调查中，调查指标主要是一些定序指标，如很合理、合理、普通、不合理、很不合理。由于人的认知，人对于合理性的评价是亦此亦彼的。如对于管理组织结构的合理性状况进行调查，有的人会感觉现在的组织结构属于合理也行，属于一般也行。为了准确反映管理类危险源的实际情况，本书将采用模糊量表来进行管理类危险源合理性现状调查。

以煤矿组织结构合理状况调查为例，来说明模糊量表的分析。邀请组织机构内各部门的五位相关人员进行调查，得到每位受访者对煤矿组织结构合理状况的隶属度如表 4-10 所列。

表 4-10　　受访者对组织结构合理性状况的隶属度选择

	L_1 很合理	L_2 合理	L_3 普通	L_4 不合理	L_5 很不合理
1	0	0.5	0.5	0	0
2	0	0	0.8	0.2	0
3	0	0.3	0.7	0	0
4	0	0	0	0.9	0.1
5	0	0	0.2	0.8	0

根据定义 4.2 离散型模糊均数和方差中介绍的离散模糊样本均数定义，可以得到模糊样本均数为：

$$F_{\bar{X}}=\frac{\frac{1}{n}\sum_{i=1}^{n}m_{i1}}{L_1}+\frac{\frac{1}{n}\sum_{i=1}^{n}m_{i2}}{L_2}+\cdots+\frac{\frac{1}{n}\sum_{i=1}^{n}m_{ik}}{L_k}$$

$$=\frac{\frac{1}{5}(0+0+0+0+0)}{L_1}+\frac{\frac{1}{5}(0.5+0+0.3+0+0)}{L_2}+\frac{\frac{1}{5}(0.5+0.8+0.7+0+0.2)}{L_3}+\frac{\frac{1}{5}(0+0.2+0+0.9+0.8)}{L_4}+\frac{\frac{1}{5}(0+0+0+0.1+0)}{L_5}$$

$$=\frac{0}{L_1}+\frac{0.16}{L_2}+\frac{0.44}{L_3}+\frac{0.38}{L_4}+\frac{0.02}{L_5} \tag{4-73}$$

根据定义 4.2 中介绍的离散模糊总体均数定义以及性质 4.1 可以得到模糊总体均数 F_μ 的无偏估计量为 $F_{\bar{X}}$。由此可知：煤矿组织机构很合理的隶属度为 0；合理的隶属度为 0.16；普通的隶属度为 0.44；不合理的隶属度为 0.38；很不合理的隶属度为 0.02。此模糊均数是一个模糊数，表现出煤炭组织结构的平均合理性是最可能为普通，其次为不合理。

设煤炭组织结构合理为正向，根据定义 4.1 离散模糊数的反模糊化值的定义求出合理总分；对反意题项进行逆向处理(按 5～1 分赋值)后，根据反模糊化值的定义求出不合理总分。

$L=\{L_1,L_2,\cdots,L_5\}$为一组有序尺度，可假设 $L_1=5,L_2=4,\cdots,L_5=1$，则根据定义 4.1，可以得到煤矿组织机构合理的反模糊化值为：

$$\mu=0\times5+0.16\times4+0.44\times3+0.38\times2+0.02\times1=2.74$$

也可以设 $L_1=1, L_2=2, \cdots, L_5=5$,可以得到煤矿组织结构不合理的反模糊化值为:

$$\mu=0\times1+0.16\times2+0.44\times3+0.38\times4+0.02\times5=3.26$$

4.4 基于故障树的单危险源重要度分析

煤矿事故的发生是多个危险源相互作用的结果。单个危险源究竟对煤矿事故的影响有多大,本章将通过故障树来分析单危险源在事故中的重要度。

故障树分析法是从特定的事故开始,考察可能引起该事故的各种可能的原因及其相互关系的系统分析法,应用这种方法既可以进行危险源辨识,又可以分析各危险源对事故的影响,因而在复杂事故分析中有重要作用。

故障树是风险评价和分析中一种非常重要的方法,在很多领域都被广泛应用。故障树的普遍应用主要是基于以下优点:

(1) 既可以进行定性分析又可以进行定量分析。

(2) 既可以分析事故发生的可能性,又可以分析各个基本事件的重要程度。

(3) 既能找到引起事故的直接原因,又能揭示事故发生的潜在原因,并能概括导致事故发生的各种情况。

4.4.1 故障树基本概念

故障树是一种利用布尔逻辑(又称布尔代数)符号演绎的表示特定故障事件(或事故)发生原因及其逻辑关系的逻辑树图。因其形状像一棵倒置的树,并且其中的事件一般都是故障事件,故而得名。故障树的基本术语包括顶事件、基本事件(底事件)、中间事件。

顶事件:故障树分析的特定故障事件(或事故),位于故障树的顶端。

基本事件(底事件):导致顶事件发生的最初始的原因事件,位于故障树下部的各分支的终端,总是某个逻辑门的输入事件。

中间事件:位于底事件和顶事件之间的结果事件,既是某个逻辑门的输出事件,又是另一个逻辑门的输入事件。它们是造成顶事件的原因,又是基本事件产生的结果。

故障树各种事件的具体内容写在事件符号之内。常用的事件符号有以下几种。

① 矩形符号：表示顶上事件或中间事件，也就是需要往下分析的事件。

② 圆形符号：表示基本事件，不能再往下分析的事件。

③ 菱形符号：菱形符号有两种意义：其一表示省略事件，即没有必要详细分析或其原因尚不明确时，可用省略事件；其二表示二次事件，即不是本系统的事故原因事件，而是来自系统之外的原因事件。

④ 房形符号：表示属于基本事件的正常事件，一些对输出事件的出现必不可少的事件。

⑤ 转移符号：表示与同一故障树中的其他部分内容相同，包括转出和转入符号。

符号图形如图 4-5 所示。

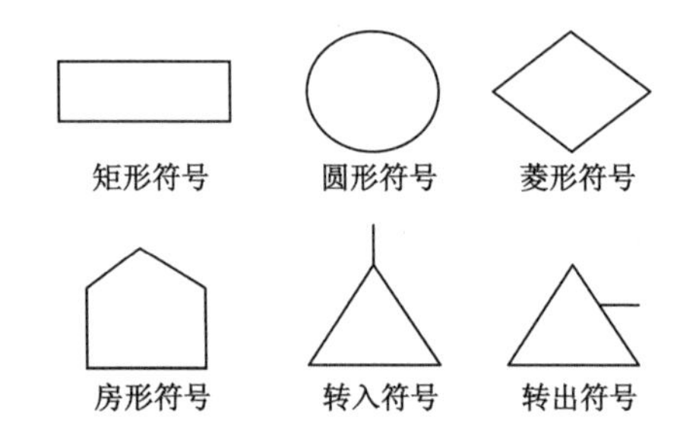

图 4-5 故障树的事件符号

连接各个事件的是逻辑门，表示各个事件的关系。逻辑门主要包括与门、或门、条件与门、条件或门和控制门，如图 4-6 所示。

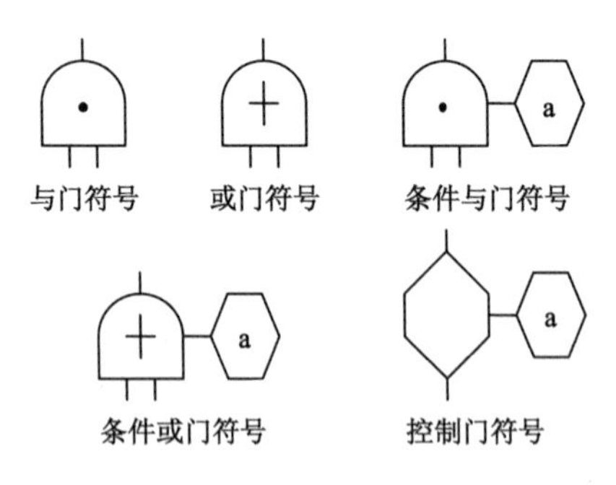

图 4-6 事故树的逻辑门符号

逻辑与门表示全部输入事件都出现时输出事件才出现，只要有一个输入事件不出现则输出事件就不出现的逻辑关系。

逻辑或门表示只要有一个或一个以上输入事件出现则输出事件就出

现，只有全部输入事件都不出现则输出事件才不出现的逻辑关系。

条件与门表示只有当输入事件同时发生，且满足条件 a 的情况下，输出事件才发生。

条件或门表示当任一输入事件发生，且满足条件 a 时，输出事件才发生。

控制门是一种逻辑上的修正：当满足输入事件的发生条件时输出事件才出现，如果不满足输入事件发生条件时则不产生输出事件。

4.4.2 故障树的布尔表达式

为了进行故障树定性和定量分析，需要建立故障树的数学模型，写出它的数学表达式。布尔代数是故障树分析的数学基础。

布尔代数是集合论的一部分，是一种逻辑运算方法，它特别适合于描述仅能取两种对立状态之一的事物。故障树中的事件只能取故障发生或不发生两种状态之一，不存在任何中间状态，并且故障树事件之间的关系是逻辑关系，所以可以用布尔代数来表现故障树。

在布尔代数中，与集合的“并”相对应的是逻辑和运算，记为“$\cup$”或“$+$”；与集合的“交”相对应的是逻辑积运算，记为“$\cap$”或“$\cdot$”。以下是布尔运算的主要法则。

集合与空集合：$A\cdot I=A, A\cdot 0=0, A+0=A, A+I=I$

反馈法则：$\bar{\bar{A}}=A$

求补法则：$A\cdot\bar{A}=0, A+\bar{A}=I$

幂等法则：$A\cdot A=A, A+A=A$

交换法则：$A\cdot B=B\cdot A, A+B=B+A$

结合法则：$A(B\cdot C)=(A\cdot B)C, A+(B+C)=(A+B)+C$

分配法则：$A(B+C)=(A\cdot B)+(B\cdot C), A+(B\cdot C)=(A+B)\cdot(A+C)$

吸收法则：$A(A+B)=A, A+(A\cdot B)=A$

对偶法则：$\overline{A\cdot B}=\bar{A}+\bar{B}, \overline{A+B}=\bar{A}\cdot\bar{B}$

把故障树中连接各事件的逻辑门用相应的布尔代数逻辑运算表现，就得到了故障树的布尔表达式。一般可以自上而下地把故障树逐步展开，得到其布尔表达式。故障树中的逻辑或门对应于布尔代数的逻辑和运算；逻辑与门对应于逻辑积运算。

例如，对于图 4-7 的故障树，其布尔表达式为：

$$
\begin{aligned}
T &= M1 + M2 \\
&= X0 \cdot M3 + X4 \cdot M5 \\
&= X0 \cdot (X1 + M4) + X4 \cdot (X5 + X6) \\
&= X0 \cdot (X1 + X2 \cdot X3) + X4 \cdot (X5 + X6)
\end{aligned} \tag{4-74}
$$

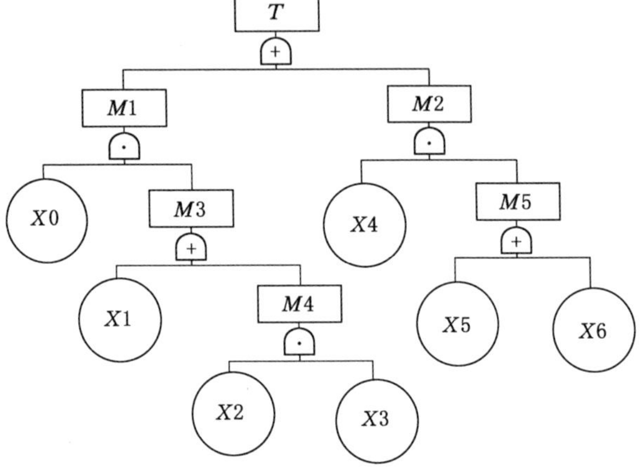

图 4-7　故障树

故障树的布尔表达式是故障树的数学描述。对于给定的故障树可以写出相应的布尔表达式;给出布尔表达式可以画出相应的故障树。

在同一故障树中,如果相同的基本事件在不同的位置上出现时,需要考虑故障树中是否有多余的事件必须除掉,否则将造成分析结果的错误。

例如,图 4-8 所示的故障树中基本事件 $X1$ 在两处出现。该故障树的布尔表达式为:

$$
\begin{aligned}
T &= M1 \cdot M2 \\
&= X0 \cdot X1 \cdot (X1 + X2)
\end{aligned} \tag{4-75}
$$

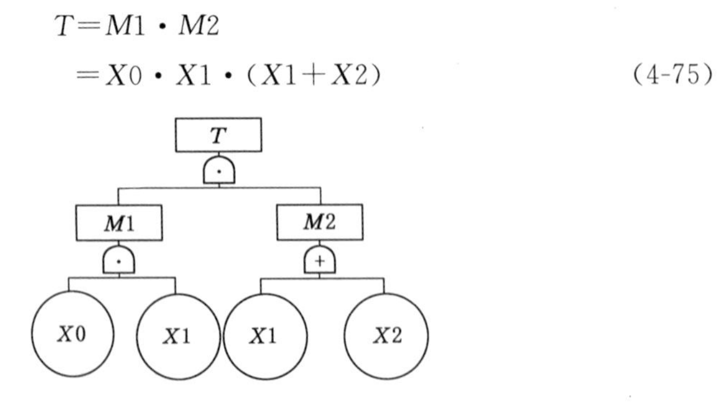

图 4-8　故障树

用布尔代数的幂等法则和吸收法则对布尔表达式进行整理，则有：

$$
\begin{aligned}
T &= M1 \cdot M2 \\
&= X0 \cdot X1 \cdot (X1 + X2) \\
&= X0 \cdot X1 \cdot X1 + X0 \cdot X1 \cdot X2 \\
&= X0 \cdot X1 + X0 \cdot X1 \cdot X2 \\
&= X0 \cdot X1 \qquad (4\text{-}76)
\end{aligned}
$$

通过化简去除了多余的基本事件 $X2$。化简后的故障树如图 4-9 所示。

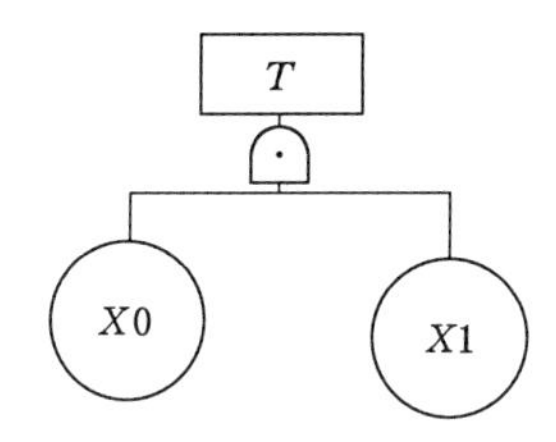

图 4-9　化简的故障树

对于布尔表达式(4-74)，即图 4-7 的故障树可以通过布尔代数的相应法则进行化简并整理，则有：

$$
\begin{aligned}
T &= M1 + M2 \\
&= X0 \cdot M3 + X4 \cdot M5 \\
&= X0 \cdot (X1 + M4) + X4 \cdot (X5 + X6) \\
&= X0 \cdot (X1 + X2 \cdot X3) + X4 \cdot (X5 + X6) \\
&= X0 \cdot X1 + X0 \cdot X2 \cdot X3 + X4 \cdot X5 + X4 \cdot X6 \qquad (4\text{-}77)
\end{aligned}
$$

根据公式(4-77)，图 4-7 的故障树则可以化简为图 4-10 所示的故障树等效图。

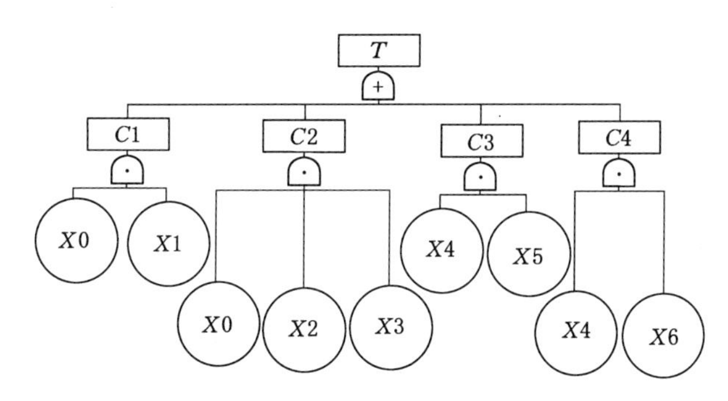

图 4-10　故障树等效图

4.4.3 最小割集和最小径集

最小割集是事故树定性分析中的重要内容。在故障树分析中,把能使顶事件发生的基本事件集合叫做割集。如果割集中任一基本事件不发生就会造成顶事件不发生,即割集中包含的基本事件对引起顶事件发生不但充分而且必要,则该割集称为最小割集。

最小割集的求法很多,例如观察法、利用计算机求解、利用故障树布尔表达式等。利用故障树的布尔表达式可以方便地找出简单故障树的最小割集。根据布尔代数运算法则,把布尔表达式变换成基本事件逻辑积的逻辑和的形式,则逻辑积项包含的基本事件构成割集;根据运算法则,进一步整理,得到最小割集。例如根据公式(4-77)最小割集为:

$$(X0,X1)\quad (X0,X2,X3)\quad (X4,X5)\quad (X4,X6)$$

在故障树分析中,把其中的基本事件都不发生就能保证顶事件不发生的基本事件集合称为径集。若径集中包含的基本事件不发生对保证顶事件不发生不但充分而且必要,则该径集叫做最小径集。最小径集表明哪些基本事件组合在一起不发生就可以使顶事件不发生。

在求最小径集时,要根据布尔代数的对偶法则把故障树中故障事件用其对立的非故障事件代替,把逻辑与门用逻辑或门代替、逻辑或门用逻辑与门代替,便得到了与原来的故障树对偶的成功树。求出成功树的最小割集,再用故障事件取代非故障事件,就得到了原故障树的最小径集。

4.4.4 基本事件的结构重要度

导致顶事件发生的基本事件很多,在采取防止发生顶事件的措施时应该分清轻重缓急,优先解决那些比较重要的问题,首先消除或控制那些对顶事件影响重大的基本事件。在故障树分析中,用基本事件重要度来衡量某一基本事件对顶事件影响的大小。基本事件的结构重要度取决于它们在故障树结构中的位置。基本事件在故障树结构中的位置不同,对顶事件的作用也不同。评价基本事件结构重要度的方法有以下两种:

(1) 基本事件在最小割集(或最小径集)中出现的情况直接反映了该基本事件的重要度:在由较少基本事件组成的最小割集(或最小径集)中出现的基本事件,其结构重要度较大;在不同最小割集(或最小径集)中出现次数多的基本事件,其结构重要度大。

(2) 也可采用以下公式计算第 i 个基本事件的结构重要度：

$$I_{\varphi}(i) = \frac{1}{k}\sum_{j=1}^{m}\frac{1}{R_j} \tag{4-78}$$

式中：k 表示故障树包含的最小割集（或最小径集）数目；m 表示包含第 i 个基本事件的最小割集（或最小径集）数目；R_j 包含第 i 个基本事件的第 j 个最小割集（或最小径集）中基本事件的数目。

应该注意，按此公式计算得到的数值没有绝对意义，只有相对意义，即基本事件结构重要度的排序。

第5章 煤矿事故结构复杂性机理及其风险度量

5.1 煤矿事故风险耦合的内涵及特征

5.1.1 煤矿事故风险耦合的内涵

"耦合"一词一直是物理学上的概念,概括地说是指两个及以上的实体相互依赖于对方的一个量度。耦合作为名词在通信工程、软件工程和机械工程等工程中都有相关名词术语。世界上的事物总是会存在着一些千丝万缕的关系,这也就构成了所谓的系统,而系统与系统之间也会存在线性或者非线性的关系。系统之间的相互影响、相互作用,我们也可以称之为耦合。

煤矿事故风险耦合指的是煤矿影响因素所造成的风险在风险链上蔓延,在遇到其他影响因素的风险时会出现交互的现象,从而会改变风险值的大小,偏离了人们对风险的预估值,造成损失。煤矿事故风险耦合不仅包括自身内部之间因素的风险,同时也包括与外部系统的耦合。与外部系统的耦合我们称之为广义的煤矿事故风险耦合,广义的煤矿事故风险耦合既包括系统内部之间的耦合,同时也包括与外部系统,例如煤矿安全监察系统、科学技术系统等发生交叉、耦合。狭义的煤矿事故风险耦合则指的是系统内部之间的影响要素发生包括人、机器、环境、管理四个要素之间的耦合。本书研究的煤矿事故风险耦合主要局限于煤矿内部系统的内容,不考虑外部系统对煤矿系统的影响。

5.1.2 煤矿事故风险耦合的特征

煤矿事故风险本身具有一定的特性,包括复杂性、耦合性以及非线性动态性等。而煤矿事故的耦合风险同样具备自身的一些特性,只有了解煤矿

事故风险耦合的特征，才能够分析出煤矿事故风险耦合的机理，对于控制煤矿事故耦合风险的产生，减少耦合后的煤矿事故风险具有指导性的作用。其特性如下。

1. 随机性

由于煤矿风险的产生具有一定的随机性，那么不同风险因素的耦合也就具有一定的随机性，比如人员生理状态和心理状态、设备发生故障、地质条件的变动，而这些随机发生的风险因素又会影响到其他因素，这些被影响的风险因素同样也具有随机性，这也就导致煤矿事故耦合风险随机性的出现。我们无法预料到风险因素什么时候产生，也无法预料到耦合作用是什么时候发生。

2. 突发性

突变理论解释耦合风险为什么会突然出现，这是由于事物在由一种状态转变为另外一种状态的时候，会有一个慢慢储蓄能量的阶段，这个阶段人们不容易发觉，具有一定的隐蔽性。当人们觉察到风险要发生的时候，为时已晚。因此当两个风险因素发生耦合的前期阶段，能量会一直被储备，而人们却发现不到这些微小的变化，然后能量逐渐地积累，最后突然迸发出来，引起煤矿事故的发生。这也就说明了煤矿事故耦合风险具有突发性的特点。

3. 非线性

当多个因素发生耦合后，所造成的风险并不是简单的线性相加，而是存在着一种非线性的关系。每个风险因素所产生的风险流并不是对等的，有的风险因素有可能起的作用更加大一些，有的风险因素起的作用小一些，因此耦合风险受到风险流较大因素的影响更大。造成的风险也比较偏向于风险流较大的风险因素。但是起主导作用的风险因素，在耦合过程中也有可能逐渐弱化变成次风险流，而次风险流也有可能变为主导风险流，这也就进一步增加了耦合风险的动态性变化。

4. 不可逆性

煤矿事故耦合风险的不可逆性指的是当风险因素进行耦合后，风险状态就会发生改变，同样也会影响到煤矿系统本身的状态以及外部系统的专题，而这个过程导致的状态的变化是不能返回与以前一模一样的状态的。由于耦合后会造成风险的加大或者是新风险的产生，而造成风险加大的部分是来源于不同的风险因素，这部分风险是混沌的，不能再把它分离出来，

这也就造成煤矿事故耦合风险的不可逆性。

5.2 煤矿事故风险耦合的分类及过程

5.2.1 煤矿事故风险耦合的分类

目前对于煤矿影响因素的划分基本都是从人的因素、机器因素、环境因素以及管理因素的角度，根据四个因素产生的风险的强度、风险的方向以及耦合的数量来进行划分。

5.2.1.1 按风险耦合的参与因素分类

根据煤矿事故风险耦合的参与因素来划分，煤矿事故风险耦合可以划分为同质单因素风险耦合和异质因素风险耦合。

1. 同质单因素风险耦合

煤矿事故同质单因素风险耦合是指在同一个一级影响因素指标下面的二级影响因子之间发生耦合。同质单因素耦合由于同属于同一影响因素，所以它们之间发生的频率要高一些，影响的范围也比较广，例如人的影响因素中的专业技能素质水平和员工的心理素质会存在一定的耦合，设备因素的机器设备设计的是否合理会影响到机器的老化、磨损速率等。从图 5-1 中我们能看出同质因素风险耦合构成的煤矿风险的关系。

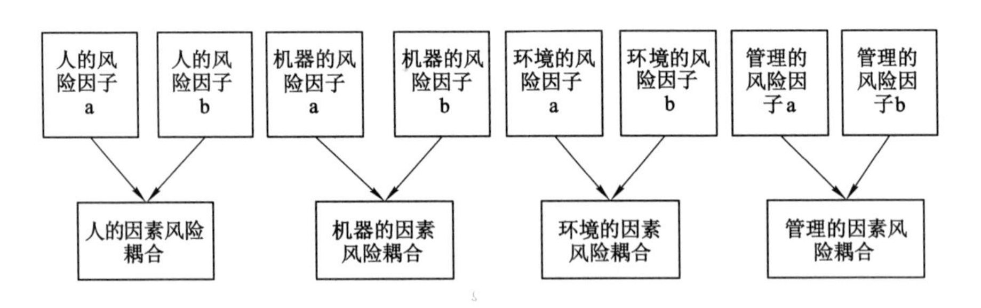

图 5-1 同质因素耦合风险图示模型

2. 异质因素风险耦合

煤矿的异质因素风险耦合包括两个不同风险因素风险耦合和多个不同风险因素风险耦合。

我们可以将双因素耦合理解为两个来源不同的风险因素进行耦合，例如人和机器会发生耦合，人与环境或者管理因素会发生耦合，同时这些因素

之间也会发生耦合。双因素耦合具有一些明显的特点，它们会在一定程度上加大事故产生的可能性以及风险的强度。从图 5-2我们能够看出双因素风险耦合构成的煤矿耦合风险关系。

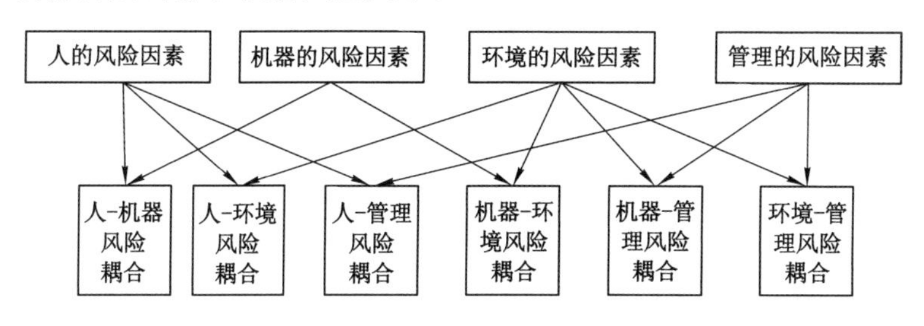

图 5-2 异质双因素耦合风险图示模型

煤矿事故多因素耦合设计的风险因素要在三个及以上。例如人、机器、环境耦合，人、机器、管理耦合，人、环境、管理耦合，机器、环境、管理耦合以及人、机器、环境、管理四个因素同时耦合。耦合的因素越多，可能造成的损失就越大，但是从概率论的角度上来说，多个因素耦合的概率就会变小许多，因此煤矿多因素耦合作用的特点就是：概率小，造成的损失大。从图 5-3 我们能够看出多因素风险耦合构成的煤矿耦合风险关系。

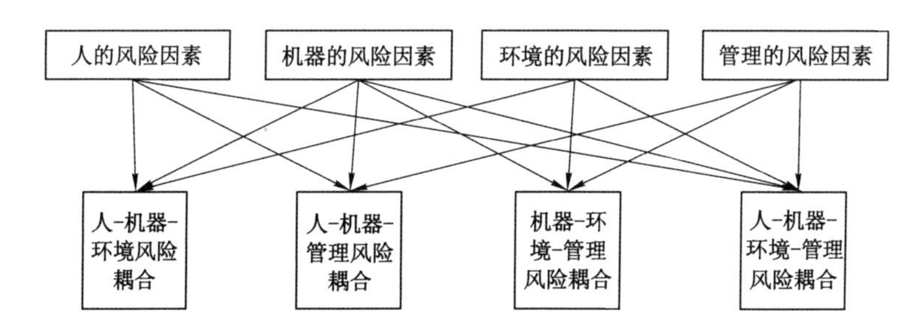

图 5-3 异质多因素耦合风险图示模型

5.2.1.2 按煤矿事故风险的作用方向分类

煤矿风险耦合作用中有的可能会造成事故风险的加大，有的可能造成事故风险的减少，也有可能在耦合之后，风险内部耦合机制发生改变，但是风险的大小却没有改变，因此我们根据耦合后造成的风险的作用方向，把煤矿事故的风险耦合划分为正向耦合、零度耦合和负向耦合。

煤矿系统包含的风险子系统有很多，我们主要分为人、机器、环境、管理

四个子系统，它们之间的耦合程度和存在的形式决定了煤矿事故风险耦合系统的状态。在这里我们可以引用相关系数的概念来表示各个子系统之间的关联程度。而相关系数 p 的取值范围是在[−1,1]之间。相关系数的正负能够体现风险因素耦合的作用方向，相关系数的大小能够体现出耦合作用的强度。我们将用图示来表达出煤矿子系统耦合后造成的风险变化趋势。图 5-4 为煤矿事故中人的因素的风险区域，图 5-5 为煤矿事故中机器因素的风险区域，图 5-6为煤矿事故中环境因素的风险区域，图 5-7 为煤矿事故中管理因素的风险区域，下面分析正耦合、零耦合以及负耦合的风险区域的变化。

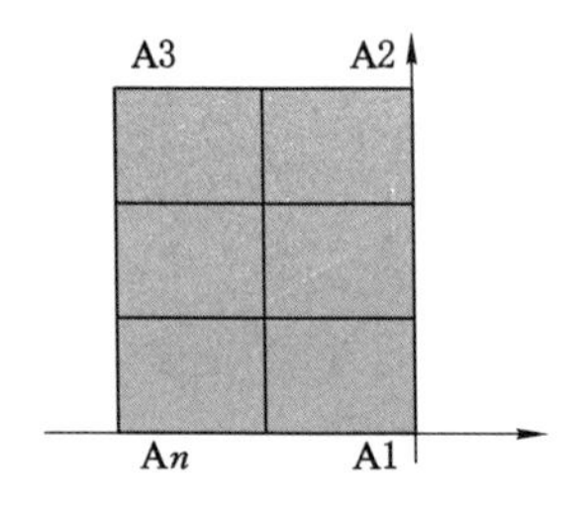

图 5-4　人的因素风险域

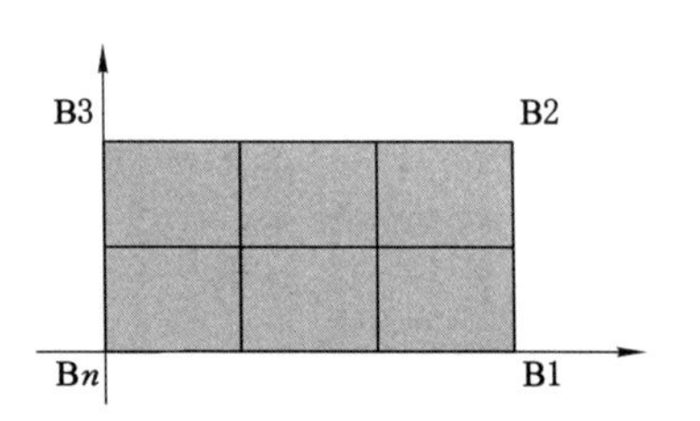

图 5-5　机器因素风险域

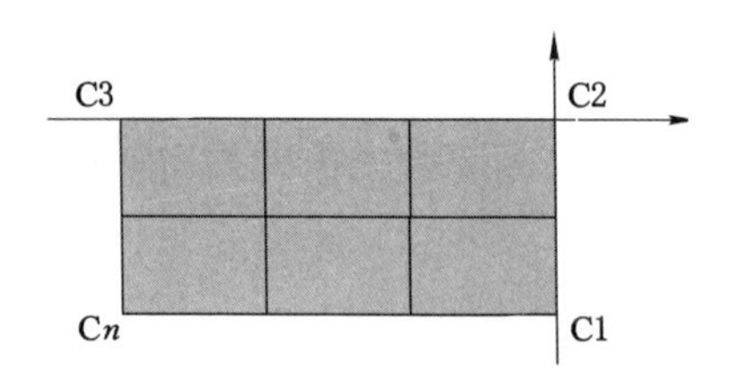

图 5-6　环境因素风险域

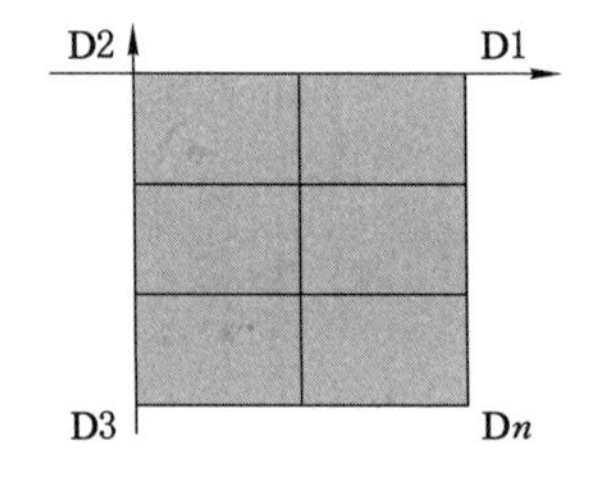

图 5-7　管理因素风险域

1. 负耦合

负耦合的相关系数的区间是[−1,0]。当煤矿风险因素负耦合出现的时候，风险的流动速率是逐渐减缓的，起到了阻碍风险的作用，这个时候耦合后风险是比之前的风险总值减小的。耦合效果是“1+1+1+1<4”，此时的耦合风险域如图 5-8 所示。

2. 零耦合

零耦合的相关系数等于 0，当煤矿风险因素零耦合出现的时候，风险的流动速率会发生波浪式变化，到了最后风险耦合的大小并没有明显的变化，仅仅是不同耦合因素进行了交互作用，没有造成损失的加大或者减少。这

个时候耦合后的风险与之前的风险总值是相等的。耦合效果是“1+1+1+1=4”。此时的耦合风险域如图5-9所示。

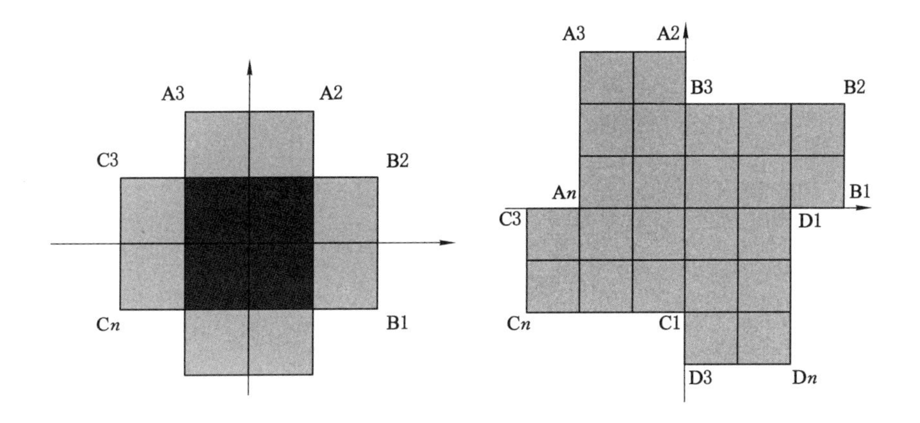

图5-8 煤矿四因素风险负耦合风险域　　图5-9 煤矿四因素风险零耦合风险域

3. 正耦合

正耦合的相关系数的作用区间是[0,1]，当煤矿风险因素正耦合出现的时候，风险的流动速率会加快，风险的大小也会呈上升趋势，起到了加速风险产生的速度以及加大损失的效应，到了最后耦合后风险的大小比原有的风险要大。耦合效果是“1+1+1+1>4”。此时的耦合风险域如图5-10所示。

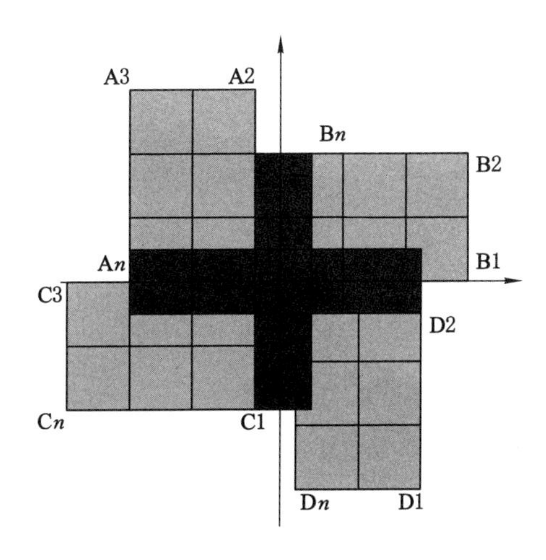

图5-10 煤矿四因素风险正耦合风险域

5.2.1.3 按照耦合的松紧程度划分

组成复杂系统的多个要素中，要素之间的关系既包含线性的也包含非线性的复杂关系。相对而言，线性关系比较容易预测和控制，而非线性的复杂关系则是非可见和不可预料的。系统元素之间耦合的松紧程度影响系统整体的健壮性。一般来说，具有紧耦合系统的整体健壮性要低于松耦合系统。

松耦合系统有时间来完善和想出解决的办法，紧耦合系统必须照章运行和管理。简单地说，紧耦合在各步骤之间的时间间隔、进行动态变更的能力或者操作员的干涉机会等方面，都没有任何松弛环节。紧耦合系统按照一定的规则模式，恰恰与交互复杂系统发生矛盾。紧耦合的规则永远不可能考虑到所有可能的意外事故。交互复杂系统要求分散化的方式，为在人员操作层面解决始料未及的事故留有余地。如果一个系统既具有交互复杂性，又是紧耦合，那么，管理层就会左右为难；要么选择像法规一样制度的严密的集中管理模式，要么选择分散但有适应性的管理模式。

具有紧耦合和复杂性的系统的一连串失败，也称为正常事故，是指在看似正常的不应该发生事故的情况下却发生的事故。正常事故意味着发生的事故是程序结构的必然结果。系统越复杂，紧耦合越强，正常事故发生的频率就越高。减少事故发生次数的唯一方法，就是降低复杂性或增加程序的松弛环节。

总的来说，系统的大规模、系统要素之间的交互效应和系统之间的紧耦合给人们对事故的控制带来了困难。随着人类社会组织和技术的发展，越来越多的社会技术系统都将面临类似的问题。

5.2.2 煤矿事故风险耦合的过程

从上述风险叙述可知，煤矿企业最担心的是各个子系统之间形成正耦合效应。当正耦合产生时，会加大风险传导的速度和事故范围的扩大，甚至能够产生新的风险，接下来让我们分析煤矿企业在风险过程中正耦合的形成机理。

单个因素往往很难造成煤矿事故的发生，这是由于煤炭企业整个系统具有自我调节和修复的功能，当单个因素风险产生的时候，企业的防御系统就会阻碍风险的产生。煤矿生产系统是一个完整的生态系统，而一

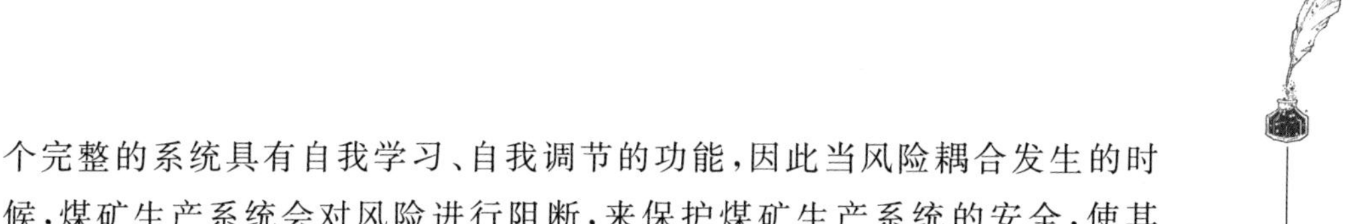

个完整的系统具有自我学习、自我调节的功能，因此当风险耦合发生的时候，煤矿生产系统会对风险进行阻断，来保护煤矿生产系统的安全，使其达不到阈值，从而处于零耦合或负耦合的状态，所以导致事故发生的一定是一连串的失误、缺陷等。如第 2 章图 2-1 所示，当煤矿系统中的人、机、环、管四个子系统出现缺陷或失误后，突破各自的防御系统后，继续在煤矿风险事故链上蔓延，一旦遇到其他几个因素形成的突发事件后会迅速耦合。经过耦合的震荡，促使其打破平衡态的临界点，如果达到了风险所能容纳的阈值就会导致煤矿系统正耦合效应的产生，从而造成事故风险加大，甚至产生新的风险。

5.3 煤矿事故多因素耦合作用因果关系分析

5.3.1 人-机器耦合作用分析

5.3.1.1 人的行为对机器的影响

人的行为对机器的影响主要是指人的操作失误、维修失误等导致了机器性能不良。

(1) 操作失误。

按错误的或不完全的信息进行机器运转，从而导致机器性能不良或故障；或者由于人本身能力的缺陷而错误地操作机器，从而使机器出现故障。

(2) 维修失误。

人员在机器发生故障以后，在变换零件、调整和修理过程中所发生的失误及时间上的延误，从而导致机器性能不良或故障。

5.3.1.2 机器对人的行为的影响

导致人发生不安全行为的主要原因之一就是由于机器设备的人机工程学方面存在缺陷所导致的。

机器主要通过以下几种方式对人的行为产生影响。

(1) 人机界面。

人机界面是指系统中的人-机器相互作用的区域。通常人机界面有信息性界面、工具性界面和环境性界面。良好的人机界面能大大提高人工作的舒适性。

(2) 机器的安全性设计。

供人使用的机械应尽量满足人的生理、心理特征,符合人的审美观和价值观,尤其要满足人的安全需要,让人能够最大限度地发挥其功能。

(3) 机器运行所产生的噪声、振动、粉尘。

机器在运行过程中会产生噪声、振动,甚至产生粉尘,不仅影响人的身体健康,还会使人烦躁、易怒,分散人的注意力,使人的行为处于不安全状态。

(4) 机器故障。

如果机器的运行是为了维持环境的良好状态,那么机器一旦发生故障而不能得到及时修理,就容易导致环境异常,进而对人产生影响。如风机故障,导致井下有毒气体增多,不能及时排除,容易造成人中毒或其他症状。

人的因素风险与机器因素风险之间的相互作用关系如图 5-11 所示。

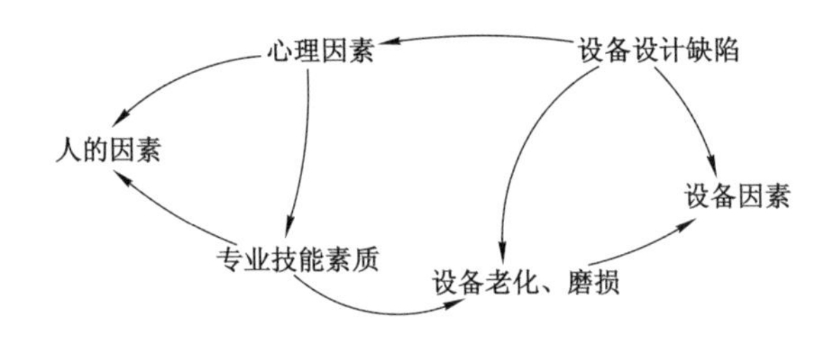

图 5-11　人的因素与机器因素耦合关系

人-机器耦合风险有可能是人的不安全行为影响设备的不稳定状态,也有可能是设备的风险因素影响到人的不安全行为,它们之间是以闭环的形式存在的。人的不安全行为中主要是员工的专业技能素质较低,导致机器操作不当,就会加大设备的老化以及磨损的速率,从而令机器出现不稳定状态。同样机器设备的不安全状态,会让员工在操作机器的过程中出现烦躁的情绪,从而会对人的心理因素产生一定的消极作用,导致人的不安全行为的产生。因此,在人-机器系统中,要充分考虑到人和机器的匹配性和协调性,由于机器是固定的,人是可变因素,在设计机器的时候就要充分考虑到操作人员有哪些习惯和特性,满足操作人员的习惯;如果是让人去弥补设备不足,就有可能产生一些风险,出现人-机器不协调的局面。

5.3.2 机器-环境耦合作用分析

环境是人、机器所处的工作场所，是机器的运行条件，而机器的存在和工作又会在不同程度上对环境产生影响。因此，机器和环境之间存在相互作用和相互影响的关系。

5.3.2.1 机器对环境的影响

机器对环境的影响主要是机器在进行物质与物质、能量与能量以及物质与能量的转换期间对环境造成的影响，这种影响也主要以物质和能量，同时伴随一定的信息形式来表现。例如，一台机器在工作过程中消耗及排放的各种物质，运行过程中吸收或产生的振动、噪声及电磁辐射等。

根据机器对环境影响的可逆性，可粗略地分为两类：一类是当机器停止工作后，环境立刻或在短时间内就能得到恢复，其特点是机器工作时所产生的附加环境因素与原环境界面较为简单而清晰，对环境的渗透性作用可以忽略；另一类就是环境不会因为机器停止工作而恢复或者需要相对长的时间才能恢复。从影响的结果来看，前一类影响往往较为明显，例如，一台机器工作时产生的振动、噪声及电磁辐射等因素会随着工作的停止而消失；而后一类影响的效果往往较不明显，这种影响会随着机器的不断工作而持续累积，当达到一定阶段时，其影响将逐渐加以表现。

机器对环境的影响主要有：机器运行过程中产生的噪声、振动、空气污染等，增加了环境的危险性；机器发生故障导致环境问题。如果机器运行是为了维持环境在平衡态，而一旦机器运行出现问题或机器本身出现故障，就容易破坏这种平衡态。如风机一旦出现故障，就容易导致井下的瓦斯不能顺利排放出去，造成瓦斯积聚。

5.3.2.2 环境对机器的影响

机器的使用及运行离不开具体的环境，而环境是多种多样，对机器造成的影响也必须是多层次、多方面的。

环境对机器的影响主要有两种方式：一是直接影响，不良的环境会影响机器的性能、运行的稳定性和安全性以及生命周期，即影响机器的可靠性；二是环境导致人的工作能力下降，形成的误操作可能导致机器的故障。表5-1描述了井下常见的环境条件对机器的影响。

表 5-1　　环境条件对机器的影响

环境因素	影响	后果
高温	材料软化	结构强度减弱
	化学分解或老化	材料性能变化，甚至损坏
	设备过热	元件损坏、着火、低熔点焊锡开裂、焊点脱开
	油黏度降低	轴承损坏
	金属膨胀	活动部分被卡住，紧固装置出现松动
	金属氧化	接点接触电阻增大，金属材料表面电阻增大
低温	材料变脆	结构强度减弱、电缆损坏、蜡变硬、橡胶发脆
	油和润滑脂黏度增大	轴承、开关等产生黏滞现象
	材料收缩	活动部分被卡死，插头座、开关片等接触不良
	元件性能改变	铝电解电容器损坏，蓄电池容量降低
	密封橡胶硬化	气密设备的泄漏率增大
高低温循环	剧烈的膨胀与收缩产生内应力，产生交替的冷凝结与蒸发	加速元件、材料的机械损伤，引起性能变化
高湿	水汽凝聚	绝缘电阻降低，出现漏电和气弧等，介电常数增大，介质损耗增大
	吸收水分	某些塑料零件隆起和变形，电性能变化，表面电阻增大
	金属腐蚀	结构强度减弱，活动部分被卡死，表面电阻增大
	化学性质变化	电接触不良，其他材料受新腐蚀物的污染
	水在半密封设备中凝聚	上述现象可能出现材料的溶解和变化

实际上，环境因素对机器的影响从来不是单一的，而是各种因素的复合作用。这种复合效应又常常高于单一因素的作用水平。机器因素风险与环境因素风险之间的相互作用关系如图 5-12 所示。

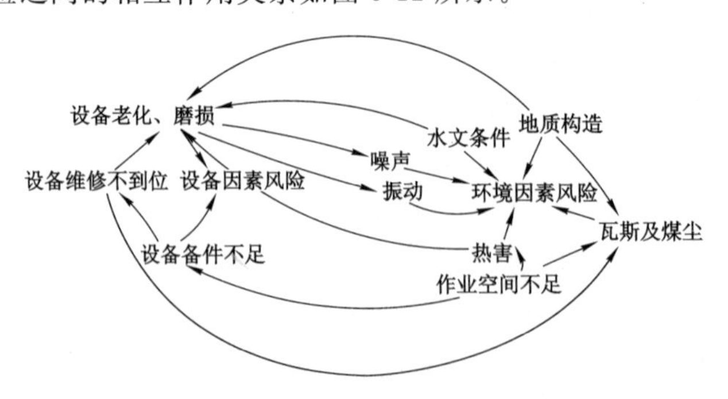

图 5-12　机器因素与环境因素耦合关系

环境因素风险的发生，对设备因素有直接的作用也有间接的作用。在机器与管理的耦合关系中，水文条件和地质构造等一些自然因素会影响到设备老化和磨损的速率，而作业空间的不足也会导致设备的备件不足从而引发设备的风险；设备工作年限较长，会产生老化和磨损，就有可能产生噪声、振动、空气污染等；同时抽瓦斯机器发生故障，就容易导致井下的瓦斯不能顺利排放出去，造成瓦斯积聚，从而引发瓦斯事故。

5.3.3 人-环境耦合作用分析

在煤矿系统中，人是系统的主体，是机器的操纵者和控制者；环境则是人和机器所处的场所，是人生存和工作的条件。在系统中，人必然受到各种环境因素的影响，同时也必然通过各种方式影响环境。环境对人提供必要的生存条件和工作条件，但恶劣的环境也会对人产生各种不良的影响。

5.3.3.1 环境对人的影响

环境因素是多种多样的，人是高度复杂的系统。因此，环境对人的影响既有多样性，又有复杂性。

在煤矿系统中，对人产生影响的一般环境主要有温度、粉尘、噪声、有毒气体、照明和作业空间等。如果尽可能地排除环境因素对人体的不良影响，使人具有舒适的作业环境，这样就有利于提高人的安全性。

1. 温度

随着矿井采掘工作不断向井田深部发展，受地热、机械热等各种热源的影响，越来越多的矿井出现高温问题。井下温度过高，将影响到人的热平衡、水盐代谢等，同时高温环境对劳动者生理和心理的影响最终反映在劳动者的行为上，如工作能力降低、动作的准确性、协调性和反应速度降低，从而导致人出现不安全行为。

2. 粉尘

粉尘是指较长时间漂浮在作业场所空气中的固体微粒。固体物质经机械粉碎或碾磨时可产生粉尘，粉状原料、半成品和成品在混合、筛分、运送或包装时也会产生粉尘。

矿井下的粉尘危害性较大，能污染工作场所，危害工人的健康，甚至引起尘肺和皮肤病。另外，粉尘还会引起中毒，如铅、砷、锰等有毒粉尘一经吸入，会在支气管和肺泡壁上溶解后被人体吸收，引起中毒。

3. 噪声

噪声就是嘈杂、有害、使人感到不舒服的声音。过高的噪声不仅影响人的身体健康，还会增加人体的疲劳、分散人的注意力，影响人的反应能力和情绪，使人产生生理和心理上的不良反应，对人与人之间的信息传递产生障碍，降低了人们通过听觉判断事物的能力，从而使人的行为处于不安全状态。科学研究表明，人们工作、学习和生活的最佳声音环境是 15～45 dB，而煤矿井下部分作业地点如采煤工作面、掘进工作面、装载点等的噪声远远超过了 45 dB。实际上，高噪声的地点也是矿井事故的高发地点。煤矿井下采掘地点的统计资料表明，如果噪声降低 15.5％，工人的人为失误率可降低 24％。

4. 有毒气体

有毒气体是指常温、常压下呈气态的有害物质。矿井下存在多种有害气体，它们对环境的破坏作用表现在损害工人身体健康，在一定条件下，气体浓度达到某一值时，工人发生中毒事件，导致失误率提高，使人的可靠性降低，甚至使系统发生致命故障，造成人员、财产损失。

5. 照明

煤矿井下照明条件差，会由于能见度低、操作不便产生直接人身伤亡事故，并且照度不足，使人观察事物吃力，增加体能消耗，并且易引起视觉疲劳，影响对信号的感知和大脑思维的敏捷性，易于误判断和误操作。

6. 作业空间

作业空间指人在操作机器时所需要的操作活动空间，加上机器、设备以及工具所需的空间的总和。

煤矿井下作业空间狭小，尤其是采煤工作面、刮板输送机和综采支架之间的空间很有限，使人体不能充分自如地伸展，人的操作姿势单一，消耗能量增加，并能使作业者产生压抑、烦躁、紧张和混乱感，容易出现不安全行为。不合理的作业空间布局，使机器、设备的操作装置和显示装置不符合人的生理特性，也容易产生不安全行为。

5.3.3.2 人对环境的影响

人对环境的影响是多方面的，有直接的，也有间接的。

1. 人对环境空间的影响

人对环境空间的影响，主要指对空间的占用。人体对环境空间占用的

大小是与任务需要和作业方式有关的。通常可分为近身作业空间、个体作业空间和整体作业空间。

2. 人的行为对环境的影响

人的行为对环境的影响，主要是指由于人的不安全行为而导致环境出现不安全状态。如由于人操作失误导致通风机故障或通风机故障后不及时维修，造成供风能力不足，而导致瓦斯积聚。

人的因素风险与环境因素风险之间的相互作用关系如图 5-13 所示。

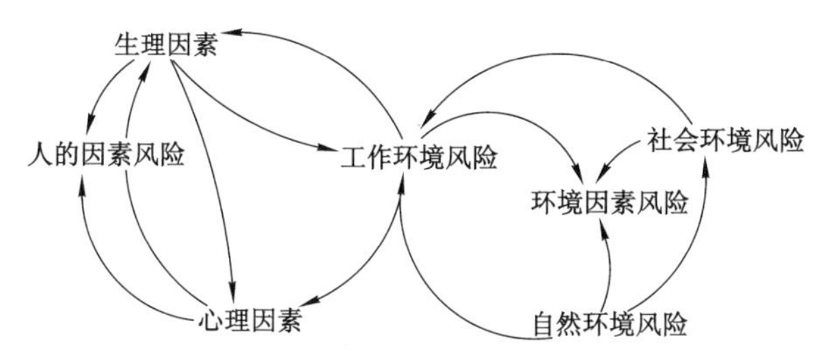

图 5-13　人的因素与环境因素耦合关系

人-环境耦合风险主要指的是人的不安全行为中的生理因素和心理因素与环境因素中的工作环境进行耦合的。环境因素对人的因素的耦合途径是自然环境风险会影响到员工的工作环境风险，而当工作环境发生变化时又会对员工的生理因素和心理因素产生影响，从而导致人的不安全行为的产生。人的因素对环境因素的耦合途径是人的生理因素会改变一些工作环境，从而引发环境因素的风险事故。

5.3.4　管理与人、机器、环境耦合作用分析

管理的缺陷作为煤矿事故发生的本质原因，对人、机器、环境有重要的影响。本节分别分析管理对人、机器和环境的影响。

5.3.4.1　管理对人的影响

管理制度的不完善，领导重视程度不足，员工的安全教育与培训不足，导致员工的专业技能素质比较低。

安全投入不足，员工缺乏必要的个人防护用品或个人防护用品管理不严格，从而造成井下的恶劣环境危害员工的健康。

管理与教育培训的不到位，使员工安全生产意识淡薄，对安全生产不够重视，在煤矿生产过程中，存在着侥幸心理和冒险心理；责任感弱，在煤矿生

产过程中粗心大意、敷衍塞责。

制度和管理上的缺陷，致使煤矿在人员准入上存在漏洞，大量文化程度低、安全意识差的人员进入煤矿，影响了员工整体文化程度的提高，增加了安全管理的难度。

在所发生的重大事故中有大约一半的事故是由人和管理的耦合造成的，它们之间的耦合关系错综复杂，涉及的耦合因素也很多，如图 5-14所示。

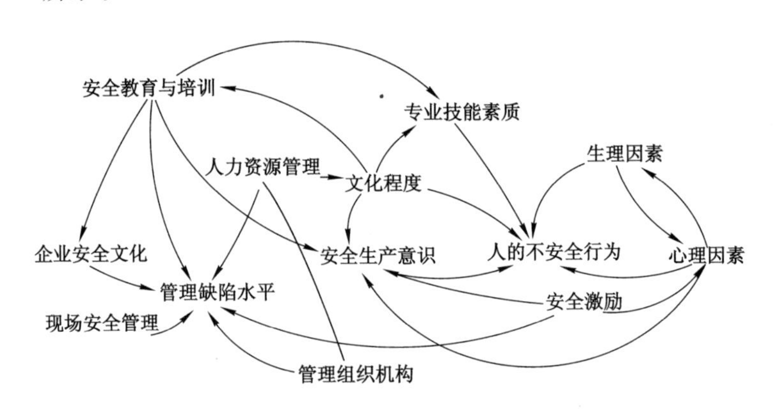

图 5-14　人的因素与管理因素耦合关系

从图 5-14 分析得知，人-管理耦合风险的引发点可以是人，也可以是管理的因素。人和管理的耦合风险主要是由管理方面的安全教育与培训、人力资源管理和安全激励和人的因素方面的文化程度、专业技能素质、安全生产意识和心理因素所耦合的。管理对人的耦合途径有三条，包括：安全激励不足会影响到员工的心理因素变化从而导致人的不安全行为的产生；安全教育培训也会影响到员工的专业技能素质水平，从而导致人的不安全性，安全教育培训也会影响到员工的安全生产意识不足，产生人为风险；企业的人力资源管理状况会影响到对于招收人员的整体文化水平，文化程度低了，就会影响到其他因素产生人的风险。人的因素对管理因素的耦合途径只有一条，就是员工的文化程度会决定安全教育培训的学习质量，文化水平高则安全教育培训的质量就高，文化水平低则安全教育培训水平就低。

5.3.4.2　管理对机器的影响

管理对机器的影响主要体现在对机器的管理方面。由于管理混乱，设备管理制度不健全，机器设备得不到及时的维护，从而造成机器设备的不良或故障。机器设备的人机界面以及可操作性设计也是影响安全的重要因素，这就需要煤矿在加大安全投入、提高机械化水平的同时，优先考虑有良好的操作特性和人机界面的机器设备，以减轻机器设备的不合理对人的影响。

管理与机器的相互作用关系如图 5-15 所示。

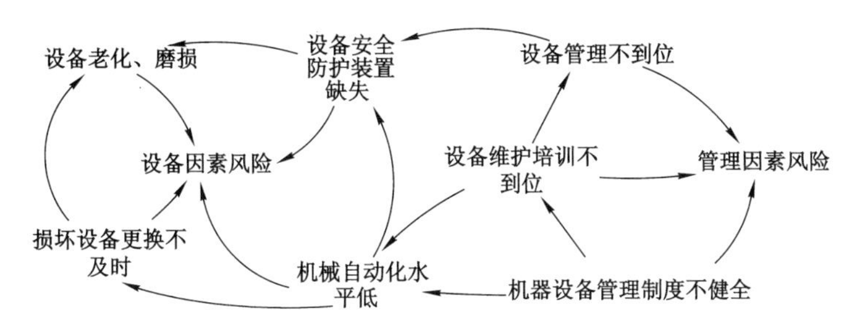

图 5-15　机器为因素与管理因素耦合关系

煤矿管理风险因素对设备风险因素风险的作用途径主要有两条：① 机器设备管理制度不健全，从而导致煤矿企业的机械自动化水平较低，而机械自动化水平低还会影响到设备的其他风险因素，从而导致设备事故的发生；② 对设备维护培训不到位，会影响到设备安全防护装置的缺失和机械自动化水平，从而直接或者间接影响设备的风险。

5.3.4.3　管理对环境的影响

在环境-管理耦合的风险中，环境的变化会影响到管理上的变化，例如当自然环境发生改变了，那么对应的管理制度和措施也会发生改变，以此来适应环境的变化，而管理风险因素的变化同样也会影响环境变化，例如，加强制度建设，加强现场安全管理，加强对井下噪声、粉尘、有毒气体的检测和控制。管理与环境的相互作用关系如图 5-16 所示。

从图 5-16 中可以看出，环境因素对管理因素耦合的途径有两条：一条是自然环境的改变直接影响着煤矿企业对于自然环境的管理制度；另外一条是自然环境因素通过影响社会环境风险，而导致管理行为上的变化，从而引发管理因素上的风险。管理因素对环境因素的耦合路径就一条：管理理念风险的改变会影响到管理制度风险的改变，而管理制度风险的改变也会影响到员工工作环境风险的改变，从而引起环境风险的产生。

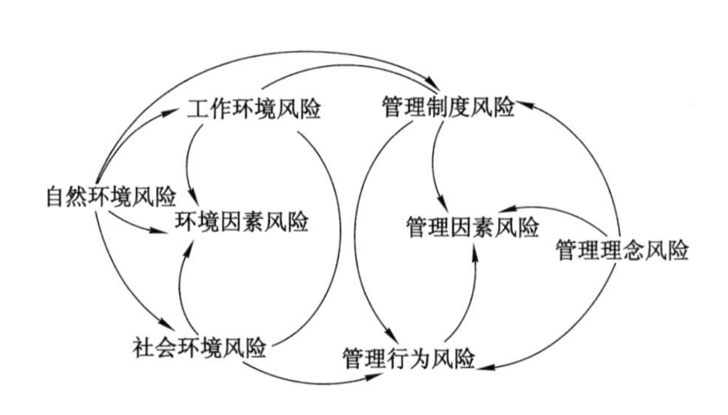

图 5-16　环境因素与管理因素耦合关系

5.4　煤矿事故多危险源耦合作用风险度量

5.4.1　常用的风险耦合度量模型

国内外关于耦合的风险度量模型有很多，本书选取了目前比较有代表性的，能够经常被用到的三种模型：一是耦合度模型；二是 DEMATEL 方法；三是非线性动力学模型。本节介绍这些模型的基本原理并分析这三种方法的优缺点。

5.4.1.1　耦合度模型

系统的开始阶段是无序的，在经过一定的时间后，慢慢地向有序状态变化，而其中子系统内部的耦合作用就会影响到系统有序发展的状态。耦合度模型能够表达出内部要素之间的相互协同作用的大小程度。该方法的出现为解决一些管理学、经济学以及生态学领域内的耦合问题，提供了一个方向标。建立耦合度模型主要包括以下几个步骤：

(1) 耦合度指标体系的构建。

合理的耦合度指标，能够让我们准确地度量出各个子系统之间的耦合程度。在煤矿企业的指标体系中存在着一些定性指标，我们要通过专家打分法、层次分析法等把这些定性指标转换为定量指标，由此来明确系统中的序参量，为功效函数的构建打下基础。

(2) 功效函数的构建。

假设变量 $i(i=1,2,\cdots,m)$ 是某个系统的序参量，$X_{ij}(j=1,2,\cdots,n)$ 为第 i 个序参量的第 j 个指标的值。A_{ij} 和 B_{ij} 是整个系统达到稳定状态时序

参量的上限值及下限值。各子系统对整个系统的功效系数 U_{ij} 可用式(5-1)表示。

$$U_{ij}=\begin{cases}(X_{ij}-B_{ij})/(A_{ij}-B_{ij}), & U_{ij}\text{具有正功效}\\(A_{ij}-X_{ij})/(A_{ij}-B_{ij}), & U_{ij}\text{具有负功效}\end{cases} \tag{5-1}$$

按上式构造的功效系数满足以下特点:U_{ij} 反映的是各指标达到目标的一致程度,U_{ij} 越趋近 0 表示越不一致,U_{ij} 越趋近 1 表示越一致,所以满足 $0\leqslant U_{ij}\leqslant 1$;各个子系统内序参量对整个系统有序度的贡献可以通过集成的方法实现,在实际应用中一般采用几何平均法和线性加权和法。这里采用线性加权和法,如式(5-2)所示。

$$U_i=\sum_{j=1}^{m}\lambda_{ij}U_{ij},\sum_{j=1}^{m}\lambda_{ij}=1 \tag{5-2}$$

公式(5-2)中,U_i 表示各子系统对整个系统有序度的贡献程度,即有序贡献度;λ_{ij} 表示各个序参量的权重,可采用层次分析法进行确定。

(3) 耦合度函数的构建。

根据对功效函数的分析,假设一个系统中子系统的个数为 m,那么多个子系统的耦合度模型可以表述如下:

$$C=\left\{\prod_{i=1}^{m}U_i/\left[\prod_{i=1,2,\cdots,m-1;j=i+1,i+2,\cdots,m}(U_i+U_j)\right]\right\}^{1/m} \tag{5-3}$$

由公式(5-3)可知,耦合度的值在[0,1]之间。当 $C=0$ 时,耦合度最小。当 $C=1$ 时,耦合度最大。由物理学中关于耦合状态的划分可知,当 $C\in(0,0.3]$时,为较低水平的耦合;当 $C\in(0.3,0.7]$时,为中等水平的耦合;当 $C\in(0.7,1)$时,为高等水平的耦合。

5.4.1.2 DEMATEL 方法

DEMATEL 方法的中文含义是决策试行与评价实验室。它是进行因素分析与识别的一种有效的方法,是由美国学者提出的一种运用图论与矩阵工具进行系统因素分析的方法,可以通过系统中各因素之间的逻辑关系与直接影响矩阵,计算出每个因素对其他因素的影响度和被影响度,从而计算出每个因素的中心度和原因度。这种方法是充分利用专家的经验和知识来处理复杂的社会问题,尤其是那些因素关系不确定的系统更为有效。

具体来说,DEMATEL 方法是基于有向图的,它将所有因素分为原因和效果,有向图能表示系统因素之间的直接关系。

DEMATEL方法使用图论理论，以构造图的矩阵演算为中心进行。基本步骤如下：

(1) 确定影响因素。

根据对系统的分析，建立指标体系，将指标体系中的每一个因素作为直接或间接影响指标属性的因素，记为 $F=\{F_1,F_2,\cdots,F_n\}$。

(2) 分析系统各因素之间直接关系的有无以及关系的强弱度。

假定系统 $F=\{F_1,F_2,\cdots,F_n\}$ 中各因素的关系如图5-17所示。在图5-17中箭线上的数字表示各因素之间关系的强弱，其中强=3，中=2，弱=1。

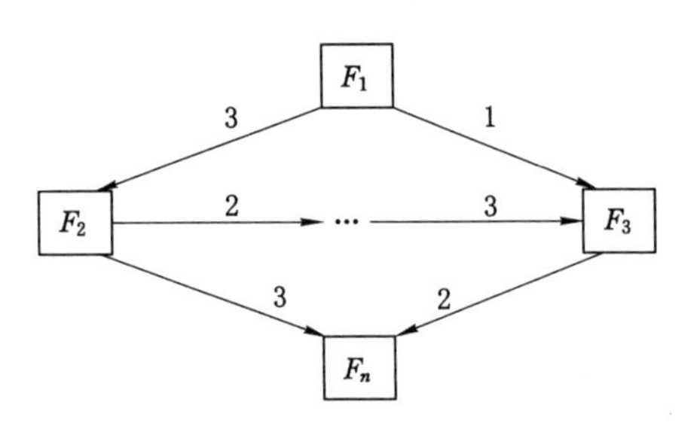

图5-17　有向图表示

(3) 初始化直接影响矩阵。

将有向图内容表示成矩阵形式，成为直接影响矩阵，记为 $\mathbf{X}$。直接影响矩阵中的元素值即为相应因素之间关系的强弱。设 n 阶矩阵 $\mathbf{X}=(\alpha_{ij})_{nn}$，如果因素 F_i 对因素 F_j 有直接影响，则定义 $\alpha_{ij}=1(2,3)$，否则 $\alpha_{ij}=0$；反之如果 $\alpha_{ij}=1(2,3)$，则因素 F_i 对因素 F_j 有直接影响，如果 $\alpha_{ij}=0$，则因素 F_i 对因素 F_j 没有直接影响。若 $i=j$，则 $\alpha_{ij}=0$。$\mathbf{X}=(\alpha_{ij})_{nn}$ 是表示两两因素之间关系的直接影响矩阵：

$$\mathbf{X}=(\alpha_{ij})_{nn}=\begin{pmatrix} 0 & \alpha_{12} & \cdots & \alpha_{1n} \\ \alpha_{21} & 0 & \cdots & \alpha_{2n} \\ \cdots & \cdots & \cdots & \cdots \\ \alpha_{n1} & \alpha_{n2} & \cdots & 0 \end{pmatrix} \tag{5-4}$$

(4)规范化直接影响矩阵，得规范化直接影响矩阵 $\mathbf{G}=(g_{ij})_{nn}$。

令 $x_i=\sum_{j=1}^{n}\alpha_{ij}$，则 $x=\max\{x_1,x_2,\cdots,x_n\}$。

$$G=(g_{ij})_{nn}=\frac{1}{x}X=\frac{1}{x}\begin{pmatrix}0 & \alpha_{12} & \cdots & \alpha_{1n}\\ \alpha_{21} & 0 & \cdots & \alpha_{2n}\\ \cdots & \cdots & \cdots & \cdots\\ \alpha_{n1} & \alpha_{n2} & \cdots & 0\end{pmatrix} \tag{5-5}$$

易知 $0\leqslant g_{ij}\leqslant 1$。

(5) 计算系统影响因素的综合影响矩阵。

为了分析因素之间的间接影响关系，求综合影响矩阵 $\boldsymbol{T}$：

$$\boldsymbol{T}=\boldsymbol{G}^1+\boldsymbol{G}^2+\cdots+\boldsymbol{G}^n \tag{5-6}$$

当 n 充分大时，可以用式 $\boldsymbol{T}=\boldsymbol{G}(\boldsymbol{I}-\boldsymbol{G})^{-1}$ 近似计算综合影响矩阵 $\boldsymbol{T}$，其中 $\boldsymbol{I}$ 为单位矩阵(只有主对角线上元素为 1)。

(6) 影响因素分析。

对矩阵 $\boldsymbol{T}$ 中元素按行相加得到相应因素的影响度；按列相加得到相应因素的被影响度。例如因素 $F_i(i=1,2,\cdots,n)$ 的影响度 f_i 和被影响度 e_i 的计算公式如下：

$$f_i=\sum_{j=1}^{n}t_{ij}\qquad(i=1,2,\cdots,n) \tag{5-7}$$

$$e_i=\sum_{j=1}^{n}t_{ji}\qquad(i=1,2,\cdots,n) \tag{5-8}$$

系统因素的影响度和被影响度相加得到中心度，系统因素的影响度和被影响度相减得到其原因度。因素 $F_i(i=1,2,\cdots,n)$ 的中心度 m_i 和原因度 n_i 的计算公式如下：

$$m_i=f_i+e_i\qquad(i=1,2,\cdots,n) \tag{5-9}$$

$$n_i=f_i-e_i\qquad(i=1,2,\cdots,n) \tag{5-10}$$

根据影响度和被影响度判断出每一个因素对系统的影响程度，再根据中心度判定出各个指标在系统中的重要程度，还可根据原因度的大小进一步分析各因素与系统之间的相互影响关系。

5.4.1.3　非线性动力学模型

非线性动力学模型主要利用系统自身能够自我演化的原理，根据此原理来建立耦合度模型，煤矿系统子系统之间的关系是非线性的，按照该方法能够建立出煤矿子系统耦合的非线性动力模型。

(1) 建立非线性函数。

由系统动力学理论可知，非线性系统运动的演化方程可以作如下表示：

$$\frac{\mathrm{d}x(t)}{\mathrm{d}t}=f(x_1,x_2\cdots,x_n)\qquad(i=1,2\cdots n)\tag{5-11}$$

其中，x_i 为系统影响因子，f 为 x_i 的非线性函数。根据非线性系统运动的稳定性取决于一次近似系统特征根的性质，将上述非线性函数按照泰勒级数近似展开，略去高次项，可以得到以下近似表达式：

$$\begin{cases}f(S_A)=\sum_{i=1}^{n}a_ix_i, & i=1,2,\cdots,n\\ f(S_B)=\sum_{j=1}^{n}b_jy_j, & i=1,2,\cdots,n\end{cases}\tag{5-12}$$

公式(5-12)中，x、y 为两系统的元素；a、b 为各元素的权重。

(2) 建立复合系统的演化方程。

如果把存在交互胁迫关系的两个子系统作为一个复合系统来看，那么可以认为 $f(S_A)$ 与 $f(S_B)$ 是这个复合系统的主导部分，由一般系统理论可知，其演化方程可以表示为：

$$\begin{aligned}A=\frac{\mathrm{d}f(S_A)}{\mathrm{d}t}=\alpha_1 f(S_A)+\alpha_2 f(S_B),V_A=\frac{\mathrm{d}A}{\mathrm{d}t}\\ B=\frac{\mathrm{d}f(S_B)}{\mathrm{d}t}=\beta_1 f(S_B)+\beta_2 f(S_A),V_A=\frac{\mathrm{d}B}{\mathrm{d}t}\end{aligned}\tag{5-13}$$

其中，A、B 为受自身或外来影响下两个子系统的演化状态。V_A、V_B 分别为两个子系统的演化速度。整个系统的演化速度 V 可以看作是 V_A 和 V_B 的函数 $V=f(V_A、V_B)$，通过分析 V 的变化就可以研究两个子系统间的耦合关系。

(3) 建立耦合度函数。

耦合度函数用 V_A 与 V_B 的夹角 α 表示，即：

$$\alpha=\arctan(V_A/V_B)\tag{5-14}$$

根据 α 的取值，可以确定整个系统的演化状态以及两个系统的耦合程度。并且当 $\alpha\in(-\pi/2,0)$ 时，表现为相互胁迫的关系，系统演化处于低水平阶段，耦合程度较弱；当 $\alpha\in(0,\pi/2]$ 时，表现为相互促进的关系，系统耦合程度由弱变强，当 α 的值为 $\pi/2$ 时，系统达到最大程度的耦合。

三种方法都有着各自的优缺点，如表 5-2 所列。解释结构模型能够分析复杂的系统，即使影响因素很多，也能够很快速、准确地罗列出因素之间的关系，但在定量分析耦合作用的大小程度上面存在不足。耦合度模型不

需要很精确的数据，计算过程也不复杂，并且能够度量耦合度的大小，但是在确定上下限的时候，很难去决定。非线性动力学模型优点是数据精确，但是却只能针对两个子系统。

表 5-2　　三种风险耦合度量模型的优缺点

模型名称	优点	缺点
耦合度模型	能对各子系统间的耦合程度进行定量评价，并最终确定耦合状态；不需要大量的样本数据，且计算过程相对简单	应用耦合度模型时，需要确定序参量的数值及上、下限的值
DEMATEL 方法	充分利用专家的经验和知识来处理复杂的社会问题，尤其是对那些因素关系不确定的系统更为有效	采用专家打分法很难标准化得到各个指标之间的影响作用强度大小，需借用其他方法改进
非线性动力学模型	更多地采用定量分析的方法，得到的数据更加准确	只能对两个非线性系统进行分析，对两者的耦合度进行评价，而对于三个及三个以上的非线性系统，则不适用；另外，该模型对数据样本量要求较高，数学算法也比较复杂，通常需要借助统计软件进行处理

5.4.2　模型指标体系的确定

5.4.2.1　指标体系确定的原则

1994 年劳动部劳动科学技术科研项目“建立矿井安全评价指标体系”研究成果中提出了矿井安全评价指标体系建立的原则：

(1) 科学性原则。安全评价指标的选择必须以煤矿系统的特性、安全评价理论为依据，这样指标才具有可靠性和客观性，评价结果才具有可信性。科学性是实现指标规范、统一的基础。科学性原则要求指标的选择、计算方法、信息收集、涵盖范围等都必须有科学依据。

(2) 系统性原则。指标体系要全面涵盖系统安全涉及的各个方面，必须依据系统的特性如集合性、相关性、整体性等来组合。煤矿系统是一个人、机器、环境、管理大系统，内部结构复杂，各个子系统之间相互影响、相互制约。因此，建立的指标体系要层次分明，能将复杂的问题简洁、清晰地表

达出来，准确评价煤矿的安全状态。

(3) 整体性原则。评价指标之间、评价指标和安全评价整体是一有机的结合体，不是简单的集合，必须与整体的安全评价目的相一致，充分体现评价的功能。

(4) 可操作性原则。建立的指标体系往往在理论上反映良好，但可操作性不强。因此，在设计指标时，不仅要概念明确，定义清楚，具有代表性，能方便地采集数据、收集信息，还要考虑现行的技术水平和国情。只有坚持可操作性原则，安全评价工作才能顺利进行。

(5) 方向性原则。指标体系的设计应该体现我国有关煤矿安全生产管理和评价的方针政策。这些政策规定了煤矿安全生产管理的目标和方法，时效性强，对指标的选择具有重要意义。

(6) 可比性原则。指标尽可能采用标准的名称、概念、计算方法，做到可比性，易于推广使用。

5.4.2.2 煤矿安全评价指标体系

由煤矿事故致因模型的分析可知，煤矿事故发生的本质原因是管理的缺陷，管理的缺陷产生人、机器和环境的缺陷，这是事故发生的间接原因。人、机器、环境的缺陷导致人的不安全行为和机器、环境的不安全状态，并最终引发事故。因此，本书确定的指标体系包括管理的因素、人员的因素、机器的因素和环境的因素。

1. 管理的因素

(1) 安全管理组织机构。

安全管理组织机构不能是框架，不能是迫于形势要求的一个设置机构。组织机构要对国家法律、法规知识了解掌握，并贯穿到基层中去，负责修订和不断完善企业的各项安全生产管理制度，负责组织学习、培训员工安全管理知识和实际操作技能，负责监督、检查、指导煤矿的安全生产执行情况，负责查处煤矿安全生产中违章、违规行为，负责对事故进行调查分析及相应处理。

(2) 安全管理制度。

加强煤矿安全管理，制度是保障。煤矿要建立完善的安全管理规章制度，包括生产管理制度、机电管理制度、通防管理制度等；要有专门机构负责安全管理制度的制定、培训、考核，使安全管理规章制度能够贯彻到全员；要有明确的安全生产责任制，明确各级管理人员和员工的安全生产责任。

(3) 安全文化建设。

煤矿企业安全文化是在煤矿企业生产实践过程中形成的安全理念、群体意识和行为规范的综合反映，是以全体煤矿员工为对象，运用科学的理念、方法等手段，对员工的思想和行为加以影响和规范，最大限度地提高员工安全素质，保证实现安全生产。开展和加强煤矿安全文化建设，把握安全生产规律，将人的行为可靠性提高到安全文化的高度上来认识，增强人的自我保护意识的能力，强化员工的安全意识，营造安全文化氛围，对实现煤矿企业安全生产的持续稳定好转具有重要的现实意义。

(4) 员工教育培训。

目前我国煤矿的机械化水平不断提高，装备不断完善，对员工素质的要求越来越高，同时煤矿需要不断提高员工的安全生产意识和责任感，因此，加强员工教育培训、提高教育培训质量是煤矿建设中的一项重要任务。加强员工教育培训，要完善教育培训相关制度，制订员工教育培训计划，把普通工种培训、特殊工种培训和管理人员培训结合起来，不断提高员工的安全生产意识、专业技能素质和管理人员的管理能力。

(5) 现场安全管理状况。

现场安全管理是煤矿安全管理中的重要一环，只有完善的管理制度而不加强现场安全管理，管理制度就成了一纸空文。必须加强现场安全管理，提高管理制度的执行力度，才能降低员工不安全行为的发生概率，提高煤矿安全性。

(6) 安全投入。

为保障煤矿安全生产经营活动中一切人力、物力、财力的活动费用，必须进行安全投入。安全投入的增加，不仅可以提高煤矿从业人员的安全素质和防灾、救灾能力，奠定安全生产的基础，更重要的是可以改善劳动条件，实现本质安全化。保障足够的安全投入是有效减少和遏制事故发生的重要措施。

2. 人的因素

(1) 员工的专业技能素质。

员工的专业技能素质是指在教育者的指导下，通过学习和训练，形成一定的操作技巧和思维活动的能力。

(2) 员工的文化程度。

员工的文化程度是反映煤矿员工文化教育水平的指标，员工的文化程度越高，掌握新技能的速度越快，越容易接受新的安全生产理念。

(3) 员工的安全生产意识。

员工的安全生产意识主要包括两方面：员工对安全生产的重视程度(在煤矿生产过程中，存在侥幸心理和冒险心理)；员工的责任感(在煤矿生产过程中是否存在粗心大意、敷衍塞责现象)。

(4) 员工的心理状况。

员工在井下工作时，由于井下工作空间狭小，同时受到工作环境即温度、湿度、粉尘、噪声、照明等的影响，再加上自身情绪、身体状态的影响，容易产生烦躁等心理异常状况，从而影响安全生产。

(5) 员工的身体状况。

员工的身体状况对不安全行为的发生有重要的影响。由于在井下工作，员工受到粉尘、噪声、照明等环境因素的影响，容易造成身体状况变差，从而发生不安全行为。

3. 机器的因素

(1) 机器设备的设计。

机器设备的设计包括：显示装置是否符合人机设计；控制装置是否符合设计原理；机器设备是否操作方便、使用简单、高效等。

(2) 机器设备的安全状况。

机器设备的安全状况包括：机器设备的维护保养状态、机器设备的完好率和失爆率等。

(3) 井下机器设备的自动化水平。

随着科技的进步和时代的发展，煤矿井下机器设备的自动化水平越来越高，大大降低了井下作业人员的数量。

(4) 安全防护装置状况。

安全防护装置状况包括机器设备的安全保护装置状况、个人防护用品的配备情况和个人防护用品的管理状况。

4. 环境的因素

煤矿井下的环境因素主要包括工作地点的温度、湿度、粉尘、噪声、有毒气体、照明和矿区自然安全条件等。

5.4.3 基于模糊 DEMATEL 模型煤矿事故风险耦合度量

本节根据 DEMATEL 方法和模糊数学理论，利用改进的模糊 DEMATEL 模型来对煤矿事故多因素耦合作用进行度量。

5.4.3.1 确定影响因素

根据对煤矿系统的分析，建立指标体系如图5-18所示。由图5-18可知，该指标体系中共有22个指标，记为$F=\{F_1,F_2,\cdots,F_{22}\}$。

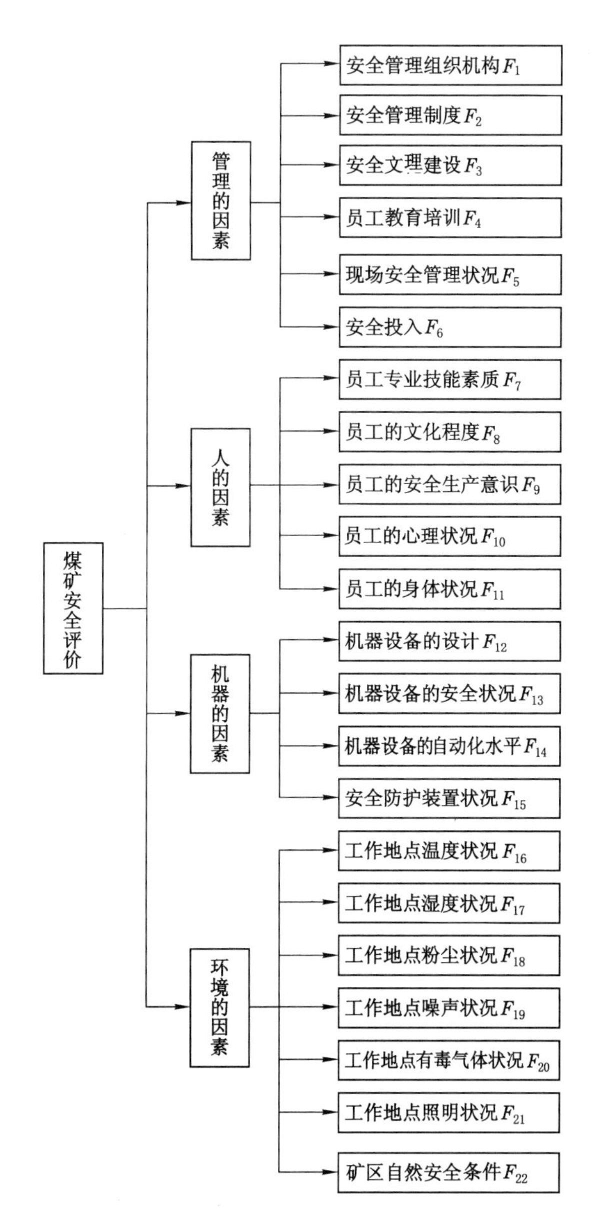

图5-18 煤矿安全评价指标体系

5.4.3.2 分析指标之间的影响

煤矿系统是一个由人、机器、环境、管理组成的复杂系统，系统内部各指标之间相互影响、相互作用。指标之间的相互作用强度难以直接用数据表示，本书采用专家打分法对指标之间的影响程度进行评价，专家打分值共分为五个等级：很强(VH)、较强(H)、弱(L)、较弱(VL)和无(NO)。因为专家打分具有主观性和模糊性，因此用三角模糊数来进行转化。依据Rongjun Li给出的语言短语与三角模糊数隶属度函数的对应关系，将专家打分的五个等级转化为三角模糊数形式，如表5-3所列。

表5-3　三角模糊表

影响等级	三角模糊数
很强 (VH)	(0.75,1,1)
较强 (H)	(0.5,0.75,1)
弱 (L)	(0.25,0.5,0.75)
较弱 (VL)	(0,0.25,0.5)
无 (NO)	(0,0,0.25)

在三角模糊数(l,m,r)中，m表示该作用强度最可能的值，l表示该作用强度最保守的值，r表示该作用强度最乐观的值。

对于22个评价指标，假设共有m位专家进行打分。第k位专家评价的第i个指标对第j个指标影响等级对应的三角模糊数为$(l_{ij}^k, m_{ij}^k, r_{ij}^k)$。

5.4.3.3 构建并规范化直接影响矩阵

根据专家打分法得到的值进行处理计算直接影响矩阵。采用改进的CFCS (converting fuzzy numbers into crisp scores)方法将三角模糊数转化为清晰数，这种方法在将三角模糊数转化为清晰数的过程中运算简便并且转化的数值损失相对较小，第i个指标对第j个指标影响程度的清晰数值可以按照四阶段CFCS算法得出。

(1) 标准化。

$$xl_{ij}^k = (l_{ij}^k - \min l_{ij}^k)/\Delta_{\min}^{\max} \tag{5-15}$$

$$xm_{ij}^k = (m_{ij}^k - \min l_{ij}^k)/\Delta_{\min}^{\max} \tag{5-16}$$

$$xr_{ij}^k = (r_{ij}^k - \min l_{ij}^k)/\Delta_{\min}^{\max} \tag{5-17}$$

其中，$\Delta_{\min}^{\max} = \max r_{ij}^{k} - \min l_{ij}^{k}$。

(2) 分别计算左边值(ls)和右边值(rs)的标准化值。

$$xls_{ij}^{k} = xm_{ij}^{k} / (1 + xm_{ij}^{k} - xl_{ij}^{k}) \tag{5-18}$$

$$xrs_{ij}^{k} = xr_{ij}^{k} / (1 + xr_{ij}^{k} - xm_{ij}^{k}) \tag{5-19}$$

(3) 计算标准化后的总清晰值。

$$x_{ij}^{k} = [xls_{ij}^{k}(1 - xls_{ij}^{k}) + xrs_{ij}^{k} xrs_{ij}^{k}] / [1 - xls_{ij}^{k} + xrs_{ij}^{k}] \tag{5-20}$$

$$z_{ij}^{k} = \min l_{ij}^{k} + x_{ij}^{k} \Delta_{\min}^{\max} \tag{5-21}$$

(4) 归一化清晰值。

$$z_{ij} = \frac{1}{n}(z_{ij}^{1} + z_{ij}^{2} + \cdots + z_{ij}^{n}) \tag{5-22}$$

得 n 阶直接影响矩阵为：

$$\boldsymbol{Z} = (Z_{ij})_{nn} = \begin{pmatrix} 0 & z_{12} & \cdots & z_{1n} \\ z_{21} & 0 & \cdots & z_{2n} \\ \cdots & \cdots & \cdots & \cdots \\ z_{n1} & z_{n2} & \cdots & 0 \end{pmatrix} \tag{5-23}$$

得规范化直接影响矩阵 $\boldsymbol{G} = (g_{ij})_{nn}$。

令 $a_i = \sum_{j=1}^{n} z_{ij}$，则 $a = \max\{a_1, a_2, \cdots, a_n\}$。

$$\boldsymbol{G} = (g_{ij})_{nn} = \frac{1}{a}\boldsymbol{X} = \frac{1}{a}\begin{pmatrix} 0 & \alpha_{12} & \cdots & \alpha_{1n} \\ \alpha_{21} & 0 & \cdots & \alpha_{2n} \\ \cdots & \cdots & \cdots & \cdots \\ \alpha_{n1} & \alpha_{n2} & \cdots & 0 \end{pmatrix} \tag{5-24}$$

易知 $0 \leqslant g_{ij} \leqslant 1$。

5.4.3.4　计算综合作用矩阵

直接影响矩阵是一个二元关系矩阵，只说明指标之间的直接作用，而实际上煤矿系统同时发生着二元或多元作用，即有一个作用系列。如指标 A 影响指标 B，既包括指标 A 对指标 B 的直接影响，还包括指标 A 对指标 B 的间接影响(如指标 A 影响指标 C，指标 C 影响指标 D，指标 D 影响指标 B)。因此，我们要计算综合作用矩阵。

综合作用矩阵 $\boldsymbol{r} = \boldsymbol{G} + \boldsymbol{G}^2 + \cdots + \boldsymbol{G}^n$ 或 $\boldsymbol{r} = \boldsymbol{G}(\boldsymbol{I} - \boldsymbol{G})^{-1}$。综合作用矩阵包含了指标之间相互作用的所有形式。

5.4.3.5　综合作用矩阵分析

在综合作用矩阵 $\boldsymbol{r}$ 中，穿经指标 F_i 的行代表指标 F_i 对其他指标的影

响程度大小，而穿经指标 F_i 的列代表其他指标对指标 F_i 的影响程度大小。如果 F_j 对 F_i 没有影响，则 $r_{ji}=0$。

从数量上看，r_{ij} 的绝对值越大，说明指标 x_i 对指标 x_j 的影响程度越大。

（1）相对贡献矩阵。

定义 $b_i=|r_i|/\sum_{i=1}^{n}|r_i|$ 为相对贡献率，它体现了 x_i 对 y 的相对贡献的大小。

可以构建相对贡献矩阵如下：

$$\boldsymbol{b}=\begin{bmatrix} b_{11} & b_{12} & \cdots & b_{1n} \\ b_{21} & b_{22} & \cdots & b_{2n} \\ \cdots & \cdots & \cdots & \cdots \\ b_{n1} & b_{n2} & \cdots & b_{m} \end{bmatrix} \tag{5-25}$$

在相对贡献矩阵 $\boldsymbol{b}$ 中，列向量 $(b_{1i},b_{2i},\cdots,b_{ni})^{\mathrm{T}}$ 表示各指标对指标 F_i 的相对贡献大小，由相对贡献的定义可知，$\sum_{j=1}^{n}b_{ji}=1$。

（2）中心度和原因度分析。

对矩阵 $\boldsymbol{r}$ 中元素按行相加得到相应指标的影响度；按列相加得到相应指标的被影响度。例如指标 $F_i(i=1,2,\cdots,n)$ 的影响度 C_i 和被影响度 E_i 的计算公式如下：

$$C_i=\sum_{j=1}^{n}r_{ij}\quad(i=1,2,\cdots,n) \tag{5-26}$$

$$E_i=\sum_{j=1}^{n}r_{ji}\quad(i=1,2,\cdots,n) \tag{5-27}$$

指标的影响度和被影响度相加得到中心度，指标的影响度和被影响度相减得到其原因度。例如指标 $F_i(i=1,2,\cdots,n)$ 的中心度 o_i 和原因度 p_i 的计算公式如下：

$$o_i=C_i+E_i\quad(i=1,2,\cdots,n) \tag{5-28}$$

$$p_i=C_i-E_i\quad(i=1,2,\cdots,n) \tag{5-29}$$

5.4.4 基于耦合度的煤矿事故风险耦合度量

利用耦合度模型来度量煤矿事故风险耦合大小，基本思路是：首先通过文献研究、问卷调查，构建出影响煤矿事故风险的指标体系；其次，利用层次分析法并结合专家的意见给出各个指标的权重大小;然后带入到耦合度函数和功效函数公式,求出不同耦合风险的耦合度。其构建流程如图 5-19 所示。

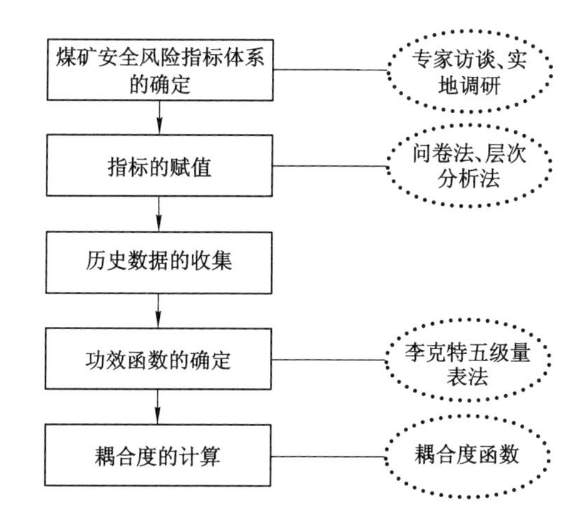

图 5-19　煤矿事故因素风险耦合度构建流程

5.4.4.1　指标的测量及权重的确定

在对煤矿风险指标体系权重的确定方法上面,采用的是层次分析法,该方法是一种定性分析和定量分析相结合的方法,能够计算出各个子系统的有效权重。具体步骤包括以下几步:

(1) 构建层次模型。

首先要把煤矿风险指标体系层次化,根据目标层来制定出因素层,再根据因素层制定出指标层。如图 5-20 所示。

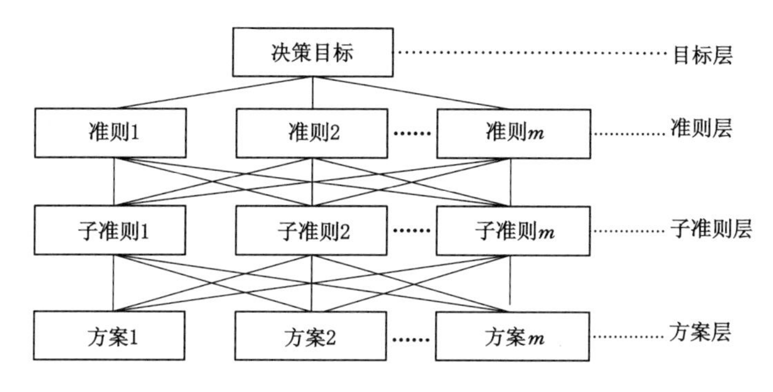

图 5-20　层级结构模型图

(2) 构造成对比较矩阵。

判断矩阵元素的值反映了人们对各影响因素相对重要性的认识,并据此构造判断矩阵。在对调查问卷数据收集分析的基础上,采用 1～9 度标尺法(见表 5-4)作为打分依据,对煤矿风险评价指标进行打分。按照评价指标重要程度两两比较。

表 5-4　　　　1～9 度标尺法

标度	含义
1	表示两者重要性相同
3	一个因素比另一个因素稍重要
5	一个因素比另一个因素较重要
7	一个因素比另一个因素很重要
9	一个因素比另一个因素极端重要
2,4,6,8	介于相邻重要程度之间

用 a_{ij} 表示第 i 个因素相对于第 j 个因素的比较结果,得到成对比较矩阵如下:

$$\mathbf{A}=[a_{ij}]_{m\times m}=\begin{bmatrix} a_{11} & a_{12} & \cdots & a_{1m} \\ a_{21} & a_{22} & \cdots & a_{2m} \\ \cdots & \cdots & \cdots & \cdots \\ a_{m1} & a_{m2} & \cdots & a_{mm} \end{bmatrix} \tag{5-30}$$

其中,$a_{ij}=\dfrac{1}{a_{ji}}$。

由上可知,$a_{ij}>0$,$a_{ji}=1$,因此,成对比较矩阵 $\mathbf{A}$ 为正反矩阵。

(3) 层次单排序及一致性检验。

根据判断矩阵,求解特征向量 W,再计算一致性指标如下:

$$CI=\frac{\lambda-n}{n-1}$$
$$CR=\frac{CI}{RI} \tag{5-31}$$

当 $CR<0.1$ 时,认为判断矩阵的不一致程度在容许范围之内,有满意的一致性,通过一致性检验。

5.4.4.2　耦合度的计算

1. 功效函数构造

U_{ij} 的取值区间为[0,1]。值越大,指标能够达到目标的程度越高;值越

小,指标达到目标的程度越低。A_{ij} 和 B_{ij} 分别是风险指标值域的上限和下限。

$$U_{ij}=\begin{cases}(X_{ij}-B_{ij})/(A_{ij}-B_{ij}), & U_{ij}\text{具有正功效}\\(A_{ij}-X_{ij})/(A_{ij}-B_{ij}), & U_{ij}\text{具有负功效}\end{cases} \tag{5-32}$$

2. 耦合度函数的构建

两个子系统的耦合度函数为:

$$C=\left\{(U_1,U_2)/\left[\prod(U_1+U_2)\right]\right\}^{1/2} \tag{5-33}$$

那么多因素的耦合度函数为:

$$C=\left\{\prod_{i=1}^{m}U_i/\left[\prod_{i=1,2,\cdots,m-1;j=i+1,i+2,\cdots,m}(U_i+U_j)\right]\right\}^{1/m} \tag{5-34}$$

5.4.5 基于非线性动力学煤矿事故风险耦合度量

为进一步度量煤矿事故风险因子之间耦合作用大小,利用系统理论中演化思想来构建煤矿事故风险耦合模型。煤矿风险系统由人因风险子系统、设备风险子系统、环境风险子系统以及管理风险子系统构成。而子系统与子系统之间存在着非线性关系,在明确两两子系统相互演化和相互胁迫的基础上,利用系统动力学原理建立煤矿事故风险动态耦合模型,步骤如下。

5.4.5.1 煤矿安全风险指标体系及其权重

正确有效地选取煤矿事故风险因子指标,对于我们能够准确计算子系统之间的耦合度有着密不可分的关系。通过文献借阅法和实地考察法,并参考地方政府法律法规、规章制度和专家意见来构建影响煤矿事故风险因子指标体系,包含人、机器、环境和管理 4 个一级指标以及 23 个二级指标;再利用层次分析法,计算各风险因素之间的权重。

5.4.5.2 子系统综合风险值计算

煤矿事故风险评价中含有大量边界不清、不易定量的因素指标,而模糊综合评价可以有效地将这些模糊因素进行定量化从而使得煤矿企业风险评价更具操作性和科学性。具体操作步骤如下。

1. 确定评价对象的因素论域

$A=\{A_1,A_2,A_3,A_4\}=\{$人的因素,设备因素,环境因素,管理因素$\}$。

$A_1=\{C_1,C_2,C_3,C_4,C_5\}=\{$专业技能素质,文化程度,安全生产意识,生理因素,心理因素$\}$;

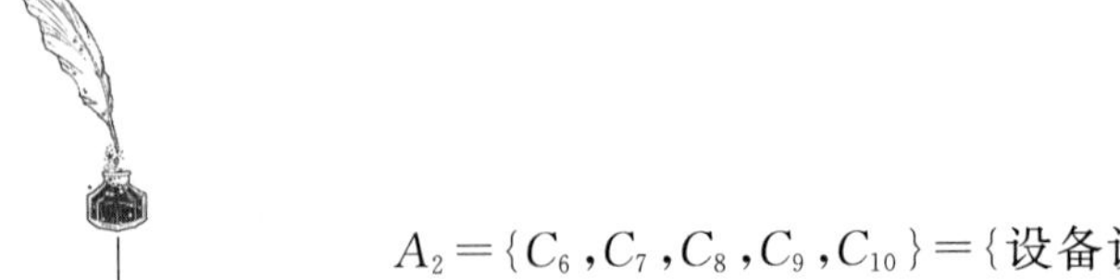

$A_2=\{C_6,C_7,C_8,C_9,C_{10}\}$={设备设计合理性,设备老化、磨损率,设备超负荷运转率,设备损坏维修更换速度,设备防护装置};

$A_3=\{C_{11},C_{12},C_{13},C_{14},C_{15},C_{16},C_{17}\}$={温度，湿度,噪声,有毒气体,照明,工作空间,自然条件};

$A_4=\{C_{18},C_{19},C_{20},C_{21},C_{22},C_{23}\}$={安全教育与培训，安全激励，人力资源管理,企业安全文化，管理组织机构，现场安全管理}。

2. 确定评语等级论域

$V=\{V_1,V_2,V_3,V_4,V_5\}$={非常严重,严重,比较严重,一般严重,轻微严重},并进行赋值,如表 5-5 所列。

表 5-5　风险评价定量分级标准

风险程度	非常严重	严重	比较严重	一般严重	轻微严重
赋值	0.9	0.7	0.5	0.3	0.1

3. 建立模糊关系矩阵

在构造了等级模糊子集后,要逐个对被评事物从每个因素上进行量化,即确定从单因素来看被评事物对等级模糊子集的隶属度,进而得到模糊关系矩阵 **R**。

$$\boldsymbol{R}=\begin{bmatrix} r_{11} & r_{12} & \cdots & r_{1m} \\ r_{21} & r_{22} & \cdots & r_{2m} \\ \cdots & \cdots & \cdots & \cdots \\ r_{p1} & r_{p2} & \cdots & r_{pm} \end{bmatrix}$$

矩阵 **R** 中第 i 行第 j 列元素 r_{ij},表示某个被评事物从因素 C_i 来看对 V_j 等级模糊子集的隶属度,而隶属度则由专家打分法进行确定。

4. 合成模糊综合评价结果向量

利用加权平均模糊合成算子将评价因素的权向量 A 与模糊关系矩阵 **R** 综合得到模糊综合评价结果向量 B。

$$A\cdot\boldsymbol{R}=(a_1,a_2,\cdots,a_p)\begin{bmatrix} r_{11} & r_{12} & \cdots & r_{1m} \\ r_{21} & r_{22} & \cdots & r_{2m} \\ \cdots & \cdots & \cdots & \cdots \\ r_{p1} & r_{p2} & \cdots & r_{pm} \end{bmatrix}=(b_1,b_2,\cdots,b_m)=B$$

5. 子系统风险值计算

$$V_i = \sum_{i=1}^{n} B_i K_i \quad (i=1,\cdots,n) \tag{5-35}$$

在式(5-35)中,B_i为A_i评价因素的结果向量,K_i为风险评价定量分级标准,二者相乘加权得到子系统的风险值V_i。

5.4.5.3 煤矿系统风险成因非线性耦合模型构建

煤矿事故风险系统中存在着两两具有胁迫关系的子系统,那么从系统论的角度出发,两个子系统可以作为一个复合子系统进行研究。依据煤矿事故影响因素之间具有非线性和耦合性的特点,利用非线性动力学的演化原理首先构建两个子系统之间的演化方程,通过对复合系统的演化速度V的变化研究,可以有效地表现煤矿事故风险子系统间的耦合作用大小。在式(5-36)中,A、B是S_A和S_B两个子系统的演化状态,而V_A与V_B则为两个子系统的演化速度,V_A与V_B之间的函数$V=f(V_A,V_B)$则构成了整个复合系统的演化速度V。

$$\begin{cases} A=\dfrac{\mathrm{d}f(S_A)}{\mathrm{d}t}=\alpha_1 f(S_A)+\alpha_2 f(S_B),V_A=\dfrac{\mathrm{d}A}{\mathrm{d}t} \\ B=\dfrac{\mathrm{d}f(S_B)}{\mathrm{d}t}=\beta_1 f(S_B)+\beta_2 f(S_A),V_B=\dfrac{\mathrm{d}B}{\mathrm{d}t} \end{cases} \tag{5-36}$$

利用V_A与V_B两个子系统演化速度的夹角来表示煤矿事故风险耦合作用值,二者的夹角用反正切函数表示,如式(5-37)所列。

$$\alpha=\arctan(V_A/V_B) \tag{5-37}$$

α的值域为$(-\pi/2,\pi/2)$,根据不同的取值区间来区分煤矿事故风险耦合作用强度的大小。当$\alpha \in (-\pi/2,0]$时,表现为相互胁迫的关系,系统演化处于低水平阶段,耦合程度较弱;当$\alpha\in(0,1)$时,表现为相互促进的关系,系统耦合程度由弱变强,耦合程度为中度耦合;当$\alpha\in(1,\pi/2)$时,相互促进的关系更加紧密,系统耦合程度较强,为强度耦合。

5.4.6 风险耦合度量模型的实证研究

5.4.6.1 模糊 DEMATEL 模型的应用

1. 数据收集与整理

本节采用专家打分法,请 7 名专家对各指标之间的作用强度进行了评价。在进行作用强度评价时,由于人对机器的影响主要是通过人的操作失误或维修失误造成机器状态不良,因此加入了另一指标。此时指标体系为

$F=\{F_1,F_2,\cdots,F_{23}\}$。

对于影响关系评价，评价等级为五级：无影响、很弱、弱、较强、很强，在专家评价时分别赋值为0、1、2、3、4。附录1为调查问卷原始样本，调查问卷中，行表示该指标对其他指标的影响，列表示其他指标对该指标的影响。按照表5-3将专家评分值转化为三角模糊数。

2. 构建直接影响矩阵

将整理好的三角模糊数数据利用式(5-15)～式(5-24)进行计算得到直接影响矩阵，见附录2。

为说明计算过程，本节以教育培训 F_4 对员工的专业技能素质 F_7 的影响为例说明。各专家对作用强度的评价分别为很强、很强、很强、较强、较强、很强、很强。即 $\boldsymbol{S}=(s_1,s_2,\cdots,s_7)=(4,4,4,3,3,4,4)$。

将专家评价值转化为三角模糊数可得三角模糊矩阵：

$$\boldsymbol{S}=\begin{pmatrix}(l_{47}^1,m_{47}^1,r_{47}^1)\\(l_{47}^2,m_{47}^2,r_{47}^2)\\\cdots\\(l_{47}^7,m_{47}^7,r_{47}^7)\end{pmatrix}=\begin{pmatrix}(0.75,1,1)\\(0.75,1,1)\\(0.75,1,1)\\(0.5,0.75,1)\\(0.5,0.75,1)\\(0.75,1,1)\\(0.75,1,1)\end{pmatrix} \tag{5-38}$$

(1) 标准化。

$$\max r_{ij}^k=\max\{1,1,1,0.75,0.75,1,1\}=1 \tag{5-39}$$

$$\min l_{ij}^k=\min\{0.75,0.75,0.75,0.5,0.5,0.75,0.75\}=0.5 \tag{5-40}$$

则 $\Delta_{\min}^{\max}=\max r_{ij}^k-\min l_{ij}^k=0.5$。

由式(5-15)～式(5-17)可得：

$$\boldsymbol{x}_{47}=\begin{pmatrix}(xl_{47}^1,xm_{47}^1,xr_{47}^1)\\(xl_{47}^2,xm_{47}^2,xr_{47}^2)\\\cdots\\(xl_{47}^7,xm_{47}^7,xr_{47}^7)\end{pmatrix}=\begin{pmatrix}(0.5,1,1)\\(0.5,1,1)\\(0.5,1,1)\\(0,0.5,1)\\(0,0.5,1)\\(0.5,1,1)\\(0.5,1,1)\end{pmatrix} \tag{5-41}$$

(2) 根据式(5-18)和式(5-19)分别计算左边值(ls)和右边值(rs)的标准化值。

$$\boldsymbol{xs}_{47}=\begin{pmatrix}(xls_{47}^{1},xrs_{47}^{1})\\(xls_{47}^{2},xrs_{47}^{2})\\ \cdots\\(xls_{47}^{7},xrs_{47}^{7})\end{pmatrix}=\begin{pmatrix}(0.667,1)\\(0.667,1)\\(0.667,1)\\(0.333,0.667)\\(0.333,0.667)\\(0.667,1)\\(0.667,1)\end{pmatrix} \tag{5-42}$$

(3) 根据式(5-19)和式(5-20)计算标准化后的总清晰值。

$$x_{47}=(0.916\,7\quad 0.916\,7\quad 0.916\,7\quad 0.5\quad 0.5\quad 0.916\,7\quad 0.916\,7) \tag{5-43}$$

$$z_{47}{}'=(0.75\quad 1\quad 1\quad 0.75\quad 1\quad 1\quad 0.75) \tag{5-44}$$

(4) 根据公式(5-21)归一化清晰值。

$$z_{47}=\frac{1}{7}(z_{47}^{1}+z_{47}^{2}+\cdots+z_{47}^{7})=0.898\,81 \tag{5-45}$$

如果专家打分指标 F_i 对指标 F_j 的直接影响均为 0,按照此方法计算出的直接影响系数为 0.041 7。

在直接影响矩阵 $\boldsymbol{z}$ 中,z_{ij} 值越大,说明指标 F_i 对指标 F_j 的直接影响程度越大。本节取指标 F_i 对应的列的最大值 z_i,此值对应的指标 F_j 即为对指标 F_i 直接影响最大的指标。

在直接影响矩阵中,各个指标对人操作失误和人操作失误对各指标的影响均为负影响,如安全意识对人操作失误的影响,人的安全意识越强,操作失误发生的可能性越小。

表 5-6　　直接影响矩阵比较表

指标 F_i	指标 F_j	z_i	指标 F_i	指标 F_j	z_i
F_1	F_2	0.166 67	F_{12}	F_{14} F_{16} F_{17} F_{18}	0.133 93
F_2	F_1	0.333 33	F_{13}	F_{17}	0.733 33
F_3	F_2 F_4	0.4	F_{14}	F_6	0.466 67
F_4	F_2	0.4	F_{15}	F_5	0.366 67
F_5	F_4	0.466 67	F_{16}	F_{22}	0.333 33

续表 5-6

指标 F_i	指标 F_j	z_i	指标 F_i	指标 F_j	z_i
F_6	F_2 F_3	0.266 67	F_{17}	F_{22}	0.333 33
F_7	F_4	0.898 81	F_{18}	F_{22}	0.333 33
F_8	F_4	0.166 07	F_{19}	F_{12}	0.333 33
F_9	F_3	0.733 33	F_{20}	F_{22}	0.5
F_{10}	F_{19}	0.737 5	F_{21}	F_5 F_{22}	0.166 67
F_{11}	F_{18} F_{19}	0.666 67	F_{22}	F_{17} F_{18}	0.166 67

3. 规范化直接影响矩阵

根据公式 $a_i = \sum_{j=1}^{n} z_{ij}$，得 $a=\max\{a_1, a_2, \cdots, a_n\}=0.909\ 52$，再根据公式(5-26)对直接影响矩阵进行规范化，可得规范化矩阵如附录 3 所示。

4. 计算综合作用矩阵

采用公式 $\boldsymbol{r}=\boldsymbol{G}(\boldsymbol{I}-\boldsymbol{G})^{-1}$ 计算综合作用矩阵如附录 4 所示。

在综合作用矩阵中我们可以看出，系统因素之间存在复杂的影响关系，正是这种影响关系的复杂性造成了煤矿系统的复杂性。

5. 综合作用矩阵分析

(1) 相对贡献矩阵分析。

表 5-7 相对贡献矩阵表

指标	F_7	F_8	F_9	F_{10}	F_{11}
F_1	0.041 619	0.062 686	0.039 189	0.028 719	0.024 255
F_2	0.042 837	0.048 201	0.051 542	0.033 545	0.027 618
F_3	0.060 954	0.072 927	0.089 383	0.059 188	0.034 667
F_4	0.163 63	0.100 93	0.097 233	0.065 482	0.039 029
F_5	0.043 451	0.046 761	0.063 945	0.054 627	0.039 907
F_6	0.049 962	0.042 434	0.041 296	0.034 348	0.026 41
F_7	0.032 456	0.043 767	0.052 031	0.036 106	0.029 602
F_8	0.092 449	0.028 964	0.055 172	0.041 426	0.032 626
F_9	0.055 997	0.045 058	0.032 403	0.042 339	0.035 05

续表 5-7

指标	F_7	F_8	F_9	F_{10}	F_{11}
F_{10}	0.030 969	0.036 585	0.042 964	0.022 098	0.035 434
F_{11}	0.031 207	0.033 602	0.028 704	0.040 978	0.017 743
F_{12}	0.035 824	0.041 892	0.033 573	0.040 22	0.033 876
F_{13}	0.028 529	0.035 211	0.027 786	0.033 213	0.027 5
F_{14}	0.050 438	0.033 898	0.030 961	0.029 768	0.027 009
F_{15}	0.022 852	0.032 067	0.031 149	0.034 45	0.044 349
F_{16}	0.031 411	0.042 841	0.038 606	0.060 768	0.083 532
F_{17}	0.032 583	0.044 482	0.040 113	0.062 191	0.081 962
F_{18}	0.033 724	0.045 31	0.045 602	0.065 07	0.091 996
F_{19}	0.030 061	0.040 82	0.039 734	0.067 768	0.086 723
F_{20}	0.032 811	0.043 443	0.048 913	0.062 57	0.083 181
F_{21}	0.022 609	0.032 492	0.025 217	0.042 306	0.045 18
F_{22}	0.033 629	0.045 628	0.044 483	0.042 818	0.052 351

根据公式 $b_i=|r_i|/\sum_{i=1}^{n}|r_i|$ 计算相对贡献率，得出相对贡献率矩阵 $\boldsymbol{b}$ 如附录 5 所示。在相对贡献率矩阵 $\boldsymbol{b}$ 中，我们取指标 F_i 对应的列的最大值 b_i，此值对应的指标 F_j 即为对指标 F_i 贡献最大的指标。

煤矿事故发生的主要因素是人，因此，本节以人的因素为例来对相对贡献矩阵进行说明。

在表 5-7 中，F_7 表示员工专业技能素质，F_8 表示员工的文化程度，F_9 表示员工的安全生产意识，F_{10} 表示员工的心理状况，F_{11} 表示员工的身体状况。由表 5-7 可知，对员工专业技能素质影响最大的是 F_4 教育培训，其次为 F_8 员工的文化程度；对员工文化程度影响较大的是 F_4 教育培训；对员工安全生产意识影响较大的是 F_4 教育培训，其次是 F_3 安全文化建设；对员工心理状况影响较大的不仅有管理的因素如教育培训、安全文化建设和现场安全管理，还有环境的因素如工作地点的温度状况、湿度状况、粉尘状况和噪声状况等；对员工身体状况影响较大的主要是井下的环境因素如工作地点的温度状况、湿度状况、粉尘状况、

噪声状况和有毒气体状况等。

(2) 原因度和中心度。

根据式(5-26)～式(5-29)计算影响度、被影响度、中心度和原因度，如表 5-8 所列。

表 5-8　　影响度、被影响度、中心度和原因度

指标	影响度 C	被影响度 E	中心度 o	原因度 p
F_1	1.324 4	0.572 76	1.897 2	0.751 68
F_2	1.559 6	0.843 14	2.402 8	0.716 5
F_3	1.937 9	1.24	3.177 9	0.697 96
F_4	2.294 5	1.525 2	3.819 7	0.769 34
F_5	1.717 5	1.814 9	3.532 3	−0.097 4
F_6	1.345 3	1.316 5	2.661 8	0.028 773
F_7	1.374 4	1.581	2.955 3	−0.206 6
F_8	1.417 2	0.625 19	2.042 4	0.792 02
F_9	1.489	3.010 7	4.499 7	−1.521 7
F_{10}	1.077 6	3.679 6	4.757 2	−2.602 1
F_{11}	0.926 94	2.232 4	3.159 3	−1.305 4
F_{12}	1.418 4	0.812	2.230 4	0.606 39
F_{13}	1.064 1	3.208 6	4.272 7	−2.144 4
F_{14}	0.986 08	1.079 3	2.065 4	−0.093 23
F_{15}	0.919 57	2.327 9	3.247 5	−1.408 3
F_{16}	1.557 1	0.810 7	2.367 8	0.746 39
F_{17}	1.628 2	0.833 3	2.461 5	0.794 87
F_{18}	1.678 4	0.816 23	2.494 6	0.862 13
F_{19}	1.419 7	0.863 83	2.283 6	0.555 89
F_{20}	1.552 6	0.770 05	2.322 7	0.782 58
F_{21}	0.928 06	0.710 54	1.638 6	0.217 53
F_{22}	1.686 4	0.629 29	2.315 7	1.057 2

由表5-8可知，最强作用指标为F_9员工安全生产意识、F_{10}员工心理状况和F_{13}机器设备的安全状况，其中心度均超过4，这三个指标对系统的影响程度最大；最弱作用指标为F_1安全管理组织机构和F_{21}照明状况，说明相对于其他指标，这两个指标对系统的影响程度较小。

绘制影响度和被影响度如图5-21所示。

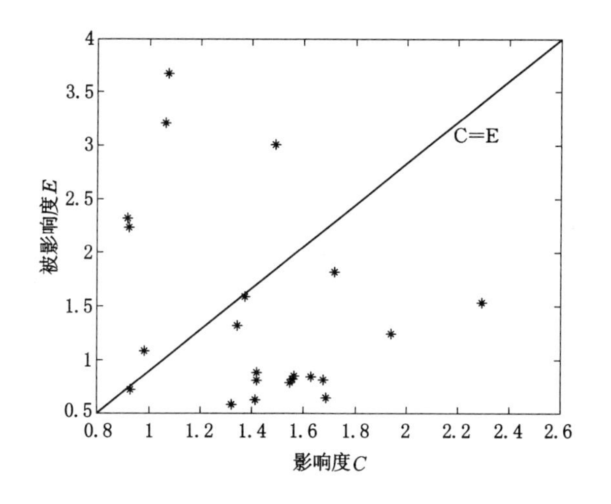

图5-21　影响度和被影响度

由图5-21可知，指标作用强度沿等值线$C=E$量度，在这条等值线下方的点，$C-E>0$，表明该指标对系统的影响大于系统对该指标的影响，如矿井自然安全条件、安全管理组织机构、安全管理制度、安全文化建设、教育培训、员工的文化程度、机器设备的设计、工作地点温度状况、湿度状况、粉尘状况、噪声状况、有毒气体状况等；在等值线上方的点，$C-E<0$，表明系统对该指标的影响大于该指标对系统整体的影响，如员工的心理状况、机器设备的安全状况、员工的专业技能素质、员工的安全生产意识、员工身体状况等。

5.4.6.2　耦合度模型的应用

利用层次分析法确定了人的因素权重、设备因素权重、环境因素权重以及管理因素权重。同时还确定了各个风险因素下面二级指标的权重，我们可以利用MATLAB软件进行操作。得到的权重再让专家进行修正，从而最终形成煤矿事故风险因素指标的权重，如表5-9所列。

表 5-9　　　　　　　　煤矿事故风险因素指标权重

风险因素	风险指标	一级指标权重	二级指标权重
人的因素	专业技能素质	0.295	0.311
	文化程度		0.164
	安全生产意识		0.237
	生理因素		0.116
	心理因素		0.172
设备因素	设备设计合理性	0.102	0.235
	设备老化、磨损率		0.142
	设备超负荷运转率		0.113
	设备损坏维修更换速度		0.248
	设备防护装置		0.262
环境因素	温度	0.171	0.132
	湿度		0.108
	噪声		0.125
	有毒气体		0.149
	照明		0.113
	工作空间		0.126
	自然条件		0.247
管理因素	安全教育与培训	0.432	0.238
	安全激励		0.203
	人力资源管理		0.104
	企业安全文化		0.197
	管理组织机构		0.073
	现场安全管理		0.185

本节以煤矿事故人员风险因素中的“员工安全意识风险水平”与“员工专业技能素质风险水平”两个同质风险因子为例，对权台煤矿 2013 年 1 月至 2013 年 10 月关于“员工专业技能素质风险水平”和“员工安全意识风险水平”两个风险指标的模拟数据如表 5-10 所列，应用煤矿事故风险耦合度模型对“员工专业技能素质风险水平”和“员工安全意识风险水平”两项风险因子的耦合度进行定量评价，对煤矿事故风险的单因素耦合作用进行举例分析。

表 5-10　“员工专业技能素质风险水平”和“员工安全意识风险水平”测量值

月份	员工专业技能素质风险水平	员工安全意识风险水平
2013.1	0.435	0.224
2013.2	0.628	0.298
2013.3	0.402	0.234
2013.4	0.369	0.456
2013.5	0.317	0.405
2013.6	0.282	0.256
2013.7	0.248	0.263
2013.8	0.204	0.365
2013.9	0.204	0.238
2013.10	0.145	0.156

根据煤矿事故风险耦合度模型，结合表 5-10 中提供的数据，分别计算“员工专业技能素质风险水平”和“员工安全意识风险水平”两个指标的功效系数。由于本小节研究的是单因素中两个因子之间的耦合，其功效系数可以看作是二者对煤矿事故人员风险有序度的贡献程度，即有序贡献度。对应的计算公式为：

$$U_i=(X_i-B_i)/(A_i-B_i)i=1.2 \tag{5-46}$$

X_i 为“员工专业技能素质风险水平”和“员工安全意识风险水平”两个指标得到的实际测量值，A_i 是煤矿事故风险指标区间的上限，B_i 是煤矿事故风险指标区间的下限，可以作如下表述：

$$C=\left\{(U_1\cdot U_2)/\left[\prod(U_1+U_2)\right]\right\}^{1/2} \tag{5-47}$$

由此可以得到“员工专业技能素质风险水平”和“员工安全意识风险水平”两个风险因子的耦合度，如表 5-11 所列。

表 5-11　“员工专业技能素质风险水平”和“员工安全意识风险水平”风险因子的耦合度

月份	耦合度
2013.1	0.474
2013.2	0.462
2013.3	0.469

续表 5-11

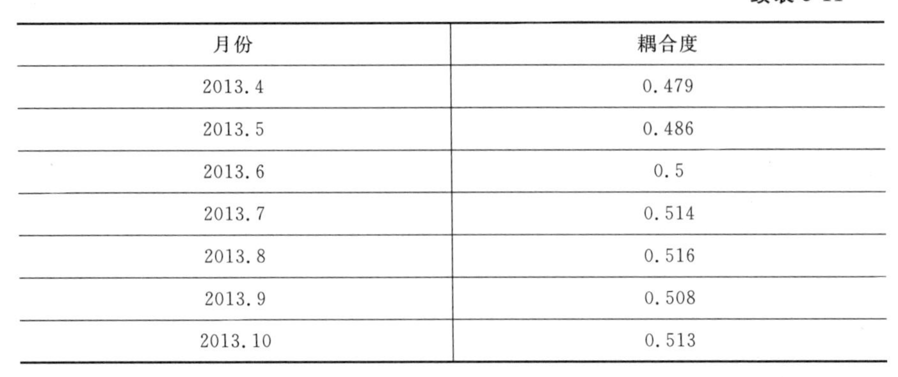

月份	耦合度
2013.4	0.479
2013.5	0.486
2013.6	0.5
2013.7	0.514
2013.8	0.516
2013.9	0.508
2013.10	0.513

若将上述耦合度的数值用曲线图表示煤矿事故风险耦合中“员工专业技能素质风险水平”和“员工安全意识风险水平”风险因子的耦合度，如图 5-22所示。

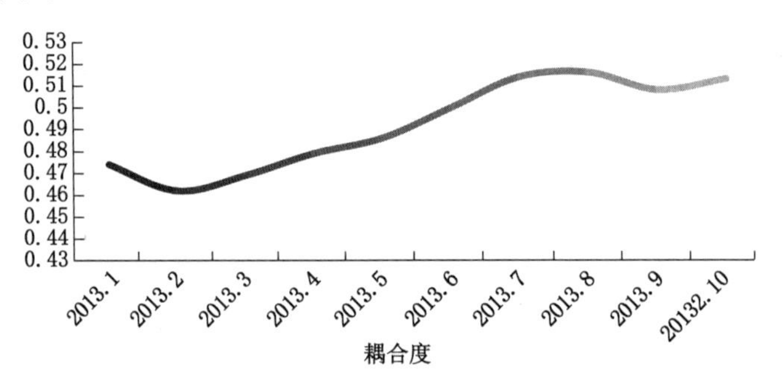

图 5-22　风险耦合度曲线图

从图 5-22 中我们可以得到以下结论：2013 年 1 月到 10 月，煤矿事故中人的风险因素中“员工专业技能素质风险水平”和“员工安全意识风险水平”风险因子的耦合度处在 0.4～0.6 之间。按照前面对于耦合度大小的分类，“员工专业技能素质风险水平”和“员工安全意识风险水平”风险因子处于[0.3，0.7]区间中，属于中等水平的耦合状态。二者的相互耦合作用比较明显。在趋势图上，“员工专业技能素质风险水平”和“员工安全意识风险水平”风险因子虽然不是一直处于上升状态，但是除了在经过 2 月～8 月的下降外 ，其余月份都处于上升的状态，因此也能大体分析出“员工专业技能素质风险水平”和“员工安全意识风险水平”风险因子的耦合度处于上升的趋势。这主要是由于随着员工

专业技能素质风险水平的提升，员工对于煤矿生产中危险源的意识也会逐渐下降，在面临一些可能导致风险的危险源的时候辨识不出来，致使安全意识下降。随着时间的蔓延，如果没有外部因素的制约，那么二者的耦合程度必然处于平稳的上升状态。

5.4.6.3 非线性动力学风险耦合模型的应用

指标的选取仍以权台煤矿为例，利用层次分析法并结合专家打分法确定出煤矿事故风险因子指标的权重，见表 5-9。

对该煤矿的数据归集整理、计算，利用模糊综合评价得到人、机器、环境、管理四个子系统的风险综合值，结果见表 5-12。

表 5-12 2013 年 1～12 月份权台煤矿人、机器、环境、管理风险综合值

月份	2013.1	2013.2	2013.3	2013.4	2013.5	2013.6
人员风险综合值	0.45	0.43	0.38	0.47	0.41	0.36
机器风险综合值	0.19	0.22	0.18	0.27	0.23	0.27
环境风险综合值	0.27	0.23	0.25	0.34	0.38	0.26
管理风险综合值	0.16	0.24	0.25	0.18	0.25	0.3
月份	2013.7	2013.8	2013.9	2013.10	2013.11	2013.12
人员风险综合值	0.38	0.34	0.38	0.32	0.31	0.29
机器风险综合值	0.29	0.28	0.4	0.41	0.28	0.34
环境风险综合值	0.31	0.2	0.31	0.19	0.25	0.19
管理风险综合值	0.32	0.27	0.25	0.24	0.33	0.28

为分析该矿 2013 年 1～12 月人、机器、环境和管理风险耦合状况，将表 5-12中的数据值带入到式(5-37)中，可得到两个不同子系统之间的耦合度，如图 5-23 所示。从图 5-23 中我们可以看出，人-机器、人-环境、人-管理系统的耦合度属于强耦合风险系统，其值均在[0.9，1.2]之间波动，机器-环境、机器-管理和环境-管理耦合系统属于中等耦合状态，其值在[0.5，0.9]之间波动。

从耦合变化趋势上来看，人-机器系统耦合、人-管理系统耦合、环境-管理系统耦合出现下降趋势，人-环境系统耦合和机器-管理系统耦合出现振幅波动，而机器-环境系统耦合则出现上升趋势。这表明随着时间的推移，人员素质和管理水平逐渐提高，降低了二者自身风险，同时人的因素和管理因素耦合程度也在逐渐降低。机器-环境系统耦合由两个客观因素进行相

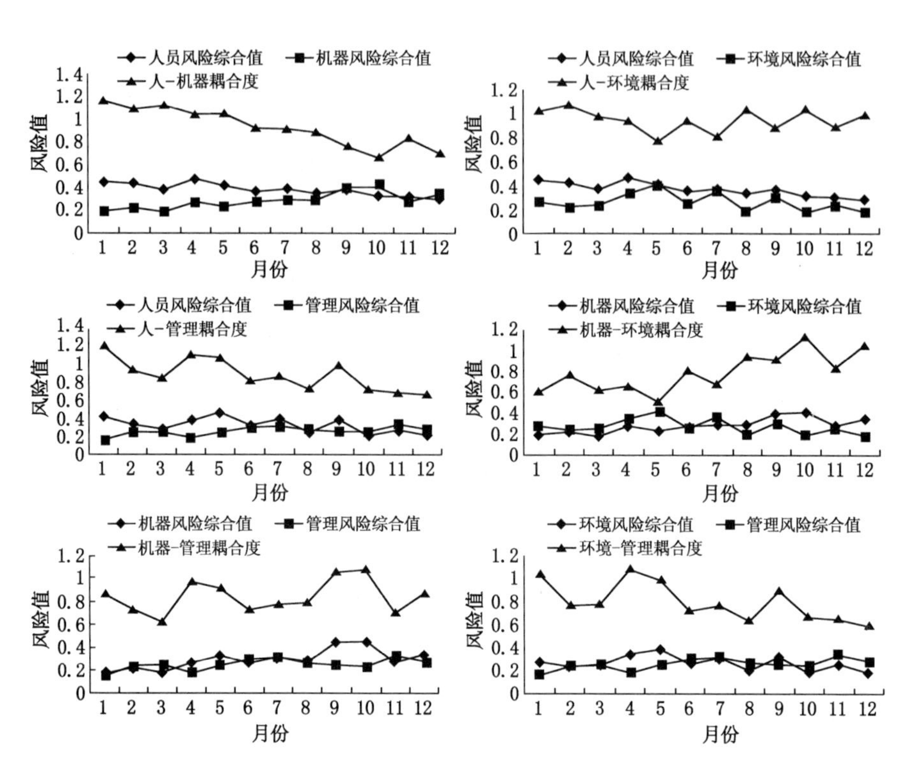

图 5-23　子系统之间风险耦合度

互作用，其造成的耦合风险较主观因素造成的耦合风险更难把握。

从图 5-24 可以得出，人-环境风险耦合系统的平均耦合度最大，其次是人-机器风险耦合系统和人-管理风险耦合系统。与人的因素进行耦合的系统的耦合度要大于与其他因素进行耦合的系统，这也证明了煤矿事故的发生大部分是由于人的不安全行为引起的。因此若要减少煤矿事故的发生，要注意人的因素子系统与其他子系统之间的演化趋势，预防人员风险因素与机器、环境和管理风险因素之间的耦合。

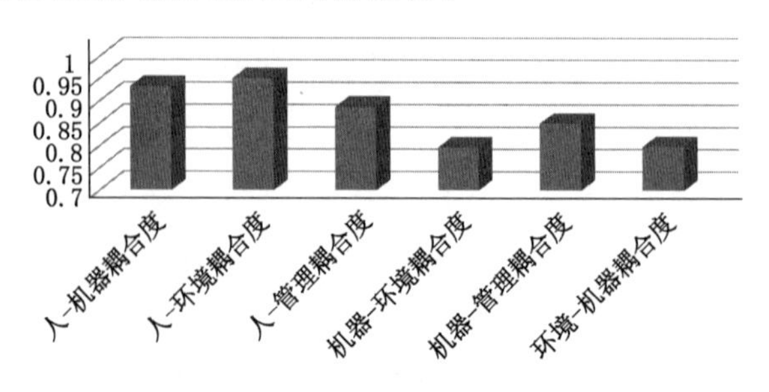

图 5-24　风险耦合系统平均耦合度

5.5 煤矿事故多因素耦合作用风险评价

5.5.1 静态安全评价模型构建

静态安全评价模型就是评价各评价指标在某一状态时系统的安全状态值。静态安全评价模型主要包括两部分内容:评价指标权重的确定和评价指标值的量化。

本章中所采用的指标体系同第5.4.2节,如表5-13所列。

表5-13 安全评价指标体系

指标	编号	指标	编号
安全管理组织机构	F_1	机器设备的设计	F_{12}
安全管理制度	F_2	机器设备的安全管理状况	F_{13}
安全文化建设	F_3	井下机械设备的自动化水平	F_{14}
员工教育培训	F_4	安全防护装置状况	F_{15}
现场安全管理状况	F_5	工作地点温度状况	F_{16}
安全投入	F_6	工作地点湿度状况	F_{17}
员工的专业技能素质	F_7	工作地点粉尘状况	F_{18}
员工的文化程度	F_8	工作地点噪声状况	F_{19}
员工的安全生产意识	F_9	工作地点有毒气体状况	F_{20}
员工的心理状况	F_{10}	工作地点照明状况	F_{21}
员工的身体状况	F_{11}	矿区自然安全条件	F_{22}

5.5.1.1 指标权重的确定

目前的安全评价中,指标权重的确定方法有几十种,但按照原始数据的来源不同可分为两大类:一类是主观赋权法,即根据专家的经验主观判断确定,如德尔菲法(Delphi)、层次分析法(AHP)、模糊子集法(FSM)、比较矩阵法(CMM)等;另一类是客观赋权法,即根据评价指标的实际数据确定,如熵值法(EVM)、主成分分析法、相关度法等。主观和客观确定权值都有各自的优点和缺点。

假设评价指标的初始权重向量为 $w^1=(w_1^1,w_2^1,\cdots,w_{22}^1)$,在上一章多

因素耦合作用度量的基础上，本节根据综合作用矩阵来对评价指标的权重值进行修正。权重的修正过程分为 2 步：

(1) 计算综合作用矩阵所反映的权重向量 w^2，称之为影响权重。

$$w_i^2 = \frac{\sum_{j=1}^{22} r_{ij} \cdot w_j}{\sum_{i=1}^{22} \sum_{j=1}^{22} r_{ij} \cdot w_j} \tag{5-48}$$

(2) 综合初始权重和影响权重，计算各评价指标的新权重值。

$$w_i = \alpha w_i^1 + (1-\alpha) w_i^2 \quad (0 \leqslant \alpha \leqslant 1, i = 1, \cdots, 22) \tag{5-49}$$

显然，若 $\alpha=0$，则权重向量不考虑指标的初始权重；若 $\alpha=1$，则不考虑指标的影响权重。一般取 $\alpha=0.5$，则有：

$$w_i = \frac{1}{2}\left(w_i^1 + \frac{\sum_{j=1}^{22} r_{ij} \cdot w_j}{\sum_{i=1}^{22} \sum_{j=1}^{22} r_{ij} \cdot w_j} \right) \quad (i = 1, \cdots, 22) \tag{5-50}$$

则 $w=(w_1, w_2, \cdots, w_{22})$ 即为根据综合作用矩阵进行修正后的权重向量。

5.5.1.2　安全评价指标值的量化

由于本书所采用的指标均为定性评价指标，难以直接给出定量的值。为此，本书采用专家打分法对各指标进行赋值，评价指标共分为五级，分别为很差、较差、一般、较好、很好，赋值分别为 1～5。假设共有 m 个专家对 22 个指标进行打分，第 j 个专家对第 i 个指标的打分值为 a_i^j，则得分值矩阵为：

$$\boldsymbol{a} = \begin{pmatrix} a_1^1 & a_1^2 & \cdots & a_1^m \\ a_2^1 & a_2^2 & \cdots & a_2^m \\ \cdots & \cdots & \cdots & \cdots \\ a_{22}^1 & a_{22}^2 & \cdots & a_{22}^m \end{pmatrix} \tag{5-51}$$

在得分值矩阵 $\boldsymbol{a}$ 中，行表示各专家对某一指标的打分值，列表示某一专家对各指标的打分值。

按照三角模糊数方法，采用表 5-14 所示的三角模糊表，将得分值矩阵 $\boldsymbol{a}$ 中专家打分的五个等级转化为三角模糊数。

表 5-14　　　　三角模糊表

评价等级	三角模糊数
很好	(4,5,5)
较好	(3,4,5)
一般	(2,3,4)
较差	(1,2,3)
很差	(1,1,2)

于是得出三角模糊矩阵为：

$$\boldsymbol{a}=\begin{pmatrix} (l_1^1,m_1^1,r_1^1) & (l_1^2,m_1^2,r_1^2) & \cdots & (l_1^m,m_1^m,r_1^m) \\ (l_2^1,m_2^1,r_2^1) & (l_2^2,m_2^2,r_2^2) & \cdots & (l_2^m,m_2^m,r_2^m) \\ \cdots & \cdots & \cdots & \cdots \\ (l_{22}^1,m_{22}^1,r_{22}^1) & (l_{22}^2,m_{22}^2,r_{22}^2) & \cdots & (l_{22}^m,m_{22}^m,r_{22}^m) \end{pmatrix} \tag{5-52}$$

对于三角模糊数矩阵可以按照改进的 CFCS 方法进行计算，得到评价指标的得分值向量 $\boldsymbol{s}=(s_2,s_2,\cdots,s_{22})$。计算步骤为：

(1) 标准化。

$$xl_i^j=(l_i^j-\min l_i^j)/\Delta_{\min}^{\max} \tag{5-53}$$

$$xm_i^j=(m_i^j-\min l_i^j)/\Delta_{\min}^{\max} \tag{5-54}$$

$$xr_i^j=(r_i^j-\min l_i^j)/\Delta_{\min}^{\max} \tag{5-55}$$

其中，$\Delta_{\min}^{\max}=\max r_i^j-\min l_i^j$。

(2) 分别计算左边值(ls)和右边值(rs)的标准化值。

$$xls_i^j=xm_i^j/(1+xm_i^j-xl_i^j) \tag{5-56}$$

$$xrs_i^j=xr_i^j/(1+xr_i^j-xm_i^j) \tag{5-57}$$

(3) 计算标准化后的总清晰值。

$$x_i^j=[xls_i^j(1-xls_i^j)+xrs_i^j xrs_i^j]/[1-xls_i^j+xrs_i^j] \tag{5-58}$$

$$s_i^j=\min l_i^j+x_i^j\Delta_{\min}^{\max} \tag{5-59}$$

(4) 归一化清晰值。

$$s_i=\frac{1}{m}(s_i^1+s_i^2+\cdots+s_i^m) \tag{5-60}$$

5.5.1.3　静态安全评价

根据评价指标权重值的修正和评价指标值的量化结果，可以得到安全评价值的计算公式为：

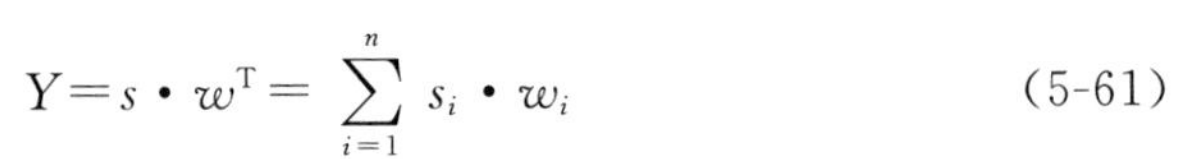

$$Y = s \cdot w^{\mathrm{T}} = \sum_{i=1}^{n} s_i \cdot w_i \tag{5-61}$$

根据指标权重和指标量化值计算安全评价值的方法即为静态安全评价。静态安全评价模型就是评价各评价指标在某一状态时系统的安全状态值。

5.5.2 指标灵敏度分析

由于各指标之间存在相互作用，当某一个指标发生变化时，其他指标也会相应地发生变化，从而导致系统安全状态值的变化。本节利用灵敏度分析来研究当一个指标值变化时，其他指标值的变化情况和系统安全状态值的变化情况。通过灵敏度分析还可以得出哪些指标值变化对系统有较大的影响，从而为安全管理提供决策依据。

5.5.2.1 计算各指标值的变化量

对于 22 个指标 $F_1, F_2, \cdots, F_{22}$，其初始状态值为 $F^0 = (F_1^0, F_2^0, \cdots, F_i^0, \cdots, F_{22}^0)$，本节研究当指标 F_i 变化量为 ΔF_i^0 时，系统其他指标值的变化情况以及系统安全状态值的变化情况。

指标变化量为 $\Delta F^0 = (0, 0, \cdots, \Delta F_i^0, \cdots, 0)$，则有：

$$\begin{aligned} \Delta F^1 &= (\Delta F_1^1, \Delta F_2^1, \cdots, \Delta F_i^1, \cdots, \Delta F_{22}^1) \\ &= \Delta F^0 \cdot \boldsymbol{r} \\ &= (0, 0, \cdots, \Delta F_i^0, \cdots, 0) \begin{bmatrix} r_{11} & r_{12} & \cdots & r_{1,22} \\ r_{21} & r_{22} & \cdots & r_{2,22} \\ \cdots & \cdots & \cdots & \cdots \\ r_{22,1} & r_{22,2} & \cdots & r_{22,22} \end{bmatrix} \end{aligned} \tag{5-62}$$

ΔF^1 即为指标 F_i 变化量为 ΔF_i^0 时各评价指标的变化量。式(5-15)中已经计算了指标 F_i 的变化对其他指标的影响，因此，在计算指标之间的相互作用时，假设指标 F_i 变化对其他指标的影响为 0，即 $r_{i1} = r_{i2} = \cdots = r_{i,22} = 0$。于是有：

$$\boldsymbol{r}1 = \begin{bmatrix} r_{11} & r_{12} & \cdots & r_{1,22} \\ r_{21} & r_{22} & \cdots & r_{2,22} \\ \cdots & \cdots & \cdots & \cdots \\ 0 & 0 & \cdots & 0 \\ \cdots & \cdots & \cdots & \cdots \\ r_{22,1} & r_{22,2} & \cdots & r_{22,22} \end{bmatrix} \tag{5-63}$$

于是系统指标的变化量 $\Delta F=\Delta F^1\cdot \boldsymbol{r}1=\Delta F^0\cdot \boldsymbol{r}\cdot \boldsymbol{r}1$。则 $F=F^0+\Delta F$ 为系统指标新的状态值。

5.5.2.2　灵敏度分析

把指标 F_i 变化前后的系统指标的状态值 F^0 和 F 分别代入静态安全评价模型式(5-61),得到安全评价值分别为 Y^0 和 Y,则 $\Delta Y=Y-Y^0$ 即为指标 F_i 变化量为 ΔF_i^0 时系统安全评价值的变化量,即指标 F_i 变化量为 ΔF_i^0 时对系统安全评价值的灵敏度。

如果不考虑指标之间的相互作用,当指标 F_i 变化量为 ΔF_i^0 时,有:

$$\begin{aligned} F^2 &= F^0+\Delta F^0 \\ &=(F_1^0,F_2^0,\cdots,F_i^0,\cdots,F_{22}^0)+(0,0,\cdots,\Delta F_i^0,\cdots,0) \\ &=(\mathrm{F}_1^0,\mathrm{F}_2^0,\cdots,\mathrm{F}_i^0+\Delta \mathrm{F}_i^0,\cdots,\mathrm{F}_{22}^0) \end{aligned} \tag{5-64}$$

将 F^2 代入静态安全评价模型式(5-14),即可计算得到 F_i 变化量为 ΔF_i^0 时不考虑相互作用的系统安全评价值 Y^2,可以得到 $\Delta Y^2=Y^2-Y^0$ 为不考虑指标相互作用时系统安全评价值的变化量。

5.5.3　多因素耦合下的动态安全评价模型

静态安全评价模型评价系统指标是指在某一状态时系统的安全评价值,灵敏度分析指系统某一指标值发生变化时系统安全评价值的变化量,在此基础上用 RBF 神经网络建立动态安全评价模型,评价某一个指标或某几个指标发生变化时系统的安全状态值的变化情况。

5.5.3.1　RBF 神经网络模型介绍

人工神经网络(artificial neural network,ANN)是由大量的神经元节点互联而成的复杂网络,是反映人脑结构及功能的一种抽象的数学模型。人工神经网络的学习是一种归纳学习方式,它通过大量实例的反复学习,由内部自适应过程不断修改各神经元之间互联的权值,最终使神经网络的权值分布收敛于一个稳定的范围,神经网络的互联结构及各连接权值稳定分布表示了经过学习获得的知识。一个已建立的神经网络可用于相关问题的求解。对于特定的输入模式,神经网络通过前向计算可得出一个输出,从而得到输入样本的一个特定解。

RBF 神经网络是一种典型的局部逼近网络,对于每个输入输出数据对,只有少量权值需要调整,从而使局部逼近网络具有学习速度快的优点。理论上已经证明,只要隐含层神经元的数量足够多,RBF 神经网络能以任

意精度逼近任何单值连续函数。

在理论上，RBF 网络和 BP 网络一样能以任意精度逼近任何非线性函数，但由于它们使用的传递函数不同，其逼近性能也不相同。Poggio 和 Girosi 已经证明，RBF 网络是连续函数的最佳逼近。采用局部传递函数的 RBF 网络在很大程度上克服了 BP 神经网络的缺点，RBF 不仅有良好的泛化能力，而且对于每个输入值，只有很少几个节点具有非零激励值，因此只需很少部分节点及权值改变。学习速度可以比通常的 BP 算法提高上千倍，容易适应新数据，其隐层节点的数目也在训练过程中确定，并且其收敛性也较 BP 网络易于保证，因此可以得到最优解。

1. RBF 神经网络原理

RBF 神经网络由三层组成，包括输入层、隐含层和输出层，隐含层神经元的数目由具体问题而定。其结构如图 5-25 所示。

输入层节点只传递输入变量到隐含层，隐含层节点由像高斯函数那样的辐射状函数组成，而输出层节点通常是简单的线性函数。

隐含层节点中的作用函数即基函数对输入变量将在局部产生响应（图 5-25），也就是说，当输入变量靠近基函数的中央范围时，隐含层节点将产生较大的输出，由此可以看出这种网络具有局部逼近能力。

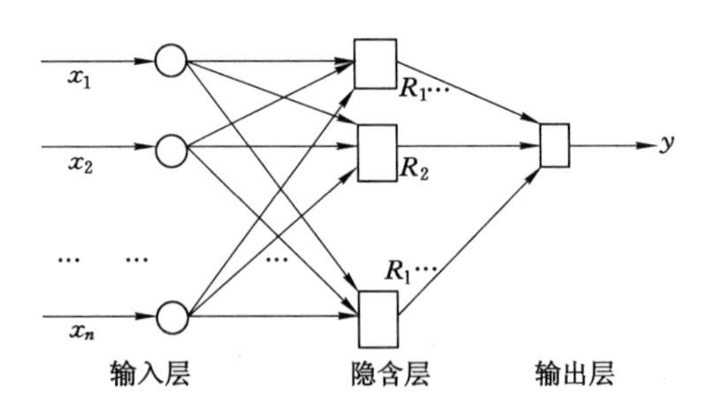

图 5-25　RBF 神经网络

径向基函数就是某种沿径向对称的标量函数。通常定义为空间中任一点 x 到某一中心 x_c 之间欧氏距离的单调函数，可记作 $k(\|x-x_c\|)$，其作用往往是局部的，即当 x 远离 x_c 时函数取值很小。最常用的径向基函数是高斯函数，形式为：

$$R_i(x)=e^{-\frac{\|x-x_c\|^2}{2\sigma_i^2}}$$

其中：x 是 n 维输入向量，x_c 为第 i 个基函数的中心，与 x 具有相同维数的向量；σ_i 为函数的宽度参数，决定了该基函数围绕中心点的宽度；i 是隐含层单元的个数；$\| x-x_c \|$ 是向量 $x-x_c$ 的范数，通常表示 x 与 x_c 的距离。$R_i(x)$ 在 x_c 处有一个唯一的最大值，随着 $\| x-x_c \|$ 的增大，$R_i(x)$ 迅速衰减到 0。对于给定的输入 x，只有一小部分靠近 x 的中心被激活。

由图 5-25 可以看出，输入层实现从 $x \longrightarrow R_i(x)$ 的非线性映射，输出层实现从 $R_i(x) \longrightarrow y$ 的线性映射，即：

$$R_i(x)=\mathrm{e}^{-\frac{\| x-x_c \|^2}{2\sigma_i^2}} \quad (i=1,2,\cdots,m) \tag{5-65}$$

$$y=\sum_{i=1}^{m} w_i R_i(x)+b_2 \tag{5-66}$$

式中，w_i 是网络的输出层权值，b_2 是输出层阈值。

由于 $R_i(x)$ 是高斯函数，由图 5-26 可知对于任意的 x 都有 $R_i(x)>0$，从而失去局部调整权值的优点，事实上，当 x 远离 x_c 时，$R_i(x)$ 已非常小，因此可作为 0 看待。实际上，只当 $R_i(x)$ 大于某一数值（如 0.05）才对相应的权值进行修改。经这样处理后，RBF 网络也具备局部逼近网络学习速度快的优点。同时，这样处理，可以在一定程度上克服高斯基函数不具备紧密性的特点。

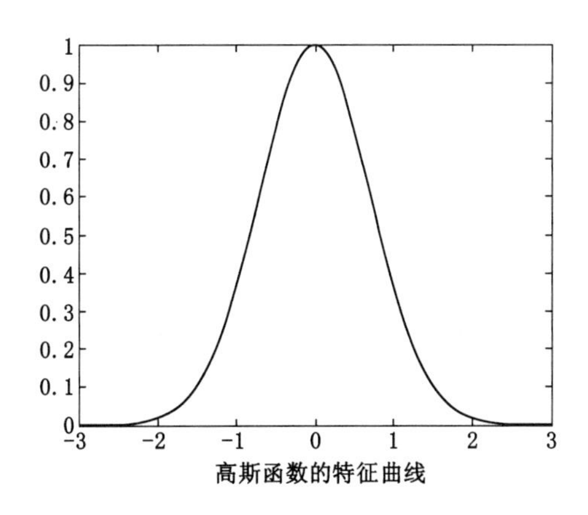

图 5-26　高斯函数（$x_c=0$）的特征曲线

2. RBF 神经网络的作用

可以从两个方面理解 RBF 神经网络的作用：

(1) 把 RBF 神经网络看成对未知函数 $f(x)$ 的逼近器。一般任何函数

都可表示成一组基函数的加权和，这相当于用隐层单元的输出函数构成一组基函数来逼近 $f(x)$。

(2) 在 RBF 神经网络中以输入层到隐层的基函数输出是一种非线性映射，而输出则是线性的。这样，RBF 神经网络可以看成是首先将原始的非线性可分的特征空间变换到另一空间(通常是高维空间)，通过合理选择这一变换使在新空间中原问题线性可分，然后用一个线性单元来解决问题。

在典型的 RBF 网络中有三组可调参数：隐层基函数中心、方差，以及输出单元的权值。这些参数的选择有 3 种常见的方法：

(1) 根据经验选择函数中心。比如只要训练样本的分布能代表所给问题，可根据经验选定均匀分布的 M 个中心，其间距为 d，可选取高斯函数的宽度参数为 $\sigma=\frac{d}{\sqrt{2M}}$。

(2) 用聚类方法选择基函数。可以各聚类中心作为函数中心，而以各类样本的方差的某一函数作为各个基函数的宽度参数。

用(1)或(2)的方法选定隐层基函数的参数后，因输出单元是线性单元，它的权值可以简单地用最小二乘法直接计算出来。

(3) 将三组可调参数都通过训练样本用误差纠正算法求得。做法与 BP 方法类似，分别计算误差 $e(k)$ 对各组参数的偏导数，然后用迭代求取参数。研究表明，用于模式识别问题的 RBF 网络在一定意义上相当于首先用非参数方法估计出概率密度，然后用它进行分类。

5.5.3.2　动态安全评价模型建立

分析系统处于某一状态时某一个或某几个指标值发生变化时系统的安全状态值，本节将通过神经网络模型实现动态安全评价，用 MATLAB 科学计算软件来建立并对 RBF 神经网络进行训练仿真。

1. RBF 神经网络模型的数据准备

RBF 神经网络的泛化能力直接取决于它所学习的样本代表性及样本长度，当学习样本不足以使神经网络充分学习时，所训练出的网络性能会很差。为避免出现上述问题，对样本的选择一般遵循以下几个原则：样本足够多；样本具有代表性；样本均匀分布。

本节中 RBF 神经网络的数据来源于灵敏度分析的结果。在灵敏度分析中，某一指标 F_i 变化量为 ΔF_i^0 时，系统安全评价值变为 Y，则将指标初始值 $F^0=(F_1^0,F_2^0,\cdots,F_i^0,\cdots,F_{22}^0)$ 和变化量 $\Delta F^0=(0,0,\cdots,\Delta F_i^0,\cdots,0)$ 作为

输入,将系统安全评价值 Y 作为输出,收集一组灵敏度分析的结果,分别作为训练样本和测试样本。

2. RBF 神经网络结构的选择

RBF 神经网络的输入为所有评价指标的值,输入层神经元数为 44,分别为 22 个指标的初始值和指标值的变化量。输出层神经元数为 1,为该状态下系统安全评价值。隐含层节点数的选择有两种:隐含层神经元数与输入层神经元数相等,在这种模型中,隐含层神经元数是固定的;用不同的隐含层神经元数对网络训练,找出最适合该网络结构的隐含层神经元数。

3. RBF 神经网络的 MATLAB 实现

本节用 MATLAB 神经网络工具箱建立 RBF 神经网络模型。MATLAB 神经网络工具箱包含了进行 RBF 网络分析和设计的许多函数,这里介绍几个常用的函数:

(1) newrbe( )。

该函数可以快速构建一个径向基函数网络,且使得设计误差为 0。该函数使隐含层神经元数目等于输入层神经元数,格式为 net=newrbe(P,T,SPREAD),其中 P 为输入向量,T 为期望输出向量(目标值),SPREAD 为径向基层的散步常数,缺省值为 1。

(2) newrb( )。

该函数能有效地进行网络设计。径向基函数网络逼近函数时,newrb()可以自动增加网络的隐含层神经元数,直到均方差满足精度或者神经元数达到最大为止。格式为 net=newrb(P,T,GOAL,SPREAD,MN,DF),其中 GOAL 为训练精度,缺省值为 0,MN 为隐含层神经元数的最大值,DF 为训练过程的显示频率。newrb 神经网络的建立过程即神经网络的训练过程。

(3) radbas( )。

该函数为径向基传递函数。此函数可由它的网络输入计算神经元的输出。本书中隐含层神经元的输出 o_j = radbas(dist(**W**,P) * b),其中,P 为隐含层神经元的输入,**W** 为权值矩阵,dist 函数求得带权输入。

(4) sim( )。

神经网络仿真函数格式为 Y=sim(net,P),其中 net 为训练后的 RBF 神经网络,P 为 RBF 神经网络的输入,Y 为 RBF 神经网络的输出。

5.5.3.3 动态安全评价模型分析

本节所建立的 RBF 神经网络模型是就系统的某一初始状态而言的。神经网络所包含的信息，指的是系统在这一状态下某个指标或某几个指标发生变化时系统安全评价值的变化情况。

输入变量里边既有系统指标的初始状态值，又有指标值的变化量，而输出即为该系统状态下某指标值变化时的系统安全评价值，因此，可以认为此神经网络已经包含指标之间的相互影响、相互作用，相当于把指标之间的相互影响、相互作用存储在神经网络的结构和权值中。

神经网络训练结束后，将系统的某一初始状态和在该状态下某一指标或某几个指标的变化量代入训练好的 RBF 神经网络模型中，即可求得系统安全评价值。

5.5.4 煤矿安全评价模型应用分析

5.5.4.1 静态安全评价

1. 确定评价指标权重

本节假设各个评价指标的初始权重相等，即 $w_i^1=0.045\ 5(i=1,2,\cdots,22)$，按照式(5-50)对初始权重进行修正。得出新的权重见表 5-15。

表 5-15　　安全评价指标权重

指标 F_i	权重 w_i	指标 F_i	权重 w_i	指标 F_i	权重 w_i
F_1	0.043 905	F_9	0.046 534	F_{17}	0.048 757
F_2	0.047 662	F_{10}	0.039 962	F_{18}	0.049 558
F_3	0.053 705	F_{11}	0.037 556	F_{19}	0.045 427
F_4	0.059 4	F_{12}	0.045 406	F_{20}	0.047 55
F_5	0.050 183	F_{13}	0.039 747	F_{21}	0.037 574
F_6	0.044 238	F_{14}	0.038 501	F_{22}	0.049 687
F_7	0.044 703	F_{15}	0.037 438		
F_8	0.045 387	F_{16}	0.047 621		

由表 5-15 可知，对系统影响较大的指标如教育培训、安全文化建设、现场安全管理等权重值较初始权重增加较大，而照明状况、安全防护装置状

况、员工身体状况、机器自动化水平等指标权重值减少较多。

2. 评价指标值的量化

对于22个评价指标，请10名专家分别进行打分，评价等级为五级：很差、较差、一般、较好、很好，赋值分别为1～5。得到专家打分值表如表5-16所列，然后按照表5-14将专家打分值转化为三角模糊数，得到三角模糊数矩阵，再根据改进的CFCS，按照式(5-53)～式(5-60)计算得到安全评价指标的量化值如表5-17所列。

表5-16　　安全评价专家打分值

指标＼专家	1	2	3	4	5	6	7	8	9	10
安全管理组织机构 F_1	5	5	4	5	5	4	3	4	3	4
安全管理制度 F_2	5	5	4	4	5	4	3	5	4	5
安全文化建设 F_3	5	5	4	5	5	4	3	4	3	5
员工教育培训 F_4	5	5	3	5	5	4	4	4	4	5
现场安全管理状况 F_5	5	5	3	5	5	5	3	4	2	5
安全投入 F_6	5	4	3	4	4	4	4	5	3	5
员工的专业技能素质 F_7	4	5	3	5	4	4	3	4	3	4
员工的文化程度 F_8	4	4	3	3	3	4	3	4	3	4
员工的安全生产意识 F_9	5	5	3	4	4	4	4	4	4	4
员工的心理状况 F_{10}	3	5	3	4	4	5	3	4	3	3
员工的身体状况 F_{11}	4	4	3	3	3	4	4	4	3	3
机器设备的设计 F_{12}	4	4	4	5	5	4	3	5	4	4
机器设备安全状况 F_{13}	5	5	4	5	5	5	3	5	3	4
机械设备自动化水平 F_{14}	4	4	3	4	4	5	4	5	3	4
安全防护装置状况 F_{15}	5	5	4	5	5	4	3	5	3	4
工作地点温度状况 F_{16}	4	4	3	4	4	4	4	4	3	4
工作地点湿度状况 F_{17}	4	5	3	4	4	3	3	2	3	4
工作地点粉尘状况 F_{18}	3	4	3	3	4	2	2	3	3	4
工作地点噪声状况 F_{19}	4	5	3	4	4	2	3	2	3	4
工作地点有毒气体状况 F_{20}	4	4	3	4	5	3	3	3	4	5
工作地点照明状况 F_{21}	4	5	3	5	4	4	4	4	4	5
矿区自然安全条件 F_{22}	4	4	4	3	3	3	3	3	3	5

表 5-17　　安全评价指标量化值

指标	量化值 s_i	指标	量化值 s_i	指标	量化值 s_i
F_1	4.13	F_9	4.04	F_{17}	3.466 7
F_2	4.31	F_{10}	3.68	F_{18}	3.093 3
F_3	4.22	F_{11}	3.5	F_{19}	3.373 3
F_4	4.31	F_{12}	4.13	F_{20}	3.77
F_5	4.12	F_{13}	4.31	F_{21}	4.13
F_6	4.04	F_{14}	3.95	F_{22}	3.5
F_7	3.86	F_{15}	4.22		
F_8	3.5	F_{16}	3.77		

3. 计算安全评价值

计算出评价指标的权重和指标量化值，便可根据式(5-61)计算系统的安全状态值为 3.885 1。此值即为系统在这一状态时的安全评价值。

5.5.4.2　灵敏度分析

本节进行各个指标的灵敏度分析，分别将每个指标值减少 20%、减少 10%、增加 10%进行分析，计算主要分为几部分：不考虑相互作用(即只计算某一指标变化时)系统的状态值变化量 $\Delta C'$、考虑相互作用时系统的状态值变化量 ΔC、考虑相互作用时系统的状态值变化率 Δp_C。

由表 5-18 可得出如下结论：

(1) 当某一指标值发生变化时，如果不考虑指标之间的相互作用，发生变化的只有该指标值，煤矿安全评价值变化较小，如表 5-18 中的 $\Delta C'$ 列；当考虑指标之间的相互作用时，某一指标发生变化，该指标就会对其他指标产生作用，从而导致安全评价值变化较大，如表 5-18 中的 ΔC 列。

(2) 表 5-18 中列出的是各个指标值增加 10%时系统安全评价值的变化量和变化率，由此可以看出哪一指标变化对系统影响较大。由表 5-18 可知，在 22 个评价指标中，教育培训的灵敏度最大，为 1.493 4%，其次为安全文化建设、安全管理制度和现场安全管理，分别为 1.247 1%、1.097 8%和 1.032%，说明这些指标的变化对系统安全状态值的影响较大，如果要改善煤矿安全状况，首先应从这几个方面着手。

表 5-18　　　　　　　　　　灵敏度分析表

指标		变化量 ΔF_i	$\Delta C'$	ΔC	Δp_C
安全管理组织机构	F_1	0.1	0.018 133	0.035 273	0.009 079
安全管理制度	F_2	0.1	0.020 542	0.042 65	0.010 978
安全文化建设	F_3	0.1	0.022 663	0.048 45	0.012 471
员工教育培训	F_4	0.1	0.025 601	0.058 019	0.014 934
现场安全管理状况	F_5	0.1	0.020 675	0.040 095	0.010 32
安全投入	F_6	0.1	0.017 872	0.032 168	0.008 28
员工的专业技能素质	F_7	0.1	0.017 255	0.031 776	0.008 179
员工的文化程度	F_8	0.1	0.015 885	0.030 34	0.007 809
员工的安全生产意识	F_9	0.1	0.018 8	0.034 09	0.008 775
员工的心理状况	F_{10}	0.1	0.014 706	0.022 649	0.005 83
员工的身体状况	F_{11}	0.1	0.013 145	0.018 834	0.004 848
机器设备的设计	F_{12}	0.1	0.018 753	0.033 803	0.008 701
机器设备安全状况	F_{13}	0.1	0.017 131	0.025 834	0.006 649
机械设备自动化水平	F_{14}	0.1	0.015 208	0.023 123	0.005 952
安全防护装置状况	F_{15}	0.1	0.015 799	0.022 238	0.005 724
工作地点温度状况	F_{16}	0.1	0.017 953	0.032 509	0.008 368
工作地点湿度状况	F_{17}	0.1	0.016 902	0.031 46	0.008 098
工作地点粉尘状况	F_{18}	0.1	0.015 33	0.028 951	0.007 452
工作地点噪声状况	F_{19}	0.1	0.015 324	0.026 579	0.006 841
工作地点有毒气体状况	F_{20}	0.1	0.017 926	0.032 785	0.008 439
工作地点照明状况	F_{21}	0.1	0.015 518	0.022 183	0.005 71
矿区自然安全条件	F_{22}	0.1	0.017 391	0.035 164	0.009 051

5.5.4.3　动态安全评价模型

本节的样本由灵敏度分析得出。分别对各个指标按变化幅度为−20%、−10%和10%进行灵敏度分析，得出系统安全状态评价值，共有66个样本，在每个样本中，输入层有44个神经元，前22个神经元为系统的初始状态（所有样本的前22个指标值是相等的），后22个神经元为指标值的变化量；输出层有1个神经元，为该状态下的系统安全评价值。

表5-19列举出前8个样本。

表 5-19　　部分样本表

	样本 1	样本 2	样本 3	样本 4	样本 5	样本 6	样本 7	样本 8
输入 1	4.13	4.13	4.13	4.13	4.13	4.13	4.13	4.13
输入 2	4.31	4.31	4.31	4.31	4.31	4.31	4.31	4.31
输入 3	4.22	4.22	4.22	4.22	4.22	4.22	4.22	4.22
输入 4	4.31	4.31	4.31	4.31	4.31	4.31	4.31	4.31
输入 5	4.12	4.12	4.12	4.12	4.12	4.12	4.12	4.12
输入 6	4.04	4.04	4.04	4.04	4.04	4.04	4.04	4.04
输入 7	3.86	3.86	3.86	3.86	3.86	3.86	3.86	3.86
输入 8	3.5	3.5	3.5	3.5	3.5	3.5	3.5	3.5
输入 9	4.04	4.04	4.04	4.04	4.04	4.04	4.04	4.04
输入 10	3.68	3.68	3.68	3.68	3.68	3.68	3.68	3.68
输入 11	3.5	3.5	3.5	3.5	3.5	3.5	3.5	3.5
输入 12	4.13	4.13	4.13	4.13	4.13	4.13	4.13	4.13
输入 13	4.31	4.31	4.31	4.31	4.31	4.31	4.31	4.31
输入 14	3.95	3.95	3.95	3.95	3.95	3.95	3.95	3.95
输入 15	4.22	4.22	4.22	4.22	4.22	4.22	4.22	4.22
输入 16	3.77	3.77	3.77	3.77	3.77	3.77	3.77	3.77
输入 17	3.466 7	3.466 7	3.466 7	3.466 7	3.466 7	3.466 7	3.466 7	3.466 7
输入 18	3.093 3	3.093 3	3.093 3	3.093 3	3.093 3	3.093 3	3.093 3	3.093 3
输入 19	3.373 3	3.373 3	3.373 3	3.373 3	3.373 3	3.373 3	3.373 3	3.373 3
输入 20	3.77	3.77	3.77	3.77	3.77	3.77	3.77	3.77
输入 21	4.13	4.13	4.13	4.13	4.13	4.13	4.13	4.13
输入 22	3.5	3.5	3.5	3.5	3.5	3.5	3.5	3.5
输入 23	−0.826	0	0	0	0	0	0	0
输入 24	0	−0.862	0	0	0	0	0	0
输入 25	0	0	−0.844	0	0	0	0	0
输入 26	0	0	0	−0.862	0	0	0	0
输入 27	0	0	0	0	−0.824	0	0	0
输入 28	0	0	0	0	0	−0.808	0	0
输入 29	0	0	0	0	0	0	−0.772	0
输入 30	0	0	0	0	0	0	0	−0.7
输入 31	0	0	0	0	0	0	0	0

续表 5-19

	样本 1	样本 2	样本 3	样本 4	样本 5	样本 6	样本 7	样本 8
输入 32	0	0	0	0	0	0	0	0
输入 33	0	0	0	0	0	0	0	0
输入 34	0	0	0	0	0	0	0	0
输入 35	0	0	0	0	0	0	0	0
输入 36	0	0	0	0	0	0	0	0
输入 37	0	0	0	0	0	0	0	0
输入 38	0	0	0	0	0	0	0	0
输入 39	0	0	0	0	0	0	0	0
输入 40	0	0	0	0	0	0	0	0
输入 41	0	0	0	0	0	0	0	0
输入 42	0	0	0	0	0	0	0	0
输入 43	0	0	0	0	0	0	0	0
输入 44	0	0	0	0	0	0	0	0
输出	3.798	3.779 9	3.765 3	3.746 8	3.785 3	3.805 4	3.806	3.809 6

在这 66 个样本中，把前 60 个样本作为训练样本，后 6 个样本作为测试样本，建立 RBF 神经网络模型：

SPREAD=1

GOAL=0.00001

DF=1

MN=80

net=newrb(P,T,GOAL,SPREAD,MN,DF)

其中，P 为输入向量，T 为期望输出向量(目标值)，SPREAD 为径向基层的散步常数，MN 为隐含层神经元数目的最大值，DF 为训练过程的显示频率。

newrb( )可自动增加网络的隐含层神经元数，直到均方差满足精度或者神经元数达到规定的神经元最大数 MN 为止。newrb 神经网络的建立过程即神经网络的训练过程。

由图 5-27 可知，当训练过程达到 52 步，即隐含层神经元数目达到 52 个时，RBF 神经网络达到了训练精度。

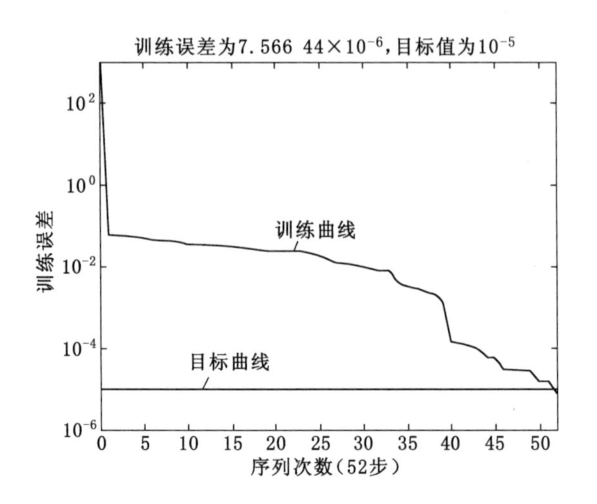

图 5-27　RBF 神经网络运行结果图

用于神经网络训练的数据大小差距较大,如果进行归一化,则归一化后的输入值会集中在 0 和 1 左右,或者很大趋近于 1,或者很小趋近于 0,这样会使神经网络的性能大大降低,并且归一化之后的输出在反归一化时无法确定有效的上下限,因此,本节不对训练样本进行归一化处理。

将测试样本用神经网络模型进行仿真,得出实际输出、误差和误差率,结果如表 5-20 所列。

表 5-20　　RBF 神经网络测试样本仿真结果表

测试样本	期望值	实际输出	误差	误差率
1	3.916 6	3.915 6	−0.000 94	0.02%
2	3.914 1	3.918 1	0.004 0	0.1%
3	3.911 7	3.913 7	0.002 0	0.05%
4	3.917 9	3.912 7	−0.005 0	0.13%
5	3.907 3	3.902 7	0.004 6	0.12%
6	3.920 3	3.917 5	−0.002 8	0.07%

由表 5-20 可知,测试样本的最大误差为−0.004 6,最大误差率为 0.13%,说明 RBF 神经网络仿真的误差较小,能达到预期效果。

5.5.5 多因素耦合作用下指标控制分析

5.5.5.1 单指标控制分析

由5.5.4.2节灵敏度分析和表5-18可知，对不同的指标进行控制，系统安全性的变化情况是不同的，如教育培训的指标值增加10%时系统安全状态值增加1.493 4%，安全文化建设的指标值增加10%时系统安全状态值增加1.247 1%等。要改善煤矿安全状况，就要从各个指标入手，不断改善人、机器、环境和管理状况。

将各指标对系统安全性的影响进行排序得到表5-21。由表5-21可知，可以通过对各指标进行控制来达到改善煤矿安全状况的目的。其中，管理的指标如员工教育培训、安全文化建设、安全管理制度和现场安全管理状况对煤矿安全评价值的影响最大，幅度均超过了10%。由煤矿事故致因模型的分析可知，管理的缺陷是煤矿事故发生的本质原因，因此，只有控制好管理指标，加强煤矿安全管理，不断提高安全管理水平，才能从根本上改善煤矿安全状况。

表5-21　　指标对系统的影响

指标		变化量 ΔF_i	ΔC	Δp_C
员工教育培训	F_4	0.1	0.058 019	0.014 934
安全文化建设	F_3	0.1	0.048 45	0.012 471
安全管理制度	F_2	0.1	0.042 65	0.010 978
现场安全管理状况	F_5	0.1	0.040 095	0.010 32
安全管理组织机构	F_1	0.1	0.035 273	0.009 079
矿区自然安全条件	F_{22}	0.1	0.035 164	0.009 051
员工的安全生产意识	F_9	0.1	0.034 09	0.008 775
机器设备的设计	F_{12}	0.1	0.033 803	0.008 701
工作地点有毒气体状况	F_{20}	0.1	0.032 785	0.008 439
工作地点温度状况	F_{16}	0.1	0.032 509	0.008 368
安全投入	F_6	0.1	0.032 168	0.008 28
员工的专业技能素质	F_7	0.1	0.031 776	0.008 179
工作地点湿度状况	F_{17}	0.1	0.031 46	0.008 098

续表 5-21

指标		变化量 ΔF_i	ΔC	Δp_C
员工的文化程度	F_8	0.1	0.030 34	0.007 809
工作地点粉尘状况	F_{18}	0.1	0.028 951	0.007 452
工作地点噪声状况	F_{19}	0.1	0.026 579	0.006 841
机器设备安全状况	F_{13}	0.1	0.025 834	0.006 649
机械设备自动化水平	F_{14}	0.1	0.023 123	0.005 952
员工的心理状况	F_{10}	0.1	0.022 649	0.005 83
安全防护装置状况	F_{15}	0.1	0.022 238	0.005 724
工作地点照明状况	F_{21}	0.1	0.022 183	0.005 71
员工的身体状况	F_{11}	0.1	0.018 834	0.004 848

5.5.5.2 多指标控制分析

单指标控制分析以一定的假设为前提，只能算出单一指标变化对系统安全性的影响大小，实际上在煤矿安全管理中要同时对多指标进行控制。因此，借助动态安全评价模型，可以分析几个指标值同时变化时系统安全性的变化情况。

1. 改变管理状况

加强煤矿安全管理，不仅要加强制度建设 F_2、安全文化建设 F_3，还要加强教育培训 F_4、加强煤矿的现场安全管理 F_5，提高制度的执行力度和奖罚力度，才能从根本上改善煤矿安全状况。下面将进一步分析这四个管理指标变化时系统安全性的变化情况。

表 5-22　　管理的指标分析表

	F_2	F_3	F_4	F_5	C	Δp_C
方案 1	10%	10%	10%	10%	3.994 9	0.028 2
方案 2	10%	10%	−10%	−10%	3.859 7	−0.006 5
方案 3	10%	10%	−20%	−20%	3.783 8	−0.026 1
方案 4	−20%	−20%	−20%	−20%	3.734 7	−0.038 7

由方案 1 和方案 4 可知，4 个指标都增加或减少时系统安全状态值会相应地改变；由方案 2 和方案 3 可知，如果只注重安全管理制度建设和安全

文化建设，而不加强执行力度，如不加强教育培训和现场安全管理，则系统安全状态值也会下降。

2. 改变人的状况

煤矿事故的发生主要是由人的原因引起的，将人的指标分为两类：一类包括员工专业技能素质 F_7 和文化程度 F_8；另一类包括员工安全生产意识 F_9、心理状况 F_{10} 和身体状况 F_{11}。

表 5-23　　人的指标分析表

	F_7	F_8	F_9	F_{10}	F_{11}	C	Δp_C
方案 1	10%	10%	10%	10%	10%	3.954 6	0.017 892
方案 2	10%	10%	−10%	−10%	−10%	3.869 6	−0.003 99
方案 3	10%	10%	−20%	−20%	−20%	3.816 2	−0.017 73
方案 4	10%	10%	−30%	−30%	−30%	3.787 6	−0.025 11
方案 5	−10%	−10%	10%	10%	10%	3.862 2	−0.005 88
方案 6	−10%	−10%	20%	20%	20%	3.851 9	−0.008 55
方案 7	−20%	−20%	20%	20%	20%	3.808 5	−0.019 73
方案 8	−10%	−10%	−10%	−10%	−10%	3.777 2	−0.027 77
方案 9	−20%	−20%	−20%	−20%	−20%	3.759 9	−0.032 22

由方案 1、8、9 可知，人的各指标都增加或减少时系统安全状态值会相应地改变；由方案 2、3、4 可知，员工的专业技能素质和文化程度指标值都增加，但是安全生产意识、心理状况和身体状况降低，系统安全状态值会降低；由方案 5、6、7 可知，在员工安全生产意识、心理状况和身体状况都提高的情况下降低员工专业技能素质和文化程度，系统安全状态值会降低。

以上分析说明煤矿企业不仅要严格教育培训，提高员工准入门槛，以提高员工的专业技能素质和文化程度，更要通过各种方式提高员工的安全生产意识，改善员工的心理状况和身体状况，以改善煤矿安全状况。

3. 改变机器状况

主要分析机器设备的安全状况 F_{13} 和安全防护装置状况 F_{15} 的变化时系统安全状态值的变化情况。

表 5-24　　　　机器的指标分析表

	F_{13}	F_{15}	C	Δp_C
方案 1	10%	10%	3.920 7	0.009 156
方案 2	−10%	−10%	3.835 7	−0.012 71
方案 3	−20%	−20%	3.805 5	−0.020 49
方案 4	−30%	−30%	3.786 9	−0.025 29

方案 1、2、3、4 说明当机器设备的安全状况 F_{13} 和安全防护装置状况 F_{15} 增加或减少时，系统的安全状态值相应地改变，要加强机器设备和安全防护装置的管理，防止因为机器设备安全状况差和安全防护装置状况差对人和环境造成不良影响。

4. 改变环境状况

环境的指标中，所有的指标都会对人的心理状况和身体状况产生影响，而温度状况和湿度状况又会对机器设备安全状态产生影响，因此，在设计方案时，将指标分为两部分：一类包括工作地点温度状况 F_{16}、湿度状况 F_{17}；另一类包括粉尘状况 F_{18}、噪声状况 F_{19}、有毒气体状况 F_{20} 和照明状况 F_{21}。

表 5-25　　　　环境的指标分析表

	F_{16}	F_{17}	F_{18}	F_{19}	F_{20}	F_{21}	C	Δp_C
方案 1	10%	10%	10%	10%	10%	10%	3.963 5	0.020 179
方案 2	10%	10%	0	0	0	0	3.936 6	0.013 262
方案 3	−10%	−10%	0	0	0	0	3.820 9	−0.016 52
方案 4	−20%	−20%	0	0	0	0	3.781 5	−0.026 66
方案 5	0	0	10%	10%	10%	10%	3.948	0.016 194
方案 6	0	0	−10%	−10%	−10%	−10%	3.782 6	−0.026 39
方案 7	0	0	−20%	−20%	−20%	−20%	3.763 1	−0.031 4
方案 8	−10%	−10%	−10%	−10%	−10%	−10%	3.745	−0.036 06
方案 9	−20%	−20%	−20%	−20%	−20%	−20%	3.712 5	−0.039 13

由方案 1、8、9 可知，环境的各指标都增加或减少时系统安全状态值会相应地改变；由方案 2、3、4 可知，如果工作地点温度状况、湿度状况都增加或减少，其他指标不变，系统安全状态值会相应改变；由方案 5、6、7 可知，如果工作地点温度状况、湿度状况不变，其他指标都增加或减少，系统安全状

态值会相应改变。

5. 综合分析

当管理、人、机器和环境子系统内指标都有一定变化幅度时，分析哪个子系统对系统安全性影响最大。

由表5-26可知，当各子系统内指标值同时增加10%时，管理的指标对系统安全状态值影响最大，幅度达到2.82%。其次是环境的指标，幅度为2.017 9%，说明要想提高安全状态值，首先应该加强管理，要加强制度和安全文化建设，还要加强教育培训和现场安全管理力度；其次应该努力改善环境质量；再次是改善人的状况，包括提高员工专业技能素质和文化程度，提高员工的安全生产意识、心理状况和身体状况，最后是改善机器设备状况。

表5-26　　子系统指标分析表

子系统	变化幅度	Δp_C	变化幅度	Δp_C	变化幅度	Δp_C
管理	10%	0.028 2	−10%	−0.031 12	−20%	−0.038 7
人	10%	0.0178 92	−10%	−0.027 77	−20%	−0.032 22
机器	10%	0.009 156	−10%	−0.012 71	−20%	−0.020 49
环境	10%	0.020 179	−10%	−0.036 06	−20%	−0.039 13

当各子系统内指标值同时减少10%和20%时，对系统安全状态值影响最大的是环境指标，环境状况变差，不仅影响机器设备的性能，还影响人的心理状况和身体状况，导致人的不安全行为和机器不安全状态的出现，从而更容易导致事故发生；其次是管理指标，管理状况变差，不仅影响员工的专业技能素质和安全生产意识，还可能会由于现场安全管理的执行不力而使员工麻痹大意等，从而导致人发生不安全行为和机器、环境出现不安全状态；再次是人的指标，人的状况变差时，容易发生不安全行为，直接或间接导致机器和环境出现不安全状态，从而导致事故发生。

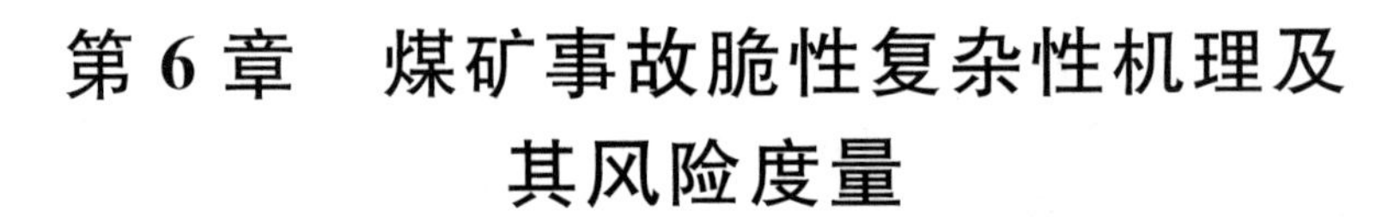

第6章　煤矿事故脆性复杂性机理及其风险度量

6.1　复杂系统脆性定义、特点及风险熵

6.1.1　复杂系统脆性定义

脆弱性(vulnerability)是由自然、社会、经济和环境因素及过程共同决定的系统对各种胁迫的易损性，是系统的内在属性。还可以认为是指客观物质体或系统承受外部作用或干扰下呈现出的有损自组织、自结构的状态或趋向。对于煤矿这一风险性非常高的复杂社会技术系统来说，系统的脆弱性表现得更加典型。基于此，国内学者直接将煤矿系统的这种属性称作脆性。脆性(brittleness)在字典中的定义：材料在外力作用下(如拉伸、冲击等)仅产生很小的变形即断裂破坏的性质。对于复杂系统来说，具有类似的属性。脆性作为复杂系统的一个重要特性，它随着系统的演化而发生变化。对于一个开放的复杂系统，当它的一个子系统发生扰动或遭受一定的冲击打击时，会使原来的有序状态被破坏，进而形成一种新的相对无序的状态，此时称该子系统崩溃。同时，由于该子系统会与其他子系统存在联系，交换物质和能量，因此它的崩溃会使其他与其交换物质和能量的子系统的有序状态遭到破坏，最后产生崩溃。以此类推，随着崩溃子系统数量的增多、层次的扩大，最终将导致整个复杂系统崩溃。我们把复杂系统所具有的这一特性称为“复杂系统的脆性”。脆性也可以看作是鲁棒性和韧性的反面。对于社会经济系统来说，系统的崩溃意味着系统生产、经济指标由原来的平衡态突然下降，如图6-1所示。崩溃后的系统恢复到新的平衡态需要一定的时间。

特别是对于一个复杂社会技术系统，由于系统自身的硬件与软件

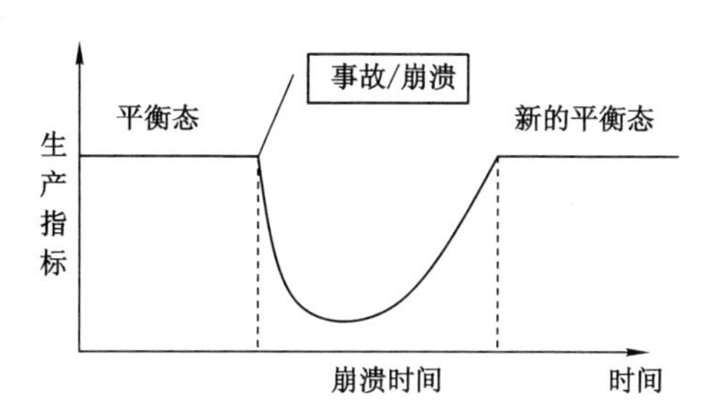

图 6-1 系统运行中的崩溃与恢复

存在固有的脆弱性以及相互联系，外界的干扰可能会使它的一个或多个子系统出现不可修复的功能性故障，故障的传播使整个系统无法正常工作，进而导致整个系统发生功能性故障或崩溃，这也是脆性作用的表现。对于复杂系统来说，熵是热力学领域中描述系统无序程度的物理量，可以用来描述复杂系统崩溃的过程，在这里也可以用来衡量复杂系统的脆性程度。

在本研究中，采用金鸿章等人对系统脆性定义的数学描述：

若复杂系统以若干个影响其主要功能的关键的子系统的状态向量 $x(t)=\{x_1(t),x_2(t),\cdots,x_n(t)\}$ 表示，$x_i(t)$ 为描述第 i 个子系统的状态向量。当系统正常运行时，存在集合 $K\subset R^n$，$\forall\ \|x_i(t)\|_2\in K,1\leqslant i\leqslant n$，$n\notin N,\forall\, t>0$；当系统规模层次增加时，需要更多的子系统状态向量来描述系统。若 $\exists\, n_0\notin N$，当 $n>n_0$ 时，存在干扰 $r(t)$，它作用于系统，使某一子系统 $\|x_i(t)\|_2\notin K$，存在 t_0 时刻，另一个子系统 $\|x_j(t)\|_2\notin K,j\neq i,1\leqslant j\leqslant n$，此时，复杂系统的脆性被激发，当 $t>t_0+T$ 时，T 为延迟时间，子系统的故障带来整个系统的崩溃。

一个复杂系统崩溃的形式有很多，例如某种功能或特性的丧失、衰变，系统连续功能的停止等。因此建立一个适用于所有系统的脆性定义很难，只能针对不同的崩溃形式进行不同的分析。为了研究的需要在这里只对脆性进行描述：

定义 6.1 对于一个复杂大系统 L_{ss}，若存在子系统 C_{st}，当受到外界扰动或内部剧变时，造成系统原有的正常状态丧失，导致系统被摧毁，由于系统之间的耦合作用和交互效应引起其他系统的破坏最终导致整个系统的崩溃，则系统 L_{ss} 具有的这一特性称之为脆性。

定义 6.2 对于任意一个子系统 C_{st}，其自治方程为：

$$C_{st}: X_t = f_i(X,t) \tag{6-1}$$

可以给出有序指标集 J,可根据不同情况确定 J,若在某一时刻 T,对该子系统的状态自治方程突然受到扰动或冲击 ϕ,使得自治方程产生变化 $\phi[fx(T)]\in J$,且对于任意 $x\in U_{\varphi}[x(T)]$,有 $\phi[fx(T)]\notin J$,则此时 C_{st} 处于崩溃边缘。进而,对于任意 $\Delta>0$,当 $t=T+\Delta$ 时子系统 C_{st} 崩溃,于是称 C_{st} 在 ϕ 作用下崩溃。其中 ϕ 为打击算子。

对于复杂系统中的另一个子系统 C_{sj},有:

$$C_{sj}: X_j = f_j(x_j,t) + g_{sj}(x,t) \tag{6-2}$$

其中令 $g_{sj}(x,t)$ 为关联项,那么该系统与其他系统之间的脆性关系就通过关联项来进行传导。不妨取 $\| g_{sj}(x,t) \|_2$ 表示关联项中的能量,它的大小直接体现子系统之间脆性作用的强弱。

定义 6.3 对于一个复杂的大系统 L_{ss},若存在子系统 C_{si} 在打击算子 ϕ 下崩溃,同时,存在 C_{sj} 的关联项,使 $g_{sj}(x,t)$ 在此打击下有:

$$\lim_{\substack{t\to\infty \\ \|x\|\to\infty}} \| g_{sj}(x,t) \|_2 \longrightarrow 0 \tag{6-3}$$

则称 C_{si} 为脆性源,C_{sj} 为脆性接受者。

定义 6.4 对于一个复杂的大系统 L_{ss},若存在子系统 C_{si} 崩溃,同时其 C_{si} 的关联项在 $g_{sj}(x,t)$ 的二范数 $\| g_{sj}(x,t) \|_2$,对于任意 $\varepsilon>0$,存在 T 及 $\delta>0$,使得在 $t>$T 时,任意满足 $\| x(t) \|<\delta$ 的 x,有:

$$\| g_{sj}(x,t) \|_2 < \delta \tag{6-4}$$

则称 C_{si} 为脆性源,C_{sj} 为脆性接受者。

定义 6.5 对于整个系统的任意子系统之间都存在算子 φ,则称系统 L_{ss} 具有脆性。

$$\dot{X} = f_1(X,t) \tag{6-5}$$

若在某一时刻存在算子 ϕ,使得 $\dot{X}=\phi[f_1(X,t)]$ 混沌,则称系统在 ϕ 打击下崩溃。

定义 6.6 若对于系统 C_1,C_2,有方程 $\dot{X}=f_i(X,t)$,$(i=1,2)$,存在可逆关联算子 φ 使得:

$$f_2(X,t) = \varphi[f_1(X,t)] \tag{6-6}$$

于是,当系统在 ϕ 打击下崩溃时,如果有 $\phi\varphi^{-1}[f_1(X,t)]$,此时,$C_2$ 也崩溃,则称 C_1 为脆性源,C_2 为脆性接受者。

从复杂系统脆性的定义中可以看出,脆性源是导致系统崩溃的诱因所

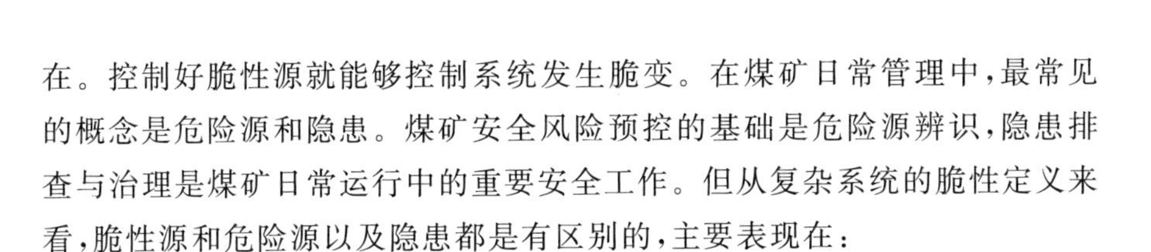

在。控制好脆性源就能够控制系统发生脆变。在煤矿日常管理中，最常见的概念是危险源和隐患。煤矿安全风险预控的基础是危险源辨识，隐患排查与治理是煤矿日常运行中的重要安全工作。但从复杂系统的脆性定义来看，脆性源和危险源以及隐患都是有区别的，主要表现在：

(1) 脆性源是指可能导致脆性系统崩溃的根源性因素。危险源(hazard)是指可能导致伤害或疾病、财产损失、工作环境破坏或这些情况组合的根源或状态。危险源的定义更强调造成损失和破坏的危险发生的更远的全面性。事故隐患(accident potential)被定义为可导致事故发生的物的危险状态、人的不安全行为及管理上的缺陷。从定义上来看，脆性源、危险源和隐患也是不同的，脆性源则更强调系统的脆性特点，或者也可以说，脆性源就是脆性危险源。

(2) 在煤矿事故当中，脆性源与煤矿重大瓦斯事故的关联性更大。因为脆性源的存在可能导致子系统乃至整个系统的崩溃。而危险源的发生带来的事故损失可能大也可能比较小。因此脆性源的识别与控制在煤矿重大瓦斯事故的预控中具有更重要的意义。

但从范畴上来讲，脆性源的概念应该属于危险源和隐患的范畴。也就是说，在煤矿安全管理中，脆性源是一种危险源或隐患，但并不是所有的危险源和隐患都是脆性源。判断一种危险源或隐患是不是脆性源，主要看它是不是会带来子系统或系统的崩溃。

6.1.2 复杂系统脆性特点

脆性是复杂系统的一个基本属性，始终伴随着复杂系统存在，并不会因为系统的进化或外界环境的变化而消失，只是在不同的复杂系统中，其脆性程度表现不同。越是健壮的系统，其发生脆性变化的可能性越小。通过对脆性系统脆性特点的分析，得到复杂系统脆性的如下一些特性：

1. 隐藏性

复杂系统的脆性虽然是客观存在的，但在平时并不表现出来，是不为人们所注意的。只有在受到一定强度的外部干扰作用时才表现出来，并且往往在导致事故之后才为人们所认知。在复杂系统内，脆性随时都可能被激发出来。随着系统的不断演进，脆性被激发的可能性也随之变化，系统的进化越趋于有序，它的脆性越易被激发，进而改变系统原有的有序状态。

2. 伴随性

脆性始终是复杂系统的一个属性，不会消失。仅当一定的外界激励或者干扰作用于复杂系统中的一部分（系统）时，并且在一定条件之下使之崩溃后，其他与这个崩溃的系统有脆性联系的系统，会因为伴随的脆性而发生崩溃。

3. 作用结果表现形式的多样性

由于开放的复杂系统自身的进化方式以及外界环境的复杂多变，因此系统的脆性组分的状态变化多端，激发脆性方式也多种多样，系统对脆性的忍受程度不同。因此，复杂系统的脆性被激发后，脆性使系统产生的损失可能大也可能小。

4. 作用结果的危害严重性

复杂系统的崩溃是从有序到无序、从正常的工作状态到混乱的工作状态的，系统的熵值是增加的。因此，复杂系统的脆性在一定的时间段内是有危害性的。尤其是安全高度相关的社会技术系统一旦崩溃，造成的后果十分严重。

5. 连锁性

当一个系统在干扰下崩溃，由于系统伴随的脆性，一个子系统或者交互相关的系统崩溃都会使与之脆性相关的其他系统相继崩溃。关联性越强的系统，越容易受到影响。

6. 延迟性

因为复杂巨系统具有开放性和自组织性，系统的机构也存在复杂性，所以当系统受到外力的突然打击时，它会尽力维持原有的状态，同时，脆性的传导可能需要时间。因此，从遭受外力到系统崩溃会有一段时间的延迟。

6.1.3 复杂系统脆性风险熵

脆性风险表示系统脆性被激发而突然崩溃的风险，它是由外部环境的风险事件的不确定性或者内部的扰动引起的。从系统角度看，对于一个确定要发生的事件，如果事件的发生不带来损失，则不存在任何风险；但若是脆性事件空间 $I=\{I_1,I_2,I_3,\cdots,I_n\}$ 中的脆性事件 $I_j(j=1,2,3,\cdots,n)$ 是以概率 $p_j(j=1,2,3,\cdots,n)(0\leqslant p_j\leqslant 1,\ \sum p_j=1)$ 出现的随机或服从某一概率分布的事件，且系统崩溃带来可能的损失，则可以判定系统的崩溃是否存

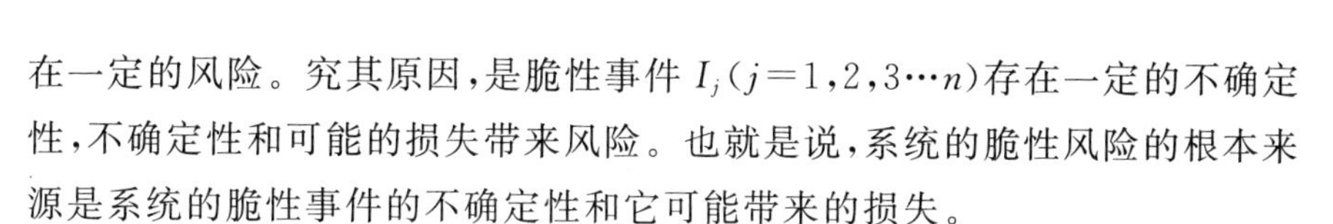

在一定的风险。究其原因，是脆性事件 $I_j(j=1,2,3\cdots n)$ 存在一定的不确定性，不确定性和可能的损失带来风险。也就是说，系统的脆性风险的根本来源是系统的脆性事件的不确定性和它可能带来的损失。

根据 Shannon 的理论，假设在样本空间系统 G 上有 n 个脆性事件 $I=\{I_1,I_2,I_3,\cdots,I_n\}$，$I_j(j=1,2,3,\cdots,n)$ 的发生概率为 $p_j(j=1,2,3,\cdots,n)$，则 $I_j(j=1,2,3,\cdots,n)$ 的不确定程度由函数(6-7)度量：

$$G(p_j)=-p_j\log p_j \tag{6-7}$$

其总体不确定程度由测度函数(6-8)度量：

$$G(p_1,p_2,\cdots,p_n\,|\,S_i)=-\sum_{j=1}^{n}-p_j\log p_j(i=1,2,\cdots,m;j=1,2,\cdots,n) \tag{6-8}$$

式(6-8)作为度量脆性事件集 $I=\{I_1,I_2,I_3,\cdots,I_n\}$ 的发生概率分布空间 $p_j(j=1,2,3,\cdots,n)$ 的总体测度函数。从总体意义上来说，脆性事件空间的每一个脆性事件都有一定的概率风险。

在以上的分析中，我们把系统 t 时刻的脆性事件看作系统运行中的信息源，但在实际情况中，系统脆性风险除了与脆性事件的分布信息有关外，还与脆性事件的结果分布有关。

假设在脆性事件 $I_j(j=1,2,3\cdots,n)$ 作用下系统 S_i 崩溃的概率为 P_j，则把 P_j 定义为脆性事件 I_j 对系统 S_i 的崩溃系数，把脆性事件的崩溃系数和其概率分布的归一化值定义为脆性事件的效用系数：

$$q_j=\frac{p_jP_j}{\sum_{j=1}^{n}p_jP_j}\quad 0\leqslant q_j\leqslant 1,\sum_{j=1}^{n}q_j=1\quad(j=1,2,\cdots,n) \tag{6-9}$$

把脆性事件的风险函数在效用系数空间的平均值定义为系统的脆性风险熵：

$$H(S)=H(P,p)=-\sum_{j=1}^{n}q_j\log p_j=-\sum_{j=1}^{n}\left(\frac{p_jP_j}{\sum p_jP_j}\right)\log p_j\quad(j=1,2\cdots,n) \tag{6-10}$$

复杂系统的脆性风险熵是其脆性风险大小的一个统计指标，它取决于系统的脆性事件的概率分布空间和其价值结果，即崩溃系数空间的总体结构，它符合总体测度函数的基本条件。脆性风险熵既体现了脆性的根本来源是脆性事件的不确定性，又可以代表其结果价值，即崩

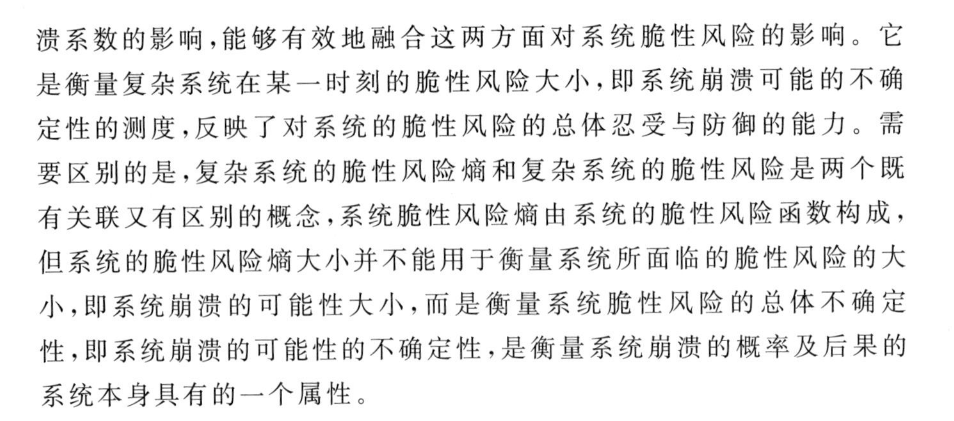
溃系数的影响，能够有效地融合这两方面对系统脆性风险的影响。它是衡量复杂系统在某一时刻的脆性风险大小，即系统崩溃可能的不确定性的测度，反映了对系统的脆性风险的总体忍受与防御的能力。需要区别的是，复杂系统的脆性风险熵和复杂系统的脆性风险是两个既有关联又有区别的概念，系统脆性风险熵由系统的脆性风险函数构成，但系统的脆性风险熵大小并不能用于衡量系统所面临的脆性风险的大小，即系统崩溃的可能性大小，而是衡量系统脆性风险的总体不确定性，即系统崩溃的可能性的不确定性，是衡量系统崩溃的概率及后果的系统本身具有的一个属性。

6.2 脆性联系、脆性结构与脆性过程

6.2.1 复杂系统脆性联系

如果在一个系统中存在两个子系统 X 和 Y，它们之间的脆性联系如图 6-2所示。如果子系统 X 崩溃，会带来子系统 Y 的崩溃；而子系统 Y 崩溃不会影响到子系统 X，则认为自子系统 X 与 Y 之间存在 X 到 Y 的单向的脆性联系。在一个系统中，设 X、Y、Z 三个子系统有如图 6-3～图 6-5 所示的脆性关联形式，则称具有如图所示的脆性关联形式的三个子系统构成的整体，为一个脆性基元。图 6-3 表示三个子系统之间的完全脆性联系的基元，在该种脆性结构中，任意一个子系统发生崩溃，都会影响另外两个子系统，该种脆性联系带来的系统脆性风险最大。图 6-4 表示的是三个子系统之间的双边脆性联系的基元，子系统 Y 和 Z 之间无直接的脆性联系，但是都与 X 有相互的脆性联系，Y 和 Z 的崩溃都会影响到系统 X。图 6-5 表示的是三个子系统之间的层次脆性联系基元。子系统 Y 发生崩溃，会影响子系统 Z 和 X，而子系统 Z 崩溃不会影响子系统 Y，两个系统崩溃都会影响子系统 X。子系统 X 位于子系统 Y 和 Z 的上一层。

图 6-2　子系统 X 与 Y 之间的脆性联系

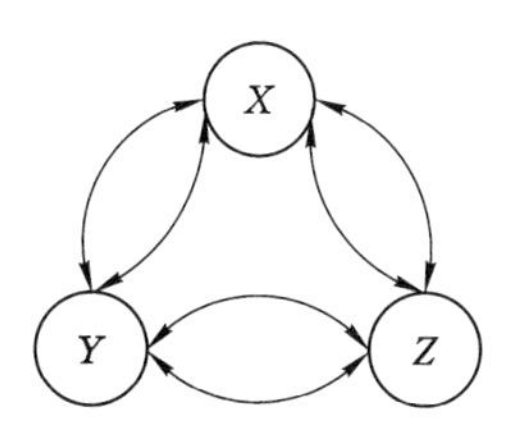

图 6-3 完全脆性联系

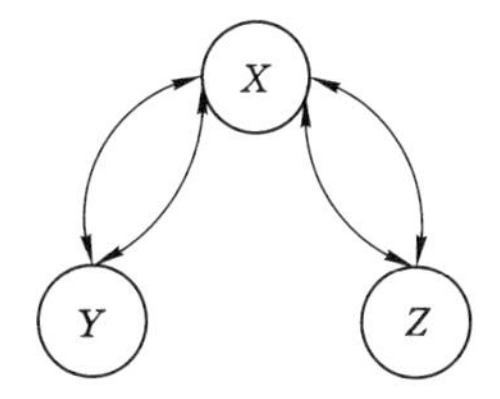

图 6-4 双边脆性联系

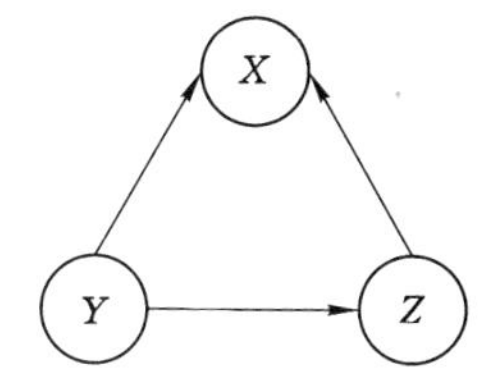

图 6-5 层次脆性联系

6.2.2 复杂系统脆性结构

系统所包含的脆性基元描述了系统中组分的基本脆性结构。脆性基元模型仅仅给出了子系统之间相互关联的状态和方式。系统的脆性被激发即系统崩溃一定存在内部或外部的某种诱因,这种诱因就是系统的脆性事件。脆性事件是由一个或多个脆性因素构成的,因素之间的连锁作用带来脆性事件的发生。在某一时刻脆性事件发生作用于系统上导致系统可能发生崩溃的事件,在某一时刻上全部脆性事件构成该时刻系统的脆性事件空间,使系统脆性被激发成为可能。脆性事件作用在系统结构上将导致脆性结果,带来系统的崩溃。前文提到,复杂系统的脆性过程是由脆性因素、脆性事件、脆性结构三要素组成。在脆性结构和脆性过程中,相应的脆性因素是基础条件,使脆性的传播成为可能,脆性事件为充分条件,脆性事件的发生导致系统或者子系统承受相应的脆性结果。脆性具有不确定性、普遍性、客观性、可变性、隐藏性、突发性等特点,其中不确定性、可变性是其主要属性,复杂系统的脆性结构模型是建立在可变性和不确定性作为主要特性的基础上的。

在以上分析的基础上,确定复杂系统的脆性结构的要素有脆性风险(系统崩溃风险)、系统结构、脆性事件、脆性因素。其中脆性因素可以进

一步分解为基本的脆性因子。可以认为，脆性因子就是系统发生脆性变化的脆性源。荣盘详等人提出，复杂系统的脆性结构模型是由脆性风险值（系统崩溃风险）、系统结构、脆性事件、脆性因子组成的四层结构。各个脆性因子（它们中某些可能具有某种关联）组成了系统的脆性事件（它们中的某些具有某种耦合关系），脆性事件以某种概率作用于系统上，通过系统内部各子系统的相互脆性关联，使系统脆性得以放大或减小，最后系统以一定的概率发生崩溃。其中，上层结构包括系统的脆性风险和系统的自身结构，就系统的脆性被激发过程而言，外在表现为系统自身的突然崩溃；下层结构中包括直接导致系统崩溃的脆性事件和包含于这些脆性事件中的脆性因子，是系统崩溃的深层次原因。复杂系统脆性结构模型如图 6-6 所示。

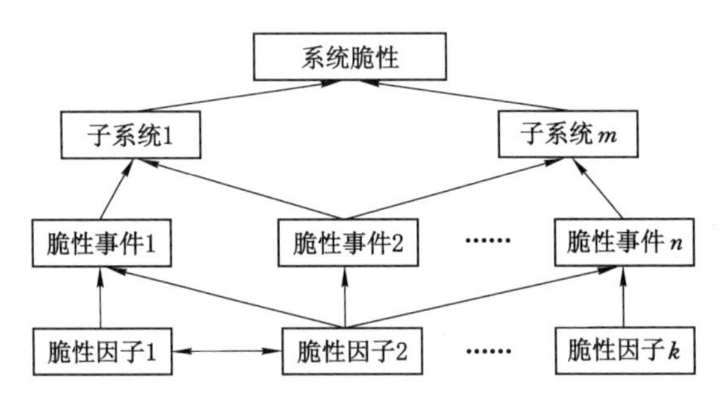

图 6-6　复杂系统脆性结构模型

在复杂系统的脆性结构模型中，底层结构模型是由系统的脆性事件和脆性因子组成的。脆性因子是根据系统内外部条件而辨析出来的导致系统脆性被激发的基本因素。脆性因子与脆性因子之间可能具有不同形式的关联，称之为脆性关联。

对于复杂系统的脆性因子，我们可以根据已经发生事故或未遂事故的相关历史数据，采用合适的分析和统计方法，如随机取样法（random sampling）、分层取样法（stratified sampling）、拉丁超立方取样法（latin hypercube sampling）等进行取样，然后采取不同分析方法建立模型，如情境分析方法（scenarios analysis）、德尔菲法等，也可以事件树、故障树等安全分析方法将脆性因子从系统中辨识出来。系统中的脆性因子又可以分为主要脆性因子和次要脆性因子。主要脆性因子是指那些出现概率较大的、与其他因子关联较紧的、危害程度较高的因子；次要脆性因子是指那

些出现概率较小的、与其他因子关联较松散的、危害程度较低的因子。脆性因子具有相对的稳定性，由于因子间的复杂联系，一个因子可以包含于多个不同的脆性事件中。也就是说一个脆性因子的改变能影响几个脆性事件。脆性事件中包含一个以上的脆性因子，是脆性因子作用于系统的媒介，构成系统的外部脆性环境。不同的脆性事件之间可能存在复杂的耦合关联，脆性事件具有多变性、不稳定性、可重复性、相互关联性等特性。在上层结构模型中，由系统的自身结构和系统的脆性风险共同构成，系统的自身结构不仅包括系统内部的各个子系统这一实体，还包括各个子系统之间的各种结构关联。各个子系统之间存在各种复杂的耦合关联结构。根据经验和实际分析结果，我们可以改变其中某些子系统的结构以及其中某些关联关系，从而有效降低系统发生脆性崩溃的风险。整个系统或子系统脆性风险是我们最关注的，它表现为整个复杂系统在某种条件下的崩溃风险。

6.2.3 复杂系统脆性致因过程

复杂系统的脆性过程描述的是复杂系统的各个子系统之间的作用方式以及最后造成的结果，根据对复杂系统研究的便利性，以某种划分方法将其划分为若干个子系统。这些子系统的运行状态利用各个事件来表征，也就是说某个子系统的崩溃是由于某些异常事件的发生而引起的。而这些事件的发生又与事件发生的影响因素有着一定的联系，这些必然因素在一定条件下会导致事件的发生。这些因素通常是由于系统在人、机器、环境、管理方面的缺陷所造成的。针对系统的层次和要素属性，对复杂系统脆性过程的分析从系统级、事件级、因素级三个级别进行分析。系统的脆性过程则是级别内部以及级别之间互相作用的结果，其中包括纵向作用与横向作用。纵向作用又包括从上往下、从下往上两种类型，具体的过程可以由金字塔以及倒金字塔模型表示；横向作用则主要是指级别内部的，其具体作用过程可以用多米诺骨牌模型表示。而在分析复杂系统的脆性过程中，发现大部分都是由横向与纵向共同作用的结果。可以根据级别内部以及它们之间的相互作用来表示系统的脆性过程，如图 6-7 所示。

若存在一些子系统，这些子系统组成一个集合，集合中的所有系统崩溃都能引起复杂系统崩溃，且不存在这个集合的任何子集所包含系统的崩溃能够引起整个复杂系统的崩溃，则这样的子系统集合称为关键子系统集。

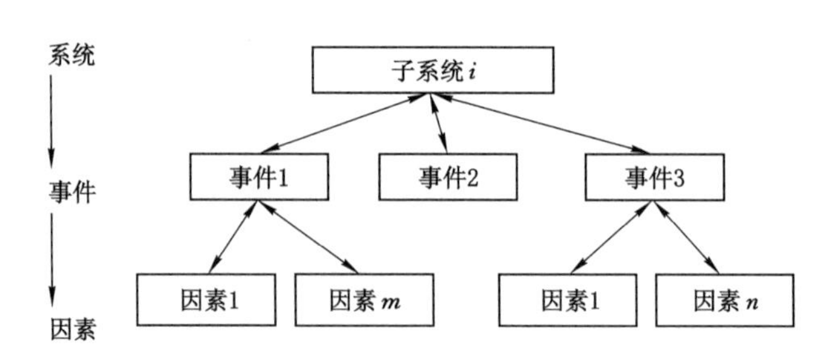

图 6-7　系统脆性过程分级

存在两种特殊的复杂系统：第一种是关键子系统集包含复杂系统的所有子系统；第二种是复杂系统中的任意一个子系统都为一个关键子系统集合。一般情况下，研究关键子系统集包含复杂系统所有子系统的情况。对于第二种特殊情况，由于任意一个子系统崩溃都标志着整个复杂系统的崩溃，内部并不存在脆性过程。而对于一般情况，也就是除了以上两种情况以外的情况，可以根据具体情况进行研究。

由关键子系统集所组成的集合称为关键子系统类。对于煤矿事故系统来说，关键子系统类包括煤矿重大瓦斯爆炸关键子系统集、煤矿重大透水事故关键子系统集等。

复杂系统的脆性致因过程就是关键子系统集的存在构成了脆性发生的要素和空间；系统的要素和子系统之间的脆性关联构成了脆性基元，也形成了系统脆性传导的路径。系统中的脆性源被激发以后，脆性事件就发生，通过事件之间的脆性联系进行传播，最终引起所在子系统的变化，这个变化是一个系统熵增大的过程，最终导致的结果是整个系统的崩溃。

在煤矿事故的脆性突变过程中，由于脆性源受到干扰或激发，使得煤矿系统迅速由低风险、无事故的状态直接发展成为高风险的事故状态（见图 6-8）。则这样的脆性关键子系统集合必须被重点控制。

在煤矿安全系统管理上，可以通过分析复杂系统崩溃过程中各个层次之间的具体关系，从而有助于更好地控制复杂系统，防止其崩溃。煤矿系统关键脆性集合决定了系统脆性被激发的可能方式，脆性关键集合越大，则系统的脆性越容易被激发。因此，防范事故的发生不仅要切断事故发生过程的因果链，更需要从系统的设计和管理上减少导致事故发生的因素集合和事件集合。

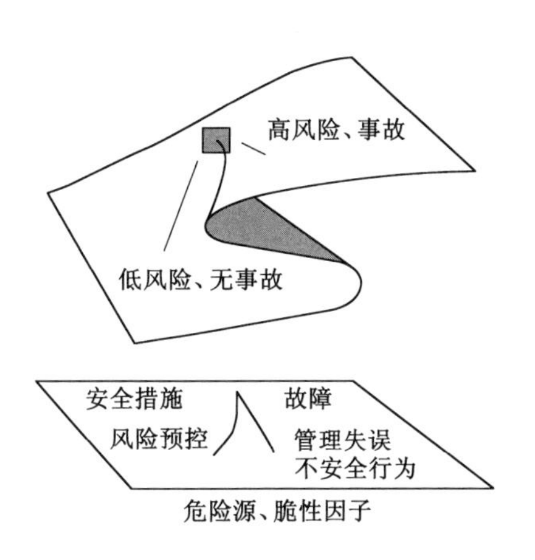

图 6-8　煤矿事故脆性突变模型

6.2.4　煤矿重大瓦斯事故脆性分析

作为一个具有典型脆性的社会技术系统，煤矿安全生产系统及其子系统具有非常明显的系统脆性。煤矿中许多事故的发生是系统脆性被激发的过程，如瓦斯事故、水灾事故等。

2009 年 2 月 22 日 2 时 20 分，山西某煤矿的南四采区发生特别重大瓦斯爆炸事故。通过事故现场初步勘查和分析，这起特别重大瓦斯爆炸事故波及该矿整个南四采区，该采区 12403 工作面区域破坏严重，瓦斯抽采管路断裂，密闭墙、风桥以及采区变电所等破坏严重(见图 6-9)。当班下井 436 人，其中 358 人生还，事故造成 78 人死亡、114 人受伤(其中重伤 5 人)。该矿核定生产能力 500 万 t/a，采用立井、斜井联合开拓、分区独立通风方式，属高瓦斯矿井，煤层相对瓦斯涌出量 33.58 m^3/t。

1. 瓦斯积聚的原因分析

如图 6-10 所示，12403 采煤工作面 1 号联络巷布置在煤层中。该工作面绝对瓦斯涌出量为 37.77 m^3/min，原来属于密闭状态，2 月 5 日安装风机时才打开，表明该联络巷煤壁有大量瓦斯涌出。该联络巷长约 37 m，局部通风机安装在联络巷内，受通风机吸风影响，联络巷风机吸风口到调节风窗压差小、通风量少，约 25 m 长的巷道处于微风或无风状态，瓦斯易于积聚。此外，该巷道为倾斜巷道，开关放置在联络巷的背风侧，是瓦斯易于积聚的场所。这些原因造成了瓦斯积聚，使其逐渐达到爆炸范围。

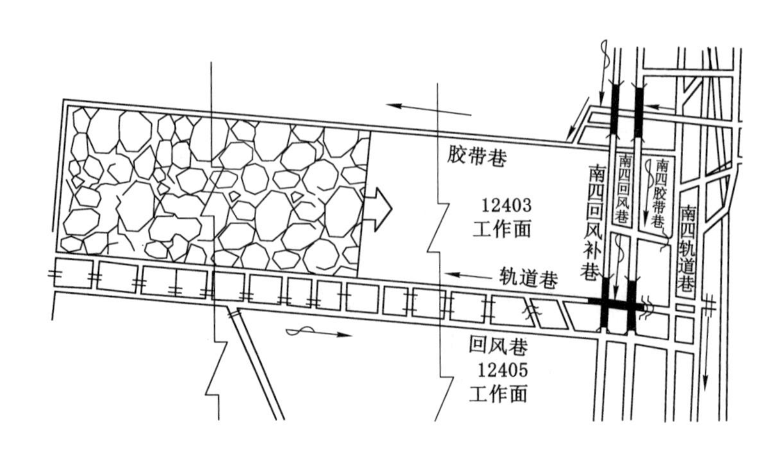

图 6-9　该煤矿 12403 工作面

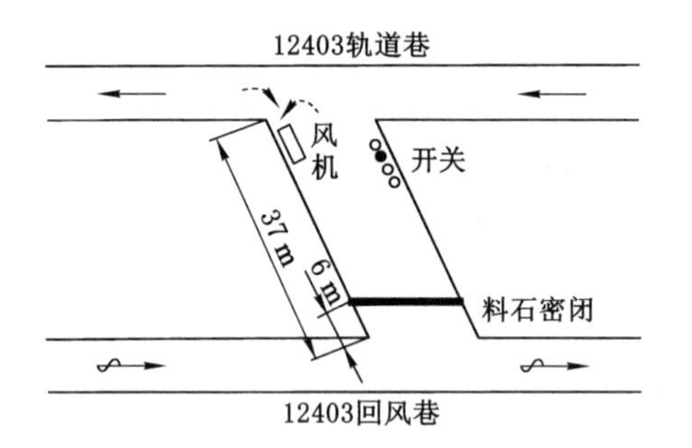

图 6-10　12403 工作面 1 号联络巷

2. 事故原因分析

事后现场勘查发现，事故的直接原因是联络巷内的开关发生失爆进而引起火花，引爆巷道内的瓦斯，爆炸破坏瓦斯抽采管路，管路内瓦斯参与爆炸并沿着瓦斯抽采管路传爆，最终酿成特大事故。进一步分析得出事故发生的具体原因有：

(1) 1 号联络巷微风、无风是造成瓦斯积聚的主要原因。

(2) 开关失爆是引起瓦斯爆炸的火源。

(3) 按照《煤矿安全规程》规定，开关等电气设备应设置在全风压进风处，若不能满足，应设置甲烷传感器。该煤矿 4 台电气开关设置在微风、无风的 12403 工作面 1 号联络巷，既没有设置甲烷传感器，也没有安排瓦斯检查工定时检查瓦斯。

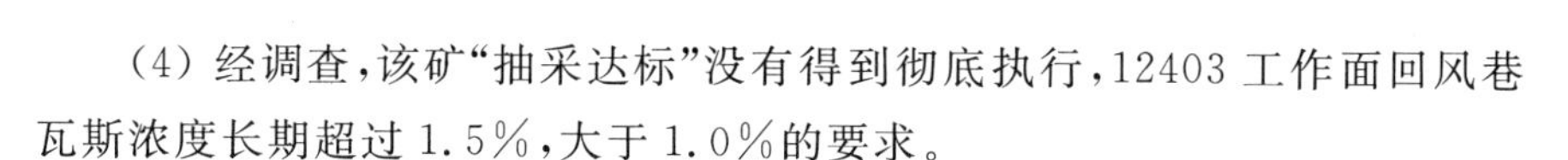

(4) 经调查,该矿“抽采达标”没有得到彻底执行,12403 工作面回风巷瓦斯浓度长期超过 1.5%,大于 1.0%的要求。

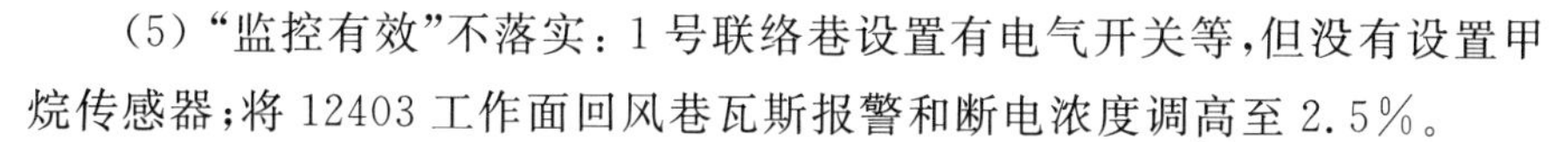

(5)“监控有效”不落实:1 号联络巷设置有电气开关等,但没有设置甲烷传感器;将 12403 工作面回风巷瓦斯报警和断电浓度调高至 2.5%。

该煤矿安全监控系统中间环节多,信息传递过程过于复杂。事故前,瓦斯监测数据多次中断。根据设计规定,瓦斯监控系统的正确做法是传感器—分站—传输接口—主机;该煤矿的做法是传感器—分站—井下交换机—地面交换机—主机。信息传递环节的增多延长了信息时间,可能导致信息失真。

3. 管理缺陷分析

从管理上说,事故反映出该采区存在通风管理不到位、瓦斯治理不彻底、现场管理不严格、安全措施不落实等问题。这些问题充分暴露该矿的安全管理缺陷。具体分析如下:

(1) 现场管理不严格。该矿将风机从 12403 工作面 10 号联络巷移动到 1 号联络巷,联络巷长度由 20 m 增加到 37 m、密闭由板壁变为料石墙壁、联络巷与轨道巷垂直改为锐角交叉,没有根据风机位置等环境变化采取相应措施。

(2) 该矿违反《煤矿安全规程》和设计规定,将风机安放在联络巷里。安装风机和开关后,只在风机吸风口处检查瓦斯,未检查开关电器附近瓦斯。

(3) 生产系统过于集中。该矿在南四盘区有采煤、掘进、开拓等 6 个施工队伍,布置有生产、准备、接替 3 个采煤工作面、5 个掘进工作面。工作面通风系统不独立。

(4) 瓦斯治理不彻底,留有死角。该矿虽然采取了瓦斯预先抽采、边采边抽和采空区抽采等一系列措施,但工作面上隅角和回风巷里甲烷浓度依然较高,时常在 1.5%以上,说明瓦斯抽采没有达标,通风能力还明显不足,瓦斯治理不够彻底。

该煤矿一度被认为是安全管理基础较好的矿井,且连续多年实现安全生产无事故,但由于在细节管理上出现漏洞,安全措施不到位,结果发生了重大事故。从这起事故可以看出,作为高危行业,即使煤矿设备再先进,现代化程度再高,如果管理出现漏洞,细节的疏忽也能够造成非常严重的后果。这起事故的爆炸威力非常大,但该矿加强了防尘工作,隔爆水袋起到作

用,比较幸运的是煤尘没有参与爆炸,否则后果将更加严重。

从脆性理论来看,该矿这起瓦斯爆炸事故就是瓦斯积聚在一定条件下击穿煤矿系统的安全边界,失爆的电气设备火源触发,导致煤矿系统崩溃。初步脆性分析如下:

(1) 风机安装在不合理的位置属于系统中脆性因子,客观上造成了脆性源的产生;瓦斯的积聚使得系统崩溃的脆性风险增加。

(2) 开关设备的不防爆导致系统中另一处脆性源的存在,使系统的脆性风险增加。设备的失爆使得脆性源被激发,引起瓦斯爆炸,导致系统崩溃。

(3) 没有设置甲烷传感器,也没有安排瓦斯检查工定时检查瓦斯,“抽采达标”没有得到彻底执行,使得系统的技术和管理防御失效。

(4) 工作面通风系统不独立使得工作面之间存在脆性关联,形成了脆性风险传导的可能。

(5) 其中开关设备的失爆在瓦斯浓度达到极限时发生瓦斯爆炸,爆炸的传导使得系统的脆性被激发,脆性风险转化为脆性事件,最终导致煤矿生产系统的崩溃,破坏系统原来的有序状态,造成人员伤亡和财产损失。

6.3 基于故障树的煤矿事故系统脆性分析

6.3.1 故障树基本概念及分析方法

故障树分析(fault tree analysis,FTA),又称事故树分析,是安全系统工程中常用的一种分析方法。1961 年,美国贝尔电话研究所的维森(H. A. Watson)首创了 FTA 并应用于研究民兵式导弹发射控制系统的安全性评价中,用它来预测导弹发射的随机故障概率。接着,美国波音飞机公司的哈斯尔(Hassle)等人对这个方法又作了重大改进,并采用电子计算机进行辅助分析和计算。1974 年,美国原子能委员会应用 FTA 对商用核电站进行了风险评价,发表了拉斯姆森报告,引起世界各国的关注。目前事故树分析法已从宇航、核工业进入一般电子、电力、化工、机械、交通等领域,它可以进行故障诊断,分析系统的薄弱环节,指导系统的安全运行和维修,实现系统的优化设计。

故障树分析是一种利用布尔逻辑(又称布尔代数)符号演绎的表示特定

故障事件(或事故)发生原因及其逻辑关系的逻辑树图。它是从一个可能的事故开始一层一层地逐步寻找引起事故发生的事件、直接原因和间接原因,并分析这些事故原因之间的相互逻辑关系。因其形状像一棵倒置的树,并且其中的事件一般都是故障事件,故而得名。故障树的基本术语、常用事件符号(图 4-5)及事故树的逻辑门符号(图 4-6)见 4.4.1 章节。

6.3.2 故障树最小割集和最小径集

故障树的最小割集和最小径集的相关内容已在 4.4.3 章节中详细叙述,此处不再赘述。

6.3.3 故障树基本事件的结构重要度

故障树基本事件的结构重要度的相关内容已在 4.4.4 章节中详细叙述,此处不再赘述。

6.3.4 故障树的建立程序

故障树分析虽然根据对象系统的性质、分析目的的不同,分析的程序也不同。但是,一般都有下面的几个基本程序。有时,使用者还可根据实际需要和要求,来确定分析程序。

(1) 熟悉事故发生的系统。要求了解系统的工作程序、运行状况、事故发生的条件及事故发生后造成的结果。必要时画出系统的工艺流程图和事故发生过程的因果关系图。

(2) 调查事故。在对本部门、本企业乃至本行业历史上发生的事故进行分析的基础上,尽量广泛地研究所能设想到的事故,已经发生的事故和可能发生的事故都要列出来。

(3) 确定顶上事件。顶上事件就是要研究的对象,即发生事故导致伤害和损失的事件。

(4) 确定目标。对调查所得的事故资料进行归纳、统计分析,得到事故发生的概率,然后分析事故的严重程度,确定要控制的事故发生概率的目标值。

(5) 调查原因事件。调查与事故发生事件有关的所有直接原因和间接原因,包括人员行为、机器设备缺陷和故障、环境的不安全状态以及管理上的缺陷等。

(6) 绘制事故树。在上述分析的基础上，从顶上事件起进行演绎分析，逐级往下找出导致上层事件发生的所有直接原因事件，直到满足所要分析的要求，将这些事件按照其逻辑关系，得到事故树。

(7) 定性分析。对得到的事故树结构进行修改与简化，求出事故的最小割集和最小径集，确定各基本事件的结构重要度排序。

(8) 计算顶上事件发生概率。首先根据所调查的情况和资料，确定所有基本事件的发生概率，根据这些基本事件的概率，求出顶上事件的发生概率，即事故发生的概率。

(9) 进行比较。将事故树与现实系统进行比较，判断原因是否齐全、基本事件之间的逻辑关系是否清楚。根据得出的事故树分析导致事故的直接原因和间接原因的特点和在事故预防中的作用，制定出预防事故的措施。

对事故树的分析包括定性分析和定量分析，定性分析和定量分析主要包括下列三个方面的内容：

(1) 当事故发生概率超过预定的目标值时，要研究降低事故发生概率的所有可能措施，可从最小割集着手，从中选出最佳方案。

(2) 利用最小径集，找出根除事故的可能性措施，从中选出预防事故的最佳方案。

(3) 求各基本原因事件的临界重要度系数，从而对需要治理的原因事件按临界重要度系数进行大小排序，或编出安全检查表，加强对事故的预防、管理与控制。

6.3.5 煤矿重大瓦斯爆炸事故树

1. 煤矿重大瓦斯爆炸原因分析

根据煤矿瓦斯爆炸事故的三个条件，分析导致瓦斯爆炸事故的顶上事件和中间事件，基本事件之间的直接和间接关系，得出瓦斯爆炸事故树如图 6-11所示。

针对得到的事故树中瓦斯事故发生的原因，统计分析《中国煤矿事故暨专家点评集 上》中 1990～1999 年煤矿重大瓦斯事故直接原因中导致瓦斯积聚的原因如表 6-1 所列，导致瓦斯事故火源的原因如表 6-2 所列。在统计的 254 起瓦斯爆炸事故中，发生在采煤工作面的占 45.67%、掘进工作面的占 33.47%，发生在巷道冒顶区域和硐室盲巷的占 20.86%。这说明采煤工作面和掘进工作面是瓦斯事故发生的主要场所。

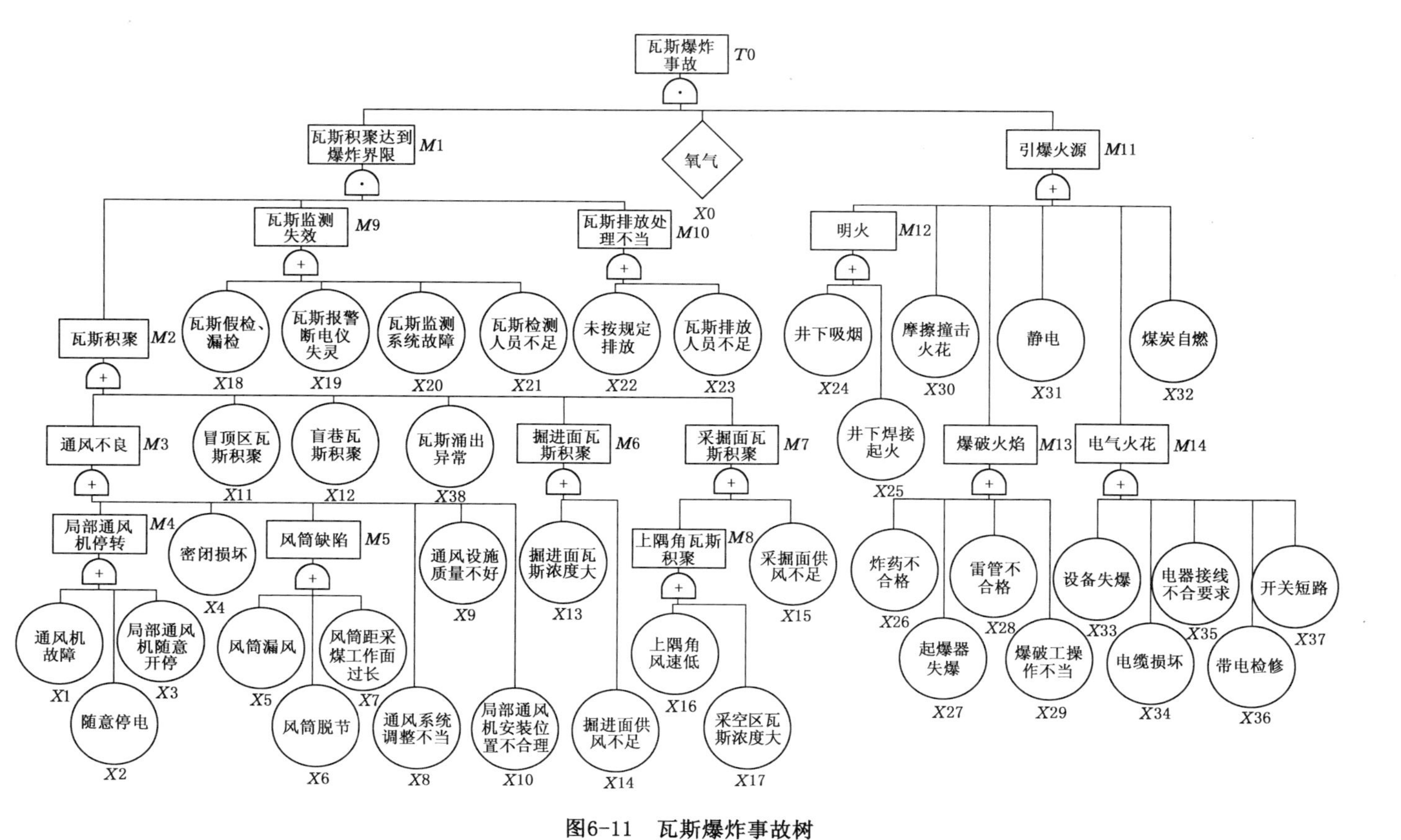

图6-11　瓦斯爆炸事故树

从表6-1和6-2的统计数据中可以看出，在我国已发生的煤矿重大瓦斯事故致因因素中，瓦斯积聚引起事故的比例要远大于瓦斯异常涌出所造成的事故比例。煤矿事故常见的事故致因因素的贡献占了较大的比例，绝大多数导致瓦斯事故的原因直接与人员的不安全行为相关，同时存在众多的组织管理缺陷，也充分暴露出我国煤矿对于重大瓦斯事故的管理能力薄弱。

表6-1　　　　瓦斯事故中瓦斯积聚原因统计

原因分类	发生地点	次数	百分比
冒顶区瓦斯积聚	巷道冒顶区域	20	7.87%
盲巷瓦斯积聚	盲巷	15	5.91%
采煤工作面供风不足	采煤工作面	88	34.65%
通风机安装位置不对	掘进工作面	13	5.12%
瓦斯涌出异常	掘进工作面	22	8.66%
瓦斯监测系统故障	采煤工作面	1	0.39%
瓦斯假检、漏检	巷道冒顶区域	13	5.12%
上隅角风速低	掘进工作面	2	0.79%
风筒漏风	采煤工作面	20	7.87%
密闭损坏	硐室	5	1.97%
风筒距采煤工作面过长	采煤工作面	7	2.76%
局部通风机随意开停	掘进工作面	48	18.90%

通风系统是预防煤矿瓦斯事故的关键，从瓦斯积聚原因的统计数据来看，工作面供风不足是导致瓦斯积聚发生瓦斯事故的最主要原因。通风机的随意开、停以及安装位置的不合理也占有较大的比例。在煤矿作业环境中存在几个容易导致瓦斯积聚的地方，即冒顶区、盲巷、上隅角和密闭硐室。

表6-2　　　　瓦斯事故火源原因分类统计

分类	原因	次数	百分比
爆破火源	爆破工操作不当	63	24.80%
	雷管不合格	4	1.57%

续表 6-2

分类	原因	次数	百分比
电火花	设备失爆	54	21.26%
	带电检修	42	16.54%
	电缆损坏	26	10.24%
	摩擦撞击火花	25	9.84%
	静电	6	2.36%
其他	井下吸烟	25	9.84%
	井下焊接起火	1	0.39%
	煤炭自燃	8	3.15%

在瓦斯事故火源原因分类统计中，机电设备系统所产生的电火花所占引爆火源的比例最大，占到一半左右。说明煤矿机器设备和电气系统的管理在煤矿瓦斯事故预防中占有极其重要的地位。在煤矿的井下空间中，机器设备和电气线路几乎无处不在，煤矿的安全生产不仅要求机电系统具有高的可靠性，更要具有高的安全性。

在由爆破原因造成的引爆火源中，爆破工操作不当原因占有绝对的比例。通过对煤矿事故的案例分析可以发现，类似这样的事故背后都存在着严重的“三违”行为。这也从侧面说明在这些煤矿中，煤矿工人和煤矿管理者对于国家煤矿安全生产规程的执行力度不够，煤矿在管理方面存在着重大的问题。

2. 最小径集

此事故树的最小径集是：P_1=｛X1 X13 X16 X11 X12 X38 X14 X15 X5 X4 X8 X9 X10 X17 X6 X7 X2 X3｝。

事件名称是：通风机故障；掘进面瓦斯浓度大；上隅角风速低；冒顶区瓦斯积聚；盲巷瓦斯积聚；瓦斯涌出异常；掘进面供风不足；采掘面供风不足；风筒漏风；密闭损坏；通风系统调整不当；通风设施质量不好；局部通风机安装位置不合理；采空区瓦斯浓度大；风筒脱节；风筒距采煤工作面过长；随意停电；局部通风机随意开停。

P_2=｛X24 X26 X33 X30 X31 X32 X27 X28 X29 X34 X35 X36 X37 X25｝。

事件名称是：井下吸烟；炸药不合格；设备失爆；摩擦撞击火花；静电；煤炭自燃；起爆器失爆；雷管不合格；爆破工操作不当；电缆损坏；电器接线不合要求；带电检修；开关短路；井下焊接起火。

$P_3=\{X0\}$。

事件名称是：氧气。

$P_4=\{X18\ X19\ X20\ X21\}$。

事件名称是：瓦斯假检、漏检；瓦斯报警断电仪失灵；瓦斯监测系统故障；瓦斯检测人员不足。

$P_5=\{X22\ X23\}$。

事件名称是：未按规定排放；瓦斯排放人员不足。

3. 结构重要度分析

采用布尔代数方法，图 6-11 瓦斯爆炸事故树最小割集的求解过程如下：

$$
\begin{aligned}
T0 &= M1X0M11 \\
&= (M2M9M10)X0M11 \\
&= [(X1+X2+X3+\cdots+X17+X38)(X18+X19+X20+X21) \\
&\quad (X22+X23)]X0M11 \\
&= (X1+X2+X3+\cdots+X17+X38)(X18+X19+X20+X21) \\
&\quad (X22+X23)X0(X24+X25+\cdots+X37)
\end{aligned}
\tag{6-11}
$$

通过分解上式即可求出最小割集如下：

$$
\begin{array}{ll}
C_1=\{X1,X18,X22,X0,X24\} & C_2=\{X1,X18,X22,X0,X25\} \\
C_3=\{X1,X18,X22,X0,X26\} & C_4=\{X1,X18,X22,X0,X27\} \\
C_5=\{X1,X18,X22,X0,X28\} & C_6=\{X1,X18,X22,X0,X29\} \\
C_7=\{X1,X18,X22,X0,X30\} & C_8=\{X1,X18,X22,X0,X31\} \\
C_9=\{X1,X18,X22,X0,X32\} & C_{10}=\{X1,X18,X22,X0,X33\} \\
C_{11}=\{X1,X18,X22,X0,X34\} & C_{12}=\{X1,X18,X22,X0,X35\} \\
C_{13}=\{X1,X18,X22,X0,X36\} & C_{14}=\{X1,X18,X22,X0,X37\} \\
\cdots\cdots & C_{2016}=\{X38,X21,X23,X0,X37\}
\end{array}
\tag{6-12}
$$

根据重要度计算公式：

$$I_\varphi(i) = \frac{1}{k}\sum_{j=1}^{m}\frac{1}{R_j} \tag{6-13}$$

可以得到各基本事件的重要度为：

$$\begin{aligned}
&I_\varphi(0)=0.2\\
&I_\varphi(1)=I_\varphi(2)=\cdots=I_\varphi(17)=I_\varphi(38)=0.011\ 1\\
&I_\varphi(18)=I_\varphi(19)=I_\varphi(20)=I_\varphi(21)=0.05\\
&I_\varphi(22)=I_\varphi(23)=0.1\\
&I_\varphi(24)=I_\varphi(25)=I_\varphi(26)=\cdots=I_\varphi(37)=0.014\ 3
\end{aligned} \tag{6-14}$$

重要度排序为：

$$\begin{aligned}
&I_\varphi(0)>I_\varphi(22)=I_\varphi(23)>I_\varphi(18)=I_\varphi(19)=I_\varphi(20)=\\
&I_\varphi(21)>I_\varphi(24)=I_\varphi(25)=I_\varphi(26)=\cdots=I_\varphi(37)>\\
&I_\varphi(1)=I_\varphi(2)=\cdots=I_\varphi(17)=I_\varphi(38)
\end{aligned} \tag{6-15}$$

根据重要度排序结果显示，在瓦斯爆炸事故树中，对瓦斯爆炸影响最大的事件是未按规定排放瓦斯以及瓦斯排放人员不足，其次为瓦斯假检和漏检、瓦斯报警断电仪失灵、瓦斯监测系统故障及瓦斯检测人员不足。

4. 结果分析

(1) 由事故树中基本事件的统计可见，或门个数占 87.5%，说明单个事件发生并产生结果的可能性很大，而与门个数占 12.5%，说明只有少数基本事件同时发生才产生结果，因此，认为系统的危险性很大。

(2) 从最小割集来看，共有 154 组，表明导致顶上事件发生有 154 种可能途径，如果其中任一最小割集的元素全部发生，则可造成顶上事件的发生。

(3) 依靠求出的顶上事件发生概率，通过安全评价和决策，如果超过预定的安全标准，说明有事故发生的危险，则必须采取适当的措施，使其降至安全数值以下。

(4) 结构重要度的大小，说明了各基本事件在系统中所占的地位和重要程度，结合客观实际，抓住主要矛盾，即可制定出有效可行的预防措施。

(5) 从求出的两组最小径集可见，只要使任一最小径集不发生，则事故就不发生，利用最小径集可制定出预防和控制事故发生的对策，同时不放过任何一个基本事件发生的可能性，制定出预防事故的对策。

6.3.6 煤矿重大瓦斯事故的脆性致因结构分析

从重大瓦斯事故树中可以看出，煤矿重大瓦斯事故的原因几乎涉及煤矿生产过程方方面面的因素。从子系统的要素性质来看,涉及人员子系统、机器设备子系统、环境子系统以及管理子系统。从煤矿子系统的功能属性来看,涉及采煤、掘进、机电、通风、运输等子系统。以通风子系统和机电子系统为例,该子系统的脆性结构如图 6-12 所示。

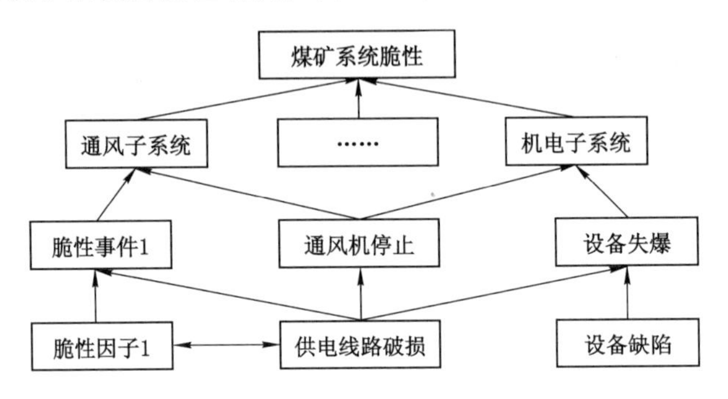

图 6-12　煤矿重大瓦斯系统脆性结构

根据事故树结构重要度分析的结果,以基本事件作为系统崩溃的脆性事件。得到煤矿重大瓦斯事故的脆性事件包括:未按规定排放瓦斯以及瓦斯排放人员不足,瓦斯假检、漏检,瓦斯报警断电仪失灵,瓦斯监测系统故障和瓦斯检测人员不足等。由于系统功能的需要或者系统固有的属性,关键脆性因子之间可能存在单向的、双向的或传递的可达脆性联系,脆性联系的存在往往成为脆性被激发的传导路径。如图 6-12 所示,供电线路破损,可能导致机电设备失爆,影响机电子系统,造成机电子系统的故障。同时,供电线路问题可能导致局部通风机的停止,带来工作面或巷道瓦斯的积聚,进而造成瓦斯爆炸事故的风险。

对可能诱发脆性时间的因素进行分析,就可以辨识出脆性因子。如导致供电线路破损的因素有线路本身的质量不合格、煤炭采掘作业过程中人员或设备对供电线路造成破坏、没有定期检查和维护等。根据脆性因子在煤矿生产过程中出现的概率大小和可能造成的后果,可以确定脆性因子的重要性程度,以便制定相应的措施进行管理与控制。

分析煤矿的事故致因过程,应该研究系统的脆性因子之间的脆性联系,探讨因子之间的脆性关联带来的事故发生的风险。根据前文可知,系统的要素是相互联系、相互影响的。如果系统中脆性因子之间的关联在系统中发挥功能作用,按照脆性因子之间的功能关联以及关联带来的脆性风险,可以将煤矿事故致因结构中关联关系分为两类,如表 6-3 所列。

表 6-3　　　　关联类型及管理措施

功能关联	脆性关联	管理措施
无	无	无
有	无	不需要
有	有	控制
无	有	消除

如果两个因子之间既不存在功能关联也不存在脆性关联，则这样的因子无须管理与控制；如果两个因子之间存在功能关联但不存在脆性关联，这样的因子也无须管理与控制；如果两个因子之间存在功能关联也存在脆性关联，则需要去控制；如果两个因子之间存在脆性关联，但不存在功能关联，则这样的脆性关联可以考虑消除。

在煤矿重大瓦斯事故的致因结构中，脆性因子和脆性事件之间的联系越多，说明事故脆性传导的路径越多，也说明脆性因子或脆性事件如果被激发，导致的脆性传递的速度越快，系统发生重大瓦斯事故的脆性风险熵也就越大。此外，重大瓦斯事故致因的路径越长，则可能设置的技术和管理防御越多。从技术和管理上有效地设置防御，可阻断脆性风险的传导。

6.4　煤矿内部子系统脆性关联实证分析

6.4.1　煤矿系统内部子系统划分及指标确立

从以上分析可知，煤矿开采是一个综合性的工程技术行业，涉及地质、采矿、通风、运输、安全、机电和电气、爆破、环境保护及企业管理等多方面的专业知识，与其他行业相比，采掘业劳动强度大，作业环境差，不安全因素多，工作场所及工作本身都具有一定的危险性。井下生产工作空间狭窄，有毒有害气体、煤尘、火灾、水灾、顶板事故、井下爆破、机电设备等都直接对煤矿安全构成冲击，威胁矿工的生命安全和健康。尽管事故发生的原因不尽相同，事故种类各式各样，事故发生后的损失也千差万别，但每一次事故的发生无不关联着人的不安全行为、物的不安全状态以及组织管理缺陷等因素，正是因为这些因素的不正常运作而导致煤矿安全系统发生损害，且当造成的损害程度超过系统所能承

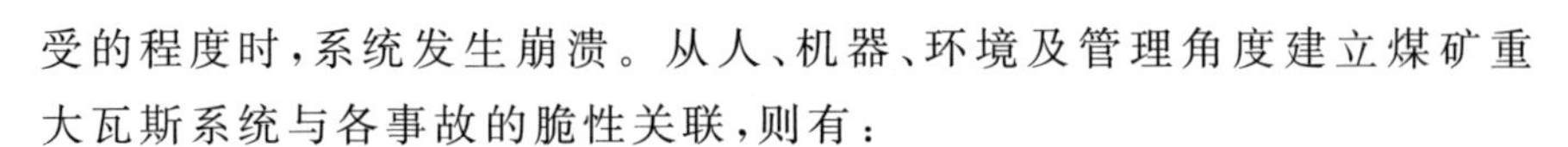

受的程度时，系统发生崩溃。从人、机器、环境及管理角度建立煤矿重大瓦斯系统与各事故的脆性关联，则有：

$$S=\{S1,S2,S3,S4\}$$

6.4.1.1　人员子系统

作为社会经济系统中的微观主体和基本元素，人的行动既直接受物质或经济利益驱动，又明显表现出受非物质利益或心理因素影响的精神特征。人类活动中微观主体的行动状态、规则所呈现出主体性（意识性）、差异性、交互性和多变性等不规范性，与对自然界中物质系统构成元素和运动规律的描述有显著不同。

人在煤矿系统中主要作为劳动者、控制者、监视者这三种形式，人的行为直接影响着系统的安全工作。从系统安全的角度而言，人的行为可以分为安全行为和不安全行为。人的行为一般经过接受信息、处理信息并作出判断、动作反应并付出实施三个过程。

人的行为受主观因素和客观因素的影响。主观因素有人的个性、态度、动机、能力、技能水平等；客观因素有工作场所的机械设备、环境因素、管理因素等。很显然，在人的个性中，个性缺陷对人的行为特别是在出现危险情况时会产生不利影响，而不同的态度与动机可能又会产生不同的结果。人的能力和技能水平关系到能否接受足够准确的信息，并作出正确、迅速的判断和反应。这些与教育和培训有很直接的关系，因为良好的教育与充分的培训能使人掌握必要的基础知识和操作技能，提高人的素质和能力。舒适的作业环境、合理的规章制度以及性能优良的机器设备等对人产生良好的心理作用，有利于克服人的个性缺陷，表现出正确的态度和动机。人在煤矿生产系统中占有独特的地位，既是生产作业的主体，同时也是重大瓦斯事故发生的受害体，其中作业人员的素质状况对安全系统状态起着重要的影响。可从生理、心理状态、技术素质和安全培训情况等方面提取脆性因子：

$$S_1=\{S_{101},S_{102},\cdots,S_{109}\}$$

其中，S_{101}＝身体健康状况，S_{102}＝疲劳程度，S_{103}＝情绪因素，S_{104}＝冒险心理，S_{105}＝技能水平，S_{106}＝安全教育，S_{107}＝判断能力，S_{108}＝培训考核，S_{109}＝工作态度。

6.4.1.2　机器设备子系统

随着煤炭开采技术的不断发展，在采煤、掘进运输、分选等生产环节的机械化和生产集中化程度也在迅速提高。现有重点国有大中型煤矿中机械

化程度已达到80%,正在不断地向高度机械化方向发展。采掘设备在煤矿技术的发展过程中替代了大量繁重、艰苦的工作任务,并极大地提高了生产效率,成为煤炭开采中重要的组成部分。在煤矿开采机械化程度不断提高的同时,搞好采煤机械的安全运行,预防事故发生,加强人机协作,实现高效安全生产的目的,是每个煤矿企业都面临的实际问题。

1. 机器的可操作性

机器的可操作性是指在任何一个人-机器-环境系统中,某个特定的"机"(包括机器或过程)在特定使用"环境"下,由经过选拔和训练的"人"(操作人员)进行操作或控制时,能够稳定、快速、准确地完成预定任务能力的一种度量。可操作性一般应具备3个特征:稳定性、快速性和准确性。

2. 机器的可维护性

机器的维护是指在任何一个人-机器-环境系统中,某个特定的"机"(包括机器或过程)在特定使用"环境"下,由具有规定的技术水平的"人"(维护人员),利用规定的程序和资源进行维护时,使机器保持或恢复到规定状况能力的度量。易维护性应包括两种情况:在故障状态下机器的故障维修和正常状态下机器的定期维护。这两种情况下,都要考虑到维护过程中所涉及的可达性、安全性、经济性和便捷性等因素。

3. 机器的本质可靠性、安全性

机器的本质可靠性指在任何一个人-机器-环境系统中,在特定的使用"环境"下,"机"(包括机器或过程)的设计要从根本上防止人的操作失误所引起的系统功能失常或导致人身伤害事故发生的能力。从煤矿重大瓦斯事故的案例来看,由矿工在井下违规拆卸矿灯、矿灯失爆往往是引起瓦斯爆炸事故的诱发火源。现在,为了防止矿工井下私自拆卸或者由于矿灯自身质量原因发生失爆,有的煤矿上采用的本质安全型矿灯。除非使用专业工具,否则无法进行拆卸,避免矿工在井下违规拆卸维修矿灯引发事故。

根据以上对煤矿机器设备子系统的分析,考虑到煤矿中各种机器设备的完备性和可靠性水平,确定影响机器设备子系统的因素。

$$S_2=\{S_{201},S_{202},\cdots,S_{214}\}$$

其中,S_{201}=支护设备完好率,S_{202}=煤体注水覆盖率,S_{203}=采后注浆覆盖率,S_{204}=机械及保护设备完好率,S_{205}=采掘机械化水平,S_{206}=瓦斯抽放设备完好率,S_{207}=排水设备完好率,S_{208}=运输机械化水平,S_{209}=通信设施完好率，S_{210}＝监测设备完好率，S_{211}＝通风设备完好率，S_{212}＝防尘设施完好率，S_{213}＝电器及保护设备完好率，S_{214}＝隔爆设施完好率。

6.4.1.3 环境子系统

环境的空间属性是指环境可以容纳人与机器的存在，并为人与机器的活动提供场所。因此，在人-机器-环境系统中，需要全面考虑整个系统的空间布局、人和机器设备的工作区域以及特殊空间和场所对人和机器设备的影响。研究表明，在恶劣的环境下工作，煤矿工人极易产生烦躁、恐惧、疲劳、麻痹等不良心理反应，这些心理因素直接影响着煤矿工人的行为决策，进而影响煤矿安全。

环境的物质属性是指不同环境各自具有相应的物理、化学、生物学特性，服从相应的物理、化学和生物学的基本规律，对环境中的人与机器设备产生相应的物理、化学和生物学的作用。因此，在人-机器-环境系统中，需要全面考虑环境的物理、化学和生物学属性对人与机器所产生的影响，以及它们相互之间产生的作用。

环境的运动属性体现在环境条件不是静止不变的，而是随着时间的推移发生变化的。环境中各因素不仅自身随着时间的推移而变化，同时也因受到环境中人、机器的影响而逐渐发生变化。因此，在考虑环境中系统的性能和功能以及环境因素的影响时，要有变化和动态的观点。

环境是容纳人与机器存在的场所，也是保障人与机器工作的必要条件。环境中的各种因素，无论是物理的、化学的还是生物的都会对人与机器器设备、设施产生作用、施加影响；反过来，人与机器设备的活动也会对环境产生影响。

煤矿井下作业环境是人工开拓出来的半封闭式空间，是一种特殊的作业环境。其特殊性表现为：

（1）工作空间狭小，四周是支护起来的原生煤岩体，空间时常堆放松散的煤岩，还有多种机械设备，逸散着能量，产生振动和噪声，视觉环境差，粉尘污染严重，不少矿井还存在温度高、湿度大等不利条件。

（2）井下环境的多变性增加了人、机器与环境信息交换以及环境改造的困难，增加了各种方法及技术应用的困难。对于这样复杂多变的采矿系统，更需要进行人、机器、环境功能特点的分析，寻求人、机器、环境结合面的最佳功能匹配，更有效地创造出一个安全、卫生和舒适的工作环境。

（3）矿井环境条件恶劣、多变。随着开采过程不断进行，井下的工作环

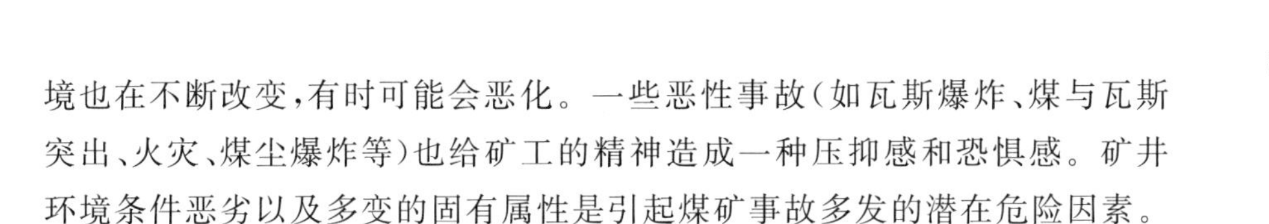

境也在不断改变,有时可能会恶化。一些恶性事故(如瓦斯爆炸、煤与瓦斯突出、火灾、煤尘爆炸等)也给矿工的精神造成一种压抑感和恐惧感。矿井环境条件恶劣以及多变的固有属性是引起煤矿事故多发的潜在危险因素。

煤矿井下环境的主要因素有温度、湿度、粉尘、噪声、有害气体、工作空间等。

$$S_3=\{S_{301},S_{302},\cdots,S_{314}\}$$

其中,S_{301}=地质构造,S_{302}=煤层赋存条件,S_{303}=顶底板稳定性,S_{304}=瓦斯地质条件,S_{305}=水文地质条件,S_{306}=煤层自燃倾向性,S_{307}=煤层爆炸性,S_{308}=温度,S_{309}=湿度,S_{310}=空气流速,S_{311}=照明,S_{312}=噪声,S_{313}=粉尘与煤尘浓度,S_{314}=巷道高度、宽度及整洁。

6.4.1.4 管理子系统

管理子系统作为一个区别于人、机器、环境的特殊子系统,对系统脆性的影响也更加特殊。安全管理就是管理者为实现安全生产目标对安全生产进行的计划、组织、指挥、协调和控制的一系列活动,以保护员工在生产过程中的安全与健康,保护企业财产不受损失,促进企业改善管理,提高效益,保障生产经营的顺利进行。

安全管理能力是企业在对安全系统进行协调控制的过程中积累起来的一组知识与技能的集合。它包括5个方面:增加员工安全知识与技能的能力、优化设备安全性能的能力、提高物料安全水平的能力、改善安全制度的能力、监测环境安全状况的能力。

管理防御理论认为,通过增加管理防御的层数能够提高系统的安全。任何管理措施都是有漏洞的。管理子系统是煤矿系统中的软件部分,也是最具有柔性的系统。其他几个系统的作用效果受到管理系统的控制,管理的水平决定了整个煤矿系统的安全水平。

管理的缺陷主要包括以下几部分:

(1) 安全管理机构不完善。

组织机构在以下方面不完善,如机构设置、人员配备、组织内外信息传递、沟通效果,各部门专业化协调性,决策反应速度,内部结构调整速度,自我变革及创新能力等。

(2) 安全管理制度不健全。

各生产岗位的安全规章和生产责任制不健全、安全生产责任制不明确;安全监督检查机制不健全;安全救护与急救不完善,包括救护队的素质、装

备配置情况、员工个人素质及创伤急救技能熟练程度等；奖惩机制不完善；工伤和职业病统计及处理制度和程序不健全，执行效果不好。

(3) 安全文化建设不完善。

煤矿安全文化是在煤矿内部居主导地位并为绝大部分员工所接受的安全生产价值观、安全生产信念、安全生产行为准则和安全生产行为方式与安全生产物质表现的总称。煤矿安全文化建设的主要内容包括观念文化、管理与法制文化、行为文化和物态文化。

$$S_4=\{S_{401},S_{402},\cdots,S_{406}\}$$

其中，S_{401}＝组织机构设置，S_{402}＝规章制度完备性，S_{403}＝应急管理，S_{404}＝事故管理，S_{405}＝安全文化管理，S_{406}＝安全质量标准化水平。

6.4.2 脆性关联与脆性联系熵

1. 脆性关联

根据集对分析理论，在复杂系统的子系统之间或子系统的各个要素之间，按照其功能和状态受相关系统(要素)崩溃影响的程度，可将脆性关联关系分为脆性同一、脆性波动和脆性对立3种，如图6-13所示。从前文的分析可知，煤矿系统是由人员子系统、机器子系统、环境子系统和管理子系统构成的复杂脆性系统。煤矿各个系统之间存在脆性关联，使得煤矿系统安全面临着不确定性。任何一个子系统的脆性同一、脆性波动、脆性对立特性的程度都会通过脆性联系导致煤矿事故的发生、扩大，进而导致煤矿生产系统崩溃。

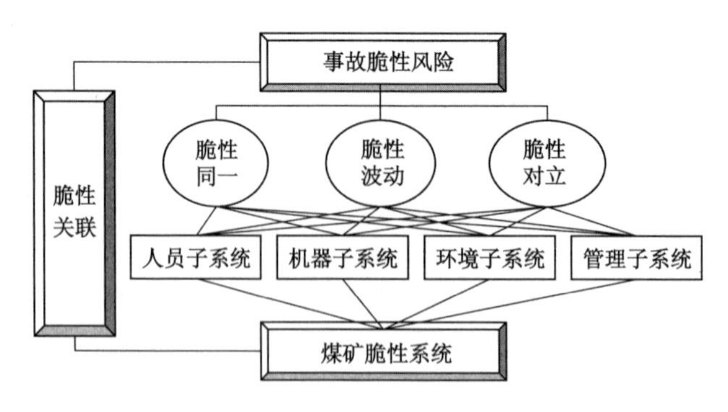

图6-13 脆性关联分析模型

集对分析是我国学者赵克勤提出的一种系统分析方法，其核心思想是

将两个具有一定联系的集合组成一个集对，再在一定的环境条件下，分析集对所具有的特性。目前，集对分析法已经在科学研究、工程技术、哲学、社会科学、经济等领域得到了初步的应用，并展现了广阔的发展前景。集对分析针对同一、对立和波动3种不同的集对特性，建立其联系式为：

$$\mu=a+bi+cj \tag{6-16}$$

式中：a 为同一性测度，b 为波动性测度，c 为对立性测度、i,j 分别为波动度、对立度，且 $i\in[-1,1]$，$j\in[-1,0]$，其取值可根据实际情况来确定。

2. 脆性联系熵

根据Shannon的信息熵理论，将系统抽象为 n 个事件进行分析，每个事件出现的概率分别为 $p_i(i=1,2,\cdots,n)$，其选择结果不确定程度，可以记为 $H(p_1,p_2,\cdots,p_n)$，建立公式如下：

$$H(p_1,p_2,\cdots,p_n)=-\sum_{i=1}^{n}p_i\ln p_i \tag{6-17}$$

将集对分析方法应用于系统的脆性过程，若一个子系统 X 在干扰下发生崩溃，则另外一个子系统的 Y 状态向量中至少有一个与子系统 X 发生脆性同一、脆性波动和脆性对立的概率分别是 $P_a(y_j/X)$，$P_b(y_j/X)$，$P_c(y_j/X)$，相应的脆性同一熵、波动熵、对立熵分别为：

$$H_a=-\sum_{i=1}^{k}p_a(y_j/X)\ln p_a(y_j/X) \tag{6-18}$$

$$H_b=-\sum_{j=1}^{h}p_b(y_j/X)\ln p_b(y_j/X) \tag{6-19}$$

$$H_c=-\sum_{i=1}^{n-k-h}p_c(y_j/X)\ln p_c(y_j/X) \tag{6-20}$$

且有：

$$p_a(y_j/X)+p_b(y_j/X)+p_c(y_j/X)=1$$

对于子系统 Y，其受 X 的影响，应该是脆性同一、脆性对立和脆性波动的综合作用。因此 X 崩溃发生时，由于系统之间的脆性关联，子系统 Y 也发生崩溃的脆性联系熵为：

$$H_XY=w_aH_a+w_bH_b+w_cH_c \tag{6-21}$$

其中，w_a，w_b，w_c 为脆性同一、脆性对立和脆性波动的权系数。当存在一定的概率分布的组合，使 H_XY 达到最大的情况。此时，子系统 Y 受到 X 崩溃的影响最大。

6.4.3 数据调查方法选择

1. 问卷调查法

问卷调查法也称问卷法，它是调查者运用统一设计的问卷向被选取的调查对象了解情况或征询意见的调查方法。根据问卷分发和回收形式的异同，问卷调查法分为直接发送法（访谈发送法）和间接发送法（报刊发送法、电话发送法、网络发送法和邮政发送法）；根据问卷填答者的不同，则分为自填式和代填式两种。问卷调查法在社会调查研究中发挥着重要的作用，现代社会最常用的抽样调查使用的主要调查方法就是问卷调查法。

问卷调查法有以下主要特点：

第一，标准化。即按照统一设计的有一定结构的问卷进行调查。

第二，大多是间接调查。即调查者不与被调查者直接见面，而由被调查者自己填写；但也可以是直接调查。

第三，一般是书面调查。即调查者用书面提出问题，被调查者也用书面回答。

第四，常用于抽样调查。即被调查者是通过概率或非概率抽样方法选取而来，同时调查对象一般比较多。

第五，特别适用于定量调查。即通过样本统计量推断总体。但也常作为定性调查的手段之一。

2. 德尔菲法

德尔菲法根据系统研究的程序，采用专家匿名发表观点的方式，即专家互相之间不进行讨论，所有专家只能与调查人员发生联系、进行沟通，通过多轮次调查专家对问卷所提问题的看法，经过反复征询、归纳、整理，最后形成专家基本一致的看法作为最终的结果。这种方法具有广泛的代表性和较好的专业性，结果较为可靠。

德尔菲法的具体实施步骤如下：

(1) 成立专家小组。根据研究问题的专业性和范围，确定专家来源和人数，具体可根据研究内容的大小和涉及面的宽窄而定，一般不超过 20 人。

(2) 向小组内所有专家发放所要预测的问题及有关要求，说明研究的目的，同时请专家提出还需要什么材料；然后，由专家作出书面答复。

(3) 小组内的各位专家根据所收到的材料，给出自己的书面意见，并说明原因。

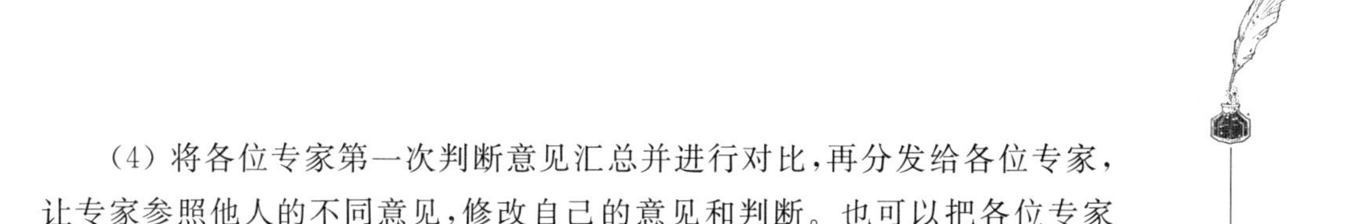

(4) 将各位专家第一次判断意见汇总并进行对比，再分发给各位专家，让专家参照他人的不同意见，修改自己的意见和判断。也可以把各位专家的意见加以整理，或请身份更高的其他专家加以修改，然后把这些意见再分送给各位专家，以便他们参考后修改自己的意见。

(5) 将所有专家的修改意见收集起来并汇总，再次分发给各位专家，以便做第二次修改。收集意见和信息反馈一般要经过三四轮。在向专家进行反馈的时候，只给出各种意见，但并不说明发表各种意见的专家的具体姓名。这一过程重复进行，直到每一个专家不再改变自己的意见为止。

(6) 对专家的意见进行综合处理。德尔菲法同常见的召集专家开会、通过集体讨论、得出一致预测意见的专家会议法既有联系又有区别。德尔菲法能发挥专家会议法的优点。即能充分发挥各位专家的作用，集思广益，准确性高；能把各位专家意见的分歧点充分表达出来，取各家之长，避各家之短。同时，德尔菲法又能避免专家会议法的缺点。德尔菲法的主要缺点是过程稍显复杂，花费时间较长。

3. 基于德尔菲法的专家问卷调查

考虑到上述两种方法的适合性，这里采用基于德尔菲法的专家调查问卷方式来采集数据。

第一步，搜集资料设计初步问卷。按照前文对于煤矿重大瓦斯事故致因系统的分析，确定问卷调查的项目。问卷设计采用李科特五级量表。

第二步，选择一个煤矿，确定专家组人员。专家组人员的选择范围是煤矿中知识经验丰富的安全管理人员、生产技术人员。将初步设计的问卷在煤矿上进行初次分发讨论，最后汇总专家的意见，形成第一轮专家意见。

第三步，选择另外一个煤矿，进行第二轮问卷分发、讨论，形成最终结果。

第四步，在第三步形成结果的基础上完善，设计调查问卷，在煤矿上进行专家问卷调查。

在数据采集过程中初步设计调查问卷，分别发送到煤矿安全管理部门相关20人手中进行问卷调查，将问卷调查的结果返回到生产部门20人手中进行二次讨论，将讨论修改后的结果返回到生产部门进行第三次调查确定，最终确定问卷的项目(见附录1)以及问卷调查的设计。

6.4.4 数据处理

运用基于德尔菲的专家调查问卷法采集徐州矿务集团某矿的现场数据，并就具体生产情况进行分析。问卷以五级量表表示各脆性因子的安全程度。问卷的选项分别赋值为1～5分。5分表示该因素与事故发生具有脆性对立性，3～4分表示该因素与事故发生具有脆性波动性，1～2分表示该因素对于事故的发生具有脆性同一性。

问卷调查后，评估问卷调查的科学性和价值主要有两项指标：信度和效度。信度即可靠性，是指采用同一方法对同一对象进行调查时，问卷调查结果的稳定性和一致性，即测量工具（问卷或量表）能否稳定地测量所测的事物或变量。效度是指问卷正确测量研究者所要测量的变量的程度。检验效度的主要指标和方法有表面效度、内容效度、结构效度。

调查问卷包含43个项目，共发放22份问卷，由于是组织专家现场参与进行问卷填写，因此保证了问卷的有效性。共回收有效问卷20份，回收问卷有效率为90.09%。将问卷的调查数据录入到统计分析SPSS 13.0中做信度检验，采用基于协方差的信度检验方法，信度统计检验结果如表6-4所列。从信度检验的结果可以看出，样本的可信度系数为0.910，标准化后的检验系数为0.914。根据信度检验的准则，Cronbach's α 系数要求达到0.7以上即认为可以接受，达0.8以上可达到较好可信程度，在0.9以上表示信度很高。因此，调查问卷具有良好的信度。人、机器、环境、管理四个部分的信度分别是0.79、0.92、0.83、0.84。各个部分的信度检验结果均在较好以上，且问卷调查专家对于机器设备子系统的认可度一致性最高。对于问卷效度的把握，通过征求专家意见，由专家来把握问卷的效度。因此，这里不再做问卷的一致性检验。

表6-4　　信度统计检验结果

Cronbach's α	Cronbach's α Based on Standardized Items	N of Items
0.779 971	0.786 746	9
0.914 538	0.917 86	14
0.835 136	0.833 316	14
0.843 75	0.840 095	6
0.910	0.914	43

对于不同专家所作出的同一题项的选择结果，这里采用模糊隶属度的形式进行处理。将得到的调查问卷进行数据整理，采用模糊隶属度函数进行计算。具体结果如表 6-5 所列。为更好地阐述这一方法及方便计算，取该煤矿重大瓦斯事故与人、机器、环境、管理四个子系统相关因素发生脆性同一、脆性波动及脆性对立的概率为相应的脆性测度。

表 6-5　　煤矿系统脆性关联度

子系统	因子	调查结果	关联性	子系统	脆性	调查结果	关联性
	S_{101}	(0 0.05 0.2 0.7 0.05)	波动性		S_{301}	(0.4 0.35 0.25 0 0)	同一性
	S_{102}	(0 0 0.9 0.1 0)	波动性		S_{302}	(0.25 0.45 0.3 0 0)	同一性
	S_{103}	(0.3 0.45 0.25 0 0)	同一性		S_{303}	(0 0 0.1 0.4 0.5)	对立性
	S_{104}	(0 0.25 0.2 0.55 0)	波动性		S_{304}	(0.25 0.35 0.4 0 0)	同一性
人员 S_1	S_{105}	(0.2 0.3 0.4 0 0)	同一性		S_{305}	(0 0.15 0.75 0.1 0)	波动性
	S_{106}	(0 0 0.25 0.75 0)	波动性		S_{306}	(0 0.2 0.25 0.45 0.1)	波动性
	S_{107}	(0 0.05 0.25 0 0.7)	对立性	环境 S_3	S_{307}	(0 0.15 0.6 0.2 0.05)	波动性
	S_{108}	(0 0 0.3 0.6 0.1)	波动性		S_{308}	(0.15 0.2 0.45 0.2 0)	波动性
	S_{109}	(0 0 0.35 0.5 0.15)	波动性		S_{309}	(0.15 0.1 0.7 0 0.05)	波动性
	S_{201}	(0 0 0.2 0.55 0.25)	波动性		S_{310}	(0 0 0.55 0.3 0.15)	波动性
	S_{202}	(0.2 0.35 0.45 0 0)	同一性		S_{311}	(0 0.05 0.6 0.25 0.1)	波动性
	S_{203}	(0 0.1 0.25 0.45 0.2)	波动性		S_{312}	(0 0.25 0.60.15 0)	波动性
	S_{204}	(0 0 0.15 0.65 0.2)	波动性		S_{313}	(0 0.1 0.7 0.2 0)	波动性
	S_{205}	(0 0 0.25 0.45 0.3)	波动性		S_{314}	(0 0 0.6 0.35 0.05)	波动性
	S_{206}	(0 0 0.1 0.3 0.6)	对立性		S_{401}	(0 0 0.25 0.65 0.1)	波动性
机器 S_2	S_{207}	(0 0 0.25 0.45 0.3)	波动性		S_{402}	(0.45 0.2 0 0 0.35)	波动性
	S_{208}	(0 0 0.2 0.25 0.55)	对立性		S_{403}	(0 0 0.2 0.3 0.5)	对立性
	S_{209}	(0 0 0.25 0.5 0.25)	波动性		S_{404}	(0 0 0.05 0.3 0.65)	对立性
	S_{210}	(0 0 0.2 0.55 0.25)	波动性	管理 S_4	S_{405}	(0 0 0.15 0.55 0.3)	波动性
	S_{211}	(0 0 0.2 0.50.3)	波动性		S_{406}	(0.35 0.45 0 0.2 0)	同一性
	S_{212}	(0 0 0.2 0.25 0.55)	对立性				
	S_{213}	(0 0 0.15 0.5 0.35)	波动性				
	S_{214}	(0 0 0.1 0.4 0.5)	对立性				

为了计算的便利性，从现有的问卷调查结果中取该矿重大瓦斯事故风

险与人、机器、环境、管理四个子系统相关因素发生脆性同一、脆性波动、脆性对立的概率为相应的脆性测度，计算结果见表 6-6。

表 6-6　　各个子系统之间的关联度

脆性测度	人员	机器设备	环境	管理
同一度	2/9	1/14	3/14	1/6
对立度	1/9	4/14	1/14	2/6
波动度	6/9	9/14	10/14	3/6

实践证明，煤矿重大瓦斯事故的发生往往具有突发性，脆性联系熵中的权系数，可以根据其同一熵、波动熵和对立熵对煤矿系统安全生产发生变化所起的作用来确定，我们采用突变级数法确定各个权系数。托姆提出突变论一系列数学模型，用以解释自然界和社会现象中所发生的不连续的变化过程，描述各种现象为何从形态的一种形式突然地飞跃到根本不同的另一种形式，并已证明。当控制变量不大多 4 个时，最多有 7 种突变模型。因此，我们分别求得各个子系统的熵值如表 6-7 所列。

表 6-7　　各子系统脆性熵值及权系数

熵值	人员 S_1		机器 S_2		环境 S_3		管理 S_4	
	脆性熵	权系数	脆性熵	权系数	脆性熵	权系数	脆性熵	权系数
同一熵	0.160 2	$0.160\ 2^{1/2}$	0.080 2	$0.080\ 2^{1/2}$	0.183 0	$0.183\ 0^{1/2}$	0.130 0	$0.130\ 0^{1/2}$
波动熵	0.135 4	$0.135\ 4^{1/3}$	0.125 9	$0.125\ 9^{1/3}$	0.076 5	$0.076\ 5^{1/3}$	0.202 0	$0.202\ 0^{1/3}$
对立熵	0.150 5	$0.150\ 5^{1/4}$	0.265 7	$0.265\ 7^{1/4}$	0.079 5	$0.079\ 5^{1/4}$	0.120 2	$0.120\ 2^{1/4}$
联系熵	$-0.016\ 2\pm0.047\ 2i$		$-0.018\ 4\pm0.050\ 2i$		$0.019\ 2\pm0.070\ 2i$		$-0.018\ 2\pm0.081\ 2i$	

表 6-7 数据显示环境子系统与重大瓦斯事故的脆性关联最大。这从本质上反映了煤矿的开采所面临环境的复杂性与特殊性，煤矿井下作业受环境系统的危害最大，而且作业场所的环境一直处于不断的变化中，特别是生产工作面的布置要受到煤炭资源的赋存条件、地质构造、顶底板、巷帮的特性以及水文地质情况等开采条件的制约。从联系熵的对立性来看，该矿的机器设备子系统的对立性最大，说明该矿机械化程度较高，机器设备整体状况较好。从联系熵的波动性来看，管理系统的波动性最大，就是说其对煤矿系统发生熵变的贡献最大，也说明了管理子系统是预防煤矿重大瓦斯事故的关键。

6.4.5 结论分析

由脆性熵理论可知，事故的脆性熵值反映了煤矿生产系统发生事故的不确定性程度，熵值越大，重大瓦斯事故发生的风险就越大，因此，避免煤矿生产事故的发生就是要抑制系统的熵增，即向系统注入负熵，这需要对煤矿各种要素与能量、信息的投入，煤矿系统的负熵主要来源于人员、机器设备和管理的投入。根据计算结果从各子系统的波动熵值情况来看，可见管理子系统对应的脆性波动熵最大，表明其对于煤矿生产系统发生熵变的影响也就最大。因此，煤矿生产系统的良好运作及有效管理是控制煤矿事故发生的关键。

作为一个典型的安全脆性系统，在煤矿的生命周期中，一直伴随着发生重大瓦斯事故的脆性风险，这种风险大小是随着煤矿防御事故的能力而变化的，即整个煤矿的脆性风险熵是不断变化的。煤矿安全管理的目的就是要防止煤矿风险熵的升高进而带来煤矿重大瓦斯事故风险的增加。而要实现这个目标，就必须引入人员、机器设备、管理、信息等要素，使煤矿系统的负熵增加。煤矿系统又是由多个子系统组成的，煤矿系统的熵值表现为各个子系统熵值的综合，降低煤矿系统的脆性风险熵必须从加强每个子系统的功能开始，尤其是应该注意煤矿子系统中带来脆性风险值较大的子系统，防止安全管理出现漏洞，引起整个煤矿系统的熵增。

6.5 降低煤矿系统脆性风险的方法

6.5.1 系统脆性源的辨识

1. 系统脆性源头辨识的作用

20 世纪 90 年代初，我国开始重视对危险源尤其是重大危险源的辨识、评价和控制。危险源在没有触发之前是潜在的，常不被人们所认识和重视。危险源的潜在性和隐藏性是造成风险存在的原因。相对于一般的危险源，由于脆性源发生机制的突变性、复杂性使得系统的脆性源的隐藏性更强，更难以识别。

由于系统脆性源属于危险源的范畴，且和重大危险源有着许多的联系，

因此系统脆性源的辨识可以建立在危险源辨识或重大危险源辨识的基础上。或者说，系统脆性源辨识的过程就是识别危险源或重大危险源中可能导致子系统或系统崩溃的因素。系统脆性源的辨识必须首先分析清楚脆性源导致系统脆性激发的过程和结果。而分析系统脆性源导致系统崩溃的脆性激发的过程和结果就必须分析脆性源与其他因素之间的脆性关联大小，脆性关联越大，脆性源激发过程中对系统所造成的崩溃影响越大。

2. 系统脆性源辨识与危险源辨识的关系

危险源是可能导致死亡、伤害、职业病、财产损失、工作环境破坏或这些情况组合的根源或状态。从危险源的定义来看，危险源和系统的脆性源是包含与被包含的关系。煤矿生产过程中的危险源不仅类型多样而且数量也繁多。有的危险源造成的损失或者伤害范围较轻或者有限，不能够引起系统的崩溃，这些危险源便不属于脆性源。或者可以将危险源分为脆性危险源和非脆性危险源。二者之间的主要区别如表 6-8 所列。

表 6-8　　　　危险源脆性分类

危险源种类	脆性危险源	非脆性危险源
危害性	大	小
是否引起系统崩溃	是	否
控制措施	强	一般

6.5.2　脆性源的脆性激发路径分析和风险评估

按照风险管理理论，在控制风险之前对风险的大小进行风险评估是必要的。风险评估是指，在风险事件发生之前或之后（但还没有结束），对该事件给人们的生活、生命、财产等各个方面造成的影响和损失的可能性进行量化评估的工作。即风险评估就是量化测评某一事件或事物带来的影响或损失的可能程度。

目前，风险管理理论已经形成了许多传统的风险评价方法，如风险矩阵评价法等。但是，对于复杂系统的脆性源的风险评估，传统的风险矩阵评价法已经显得不够精确。众多学者已经在研究对于复杂系统和复杂条件变化下的风险评估方法。对复杂系统的风险评估，必须熟悉系统风险的发生机制。对于复杂系统常用的风险评估方法有概率风险评价法（probabilistic

risk assessment,PRA)、事故树分析法等。

概率风险评价(PRA)是对复杂系统进行定量风险评价的有效方法,正日益广泛地应用于宇航、核能、化工等众多领域。进行 PRA 的过程中需要大量不同类型的数据,如初始事件的发生频率、部件的失效率、部件的维护频率和持续工作时间、操作人员失误的概率等数据。

在煤矿生命周期中,脆性源的风险评价应该贯穿整个生产和安全管理的全过程。从全矿级到区队级和班组级乃至岗位级,使得煤矿脆性源的辨识与评价覆盖煤矿生产作业的全部范围和过程。

通过对系统脆性源进行风险评价,可以知道某一个脆性源所带来的系统崩溃风险的大小。为了明确管理的重点,分级分层次地管理,需要对系统脆性源的风险大小进行分级,以便使对系统的管理有轻有重,如表 6-9 所列。根据脆性源能够引起整个复杂系统的崩溃程度,可以将其划分为若干个等级。针对系统中不同等级的系统脆性源,应该有不同的管理控制措施。

表 6-9　　系统脆性源分级

风险值	级别	含义(系统趋于崩溃的趋势)
R_1	1	系统趋向于崩溃趋势为主
R_2	2	系统趋向于崩溃趋势较弱
R_3	3	系统趋向于崩溃趋势微弱
R_4	4	系统远离于崩溃的趋势稳定

经过对系统脆性源进行风险评估,就可以知道系统的脆性致因所在,以及脆性致因风险的大小,进而可以采取措施降低系统脆性源的脆性风险等级或者管理控制系统脆性源,防止系统脆性被激发。

6.5.3　脆性源的监测与控制措施

从以上分析可以看出,影响系统脆性的原因包括系统本身的脆性结构、系统内子系统与其他子系统的脆性关联度,影响系统脆性关联度的因素来源于系统元素的同一性、波动性、对立性。通过改变这些影响系统脆性的因素,可以影响系统的脆性程度,达到降低系统脆性的目的。

(1) 通过降低系统之间的复杂程度来降低系统之间的关联。

降低系统之间的脆性关联,切断脆性传导机制。尤其应该降低系统之

间功能冗余的脆性关联，即降低脆性系统之间的依靠性。即使一个子系统崩溃，也不会导致相关的系统崩溃，防止连锁效应的发生。

(2) 降低脆性因子之间的关联，增强机器设备与环境的本质安全性。

本质安全是指操作失误时，设备能自动保证安全；当设备出现故障时，能自动发现并自动消除，能确保人身和设备的安全。为使设备达到本质安全而进行的研究、设计、改造和采取各种措施的最佳组合，称为本质安全化。

由以上分析可以知道，事故是由于物的不安全状态和人的不安全行为在一定的时空里的交叉作用所致。因此，实现本质安全化的基本途径包括：从根本上消除发生事故的条件(即消除物的不安全状态，如替代法、降低固有危险法、被动防护法等)；设备能自动防止操作失误和设备故障(即避免人操作失误或设备自身故障所引起的事故，如联锁法、自动控制法、保险法)；通过时空措施防止脆性关联的脆性和切断脆性关联的发生路径(如密闭法、隔离法、避让法等)；通过人-机器-环境系统的优化配置，使系统处于最安全、稳定的状态。

作为一个典型的脆性系统，系统的脆性发生在煤矿系统中是比较常见的。以我国煤矿中常见的顶板片帮事故为例，顶板事故是指在井下采煤过程中，顶板意外冒落造成的人员伤亡、设备损坏、生产中止等事故。在实现综合机械化采煤以前，顶板事故在煤矿事故中占有极高的比例。随着支护设备的改进及对顶板事故的研究、预防技术的提高和逐步完善，顶板事故所占的比例有所下降，但仍然是煤矿生产中的主要灾害之一。其中煤矿井下巷道中的顶板破裂、有离层就是典型的脆性源。该脆性源的发生将可能直接导致人员的伤亡和设备的损坏。工人在工作中要规避这一脆性源的方法是执行严格的敲帮问顶制度。另外从技术上要消除这一脆性源，必须采取顶板和巷帮加强锚网索支护的措施，降低事故发生的脆性风险。

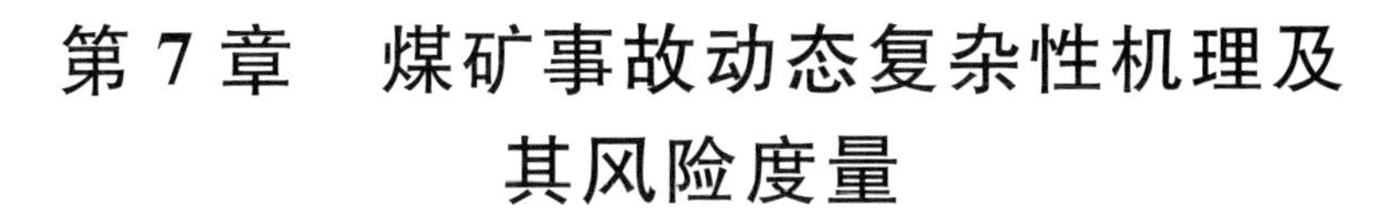

第7章　煤矿事故动态复杂性机理及其风险度量

7.1　系统动力学建模技术简介

7.1.1　动态系统反馈与延迟

动态(dynamic)即系统动力学所包含的量是随时间变化的，能用以时间为坐标的图形表示。作为一个动态的系统，煤矿系统的安全生产状态本身每时每刻都在发生变化。随着矿井掘进尺度的增加，矿井瓦斯不断涌出，工作现场的人员、机器、环境、管理等安全相关的因素也都在随着时间的推移发生变化。系统的变化总是在远离原有平衡的非稳定态和趋于新平衡的稳定态之间进行。系统的稳定性可以分为四种：稳定平衡、非稳定平衡、非平衡和随遇平衡，如图7-1所示。状态 a 为稳定平衡，状态 b 为非稳定平衡，状态 c 为随遇平衡，状态 d 为非平衡。稳定平衡是指系统在受到干扰影响时离开平衡位置，之后又能够自动返回到平衡位置或在平衡位置附近波动。非稳定平衡是指系统在没有受到干扰时能保持平衡位置，一旦受到干扰就会越来越快地远离原来的平衡位置。非平衡是指系统的状态是变化的，没有常值。随遇平衡的特点是系统易受到环境干扰，当干扰消除后，系统会随机地停到某一个状态而不会返回到原来的状态。而导致系统状态发生变化的就是外部的干扰以及干扰影响下系统内部要素之间相互作用所带来的反馈的涌现。

反馈(feedback)又称回馈或回路，是控制论的基本概念，指将系统的输出返回到输入端并以某种方式改变输入，进而影响系统功能的过程，即将输出量通过恰当的监测装置返回到输入端并与输入量进行比较的过程。反馈可分为负反馈和正反馈。前者使输出起到与输入相反的作用，使系统输出

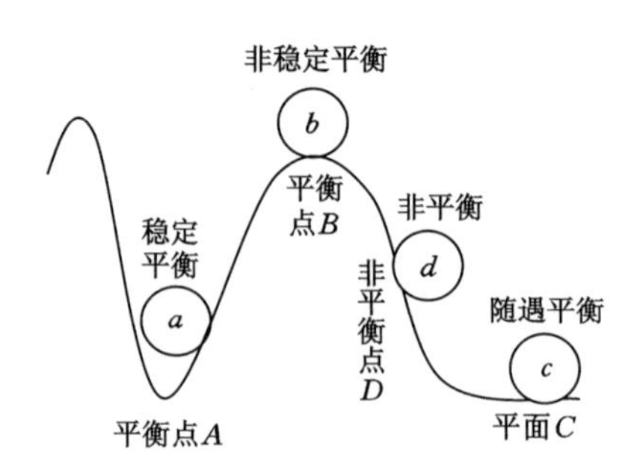

图 7-1　动态系统的四种状态

与系统目标的误差减小，系统趋于稳定；后者使输出起到与输入相似的作用，使系统偏差不断增大，使系统振荡，可以放大控制作用，如图 7-2 所示。对负反馈的研究是控制论的核心问题。正、负反馈环都会影响复杂系统的行为，Stacey 认为：在组织系统中，正反馈环是导致复杂组织系统不稳定的根源，而负反馈环是系统稳定之源。

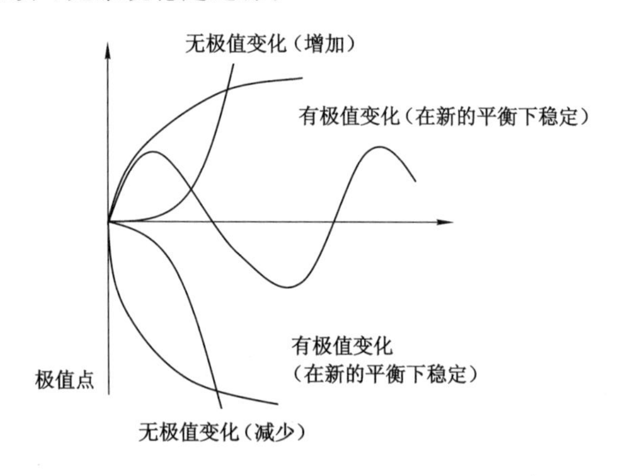

图 7-2　正负反馈变化对系统稳定状态的影响

管理，实质上就是一种对系统的控制，所以必然存在着反馈问题。反馈就是由控制系统把信息输送出去，又把其作用结果返送回来，并对信息的再输出产生影响，起到控制的作用，以达到预定的目的。原因产生结果，结果又构成新的原因、新的结果……反馈在原因和结果之间架起了桥梁，通过不断对系统的控制确保目标的实现。这种因果关系的相互作用，不是各有目的，而是为了完成一个共同的功能目的，因此反馈又在因果性和目的性之间建立了紧密的联系。面对着永远不断变化的客观实际，管理是否有效，关键

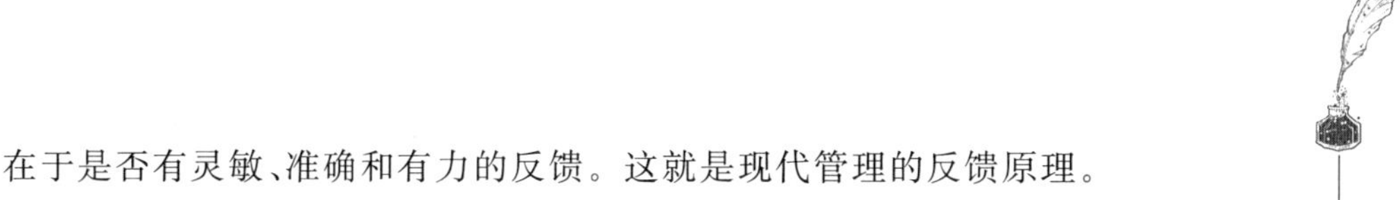

在于是否有灵敏、准确和有力的反馈。这就是现代管理的反馈原理。

煤矿安全管理系统本身就是一个反馈性的系统，系统中的员工和管理者不仅根据环境的变化选择自身的行为，同时其下一次行为又受到自身或者其他反馈的影响，整个反馈过程随着系统的运动往复不断。如煤矿管理者会根据面临的安全生产条件制定和执行管理措施、制度，煤矿工人会根据管理者的指令作出自己的行为决策，而管理者则会根据已经制定和执行的管理措施、制度的实际执行效果作出新的管理决策。

在复杂的社会经济系统中还存在广泛的延迟(delay)现象。即系统中的物流或信息流从输入到输出响应，总不可避免地有一段时间的延迟，这段时间就是延迟时间或延迟(time delay)。

延迟是指系统中的物质或信息在系统中的流动需要时间，产生输出落后于输入的行为。延迟从本质上来说是动态系统所固有的，当作用于延迟环节的输入流有某种变化时，由于延迟，系统输出流不会立刻作同样的变化，这就意味着输出流与输入流是不相等的，因此，延迟环节中必然有流量的积累，这就是流位。为了与系统中一般流位相区别可称为延迟流位或假流位。一般流位的输出流除可能受流位本身的影响外，还受外部因素的影响。例如，商店的销售除受商店库存的影响外，还取决于市场的需求。但是，延迟流位的输出流则一般仅仅取决于延迟环节中的流位以及描述平均延迟的常量，与外部因素无关。无论是物流通道还是信息流通道中的延迟环节，都可以使用(延迟)流位与流率的组合来模拟。

从煤矿生产过程中的某一起事故来看，造成事故发生的因素及其之间的因果关系是一定的。但是煤矿生产系统是一个动态的系统，系统中的每个因素都是在不断地变化着的。单独研究某一起已经发生的事故只能为预防后续事故的发生提供经验。在煤矿生产过程中，同样的事故几乎不可能在原有的地点、因素共同作用下重复发生。因此，现有的事故分析方法对于未来可能发生事故的预防作用有限。而研究整个系统在其运行周期内某一段时间的各个因素动态变化对系统发生事故的影响则能够从更加宏观的纵向角度研究系统的安全特性，为系统的事故预防提供管理方法。

7.1.2 系统动力学建模方法

系统动力学(system dynamics)是由美国麻省理工学院的福瑞斯特(Jay W. Forrester)教授于1956年所创立的一门研究动态系统复杂性的科

学。系统动力学综合运用了系统论、控制论和信息论的思想进行建模研究。它是认识和解决复杂大系统问题的交叉、综合性学科。按照系统动力学的理论、原理与方法分析实际系统，建立概念模型与定量模型一体化的系统动力学模型，决策者就可以借助模拟技术在专家群体的帮助下定性与定量地研究社会、经济系统问题，以进行有效决策。应用系统动力学模型进行问题分析和系统仿真，特别适合于解决社会、经济、生态等非线性的复杂大系统问题。

系统动力学定义复杂系统为具有高阶次、多回路和非线性反馈结构的系统。复杂系统中的反馈回路(feedback loop)形成相互联系、相互制约的结构。就社会-经济系统而言，反馈回路联结了关键变量与其周围其他变量的关系。决策导致行动，行动改变系统周围的状态，并产生新的信息、未来新决策的依据，如此循环作用形成反馈回路，构成解决问题的模型。

系统动力学的基本思想是充分认识系统中的反馈和延迟，并按一定的规则以因果关系来建立系统动力学流图的结构模式。这种有效而简明的流图可以表示反馈系统各部分的相互联系及系统的反馈回路的结构，它包括限定系统研究边界的源和汇、输入速率和输出速率，以及一个水平变量(存量)，如图 7-3 所示，此外，系统动力学建模还需要其他辅助变量和常量。

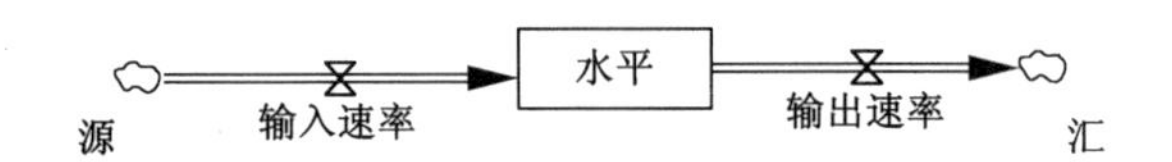

图 7-3　系统动力学中的变量符号

系统动力学研究的目标是使系统达到稳定态(正常状态)。实现稳定态需要通过对系统因素的调控实现，控制是通过保持或改变系统条件，迫使系统按设定目标要求的方向转化，直至实现系统稳定。系统中任何一次重大事故是否发生和结果如何，都取决于对系统稳定态扰动或破坏的方式和强度，也可以把这一过程看作是事故的风险，这些过程和风险用系统动力学方法可以进行精确运算。重大事故风险定量化评价是系统动力学中进行流位与流率及其反馈系统计算的重要基础数据。

系统动力学是在总结运筹学的基础上，为适应现代社会系统的管理需要而发展起来的。它不是依据抽象的假设，而是以现实世界的存在为前提，不追求“最佳解”，而是从整体出发寻求改善系统行为的机会和途径。从技巧上说，它不是依据数学逻辑的推演而获得答案，而是依据对系统的实际观

测信息建立动态的仿真模型,并通过计算机试验来获得对系统未来行为的描述。简单而言,"系统动力学是研究社会系统动态行为的计算机仿真方法"。具体而言,系统动力学包括如下几点:① 系统动力学将技术系统和社会系统都作为信息反馈系统来研究,并且认为,在每个系统之中都存在着信息反馈机制,而这恰恰是控制论的重要观点,因此,系统动力学是以控制论为理论基础的;② 系统动力学把研究对象划分为若干子系统,并且建立起各个子系统之间的因果关系网络,立足于整体以及整体之间的关系研究,以整体观替代传统的元素观;③ 系统动力学的研究方法是建立计算机仿真模型——流图和构造方程式,实行计算机仿真试验,验证模型的有效性,为决策的制定提供依据。

从数学形式上看,系统动力学本质上是带时间滞后的一阶差分方程。当系统比较复杂时,描述方程是高阶非线性动态的,因此应用一般数学方法很难求解,借助计算机技术则能够很好地解决这一问题。因此,自 20 世纪 80 年代以来,计算机技术在解决其在研究及应用方面发挥了日益重要的作用,相应地也出现了一些新的系统仿真语言(如 DYNAMO)和建模应用软件(如 Vensim)。

7.1.3 系统动力学建模的步骤

系统动力学建模的过程可以分为三个阶段,共八个步骤。系统动力学的建模步骤如图 7-4 所示。

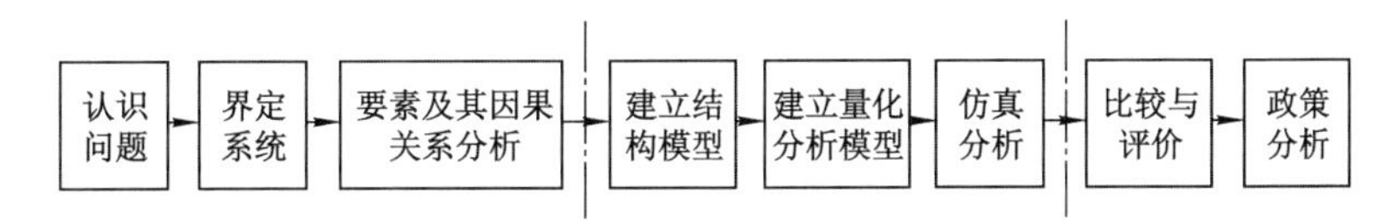

图 7-4 系统动力学建模步骤

(1) 认识问题。即分析要解决什么问题,拟达到什么目的,完成此项任务需要具备的条件,以及如何实现系统的目标等。

(2) 初步划定系统的边界,确定内生变量、外生变量和输入变量。一般而言,系统的范围取决于研究目的,系统边界的划定一般是把与建模目的有关的内容圈入系统内部,使其与外界环境隔开。按照系统动力学的观点,划定系统边界的一条基本准则是:应将系统中的反馈回路考虑成闭合的回路。应该力图把那些与建模目的关系密切、变量值较为重要的都划入系统内部。

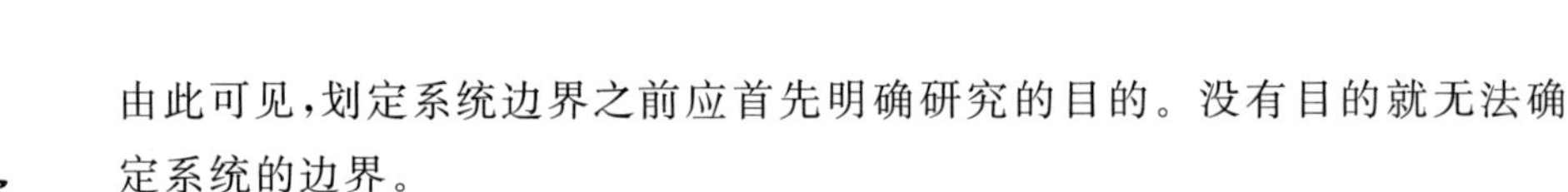

由此可见，划定系统边界之前应首先明确研究的目的。没有目的就无法确定系统的边界。

(3) 对系统边界内部的要素及要素之间的因果关系进行分析。调查、搜集有关资料，确定关键变量，明确变量之间的关系，对于相关变量建立因果反馈关系。

(4) 确定系统的结构模型。即用图形表示出系统中的主要变量，并由此引出与这些变量有关的其他重要变量，通过各方面的定性分析，勾绘出有待研究的问题的发展趋势。由于系统动力学所研究的对象大多数是复杂系统，其发展趋势很难准确地预测，需要会同各方面专家，集思广益地“会诊”或运用专家咨询法予以解决。一旦参考模式确立，在整个建模过程中，构模者就要反复地参考这些模式，以防研究偏离方向。

(5) 建立量化分析数学模型。即在已经建立好的结构模型的基础上，分析因果关系的数学表达形式，确定变量的单位和常量的数值以及因素之间的数学关系，将因果回路及变量之间的关系用数学方程表示出来。

(6) 进行仿真分析。运用系统动力学建模工具，对建立的数学模型在仿真周期内进行仿真、情境分析，研究变量之间的相互影响关系和变量的敏感性。

(7) 对仿真结果进行比较与评价。针对仿真结果，比较仿真目标与实际系统之间的差别，分析仿真对于实际系统的作用和意义。

(8) 针对仿真结果进行政策分析，提出政策建议。

7.2 煤矿系统动态反馈与延迟

7.2.1 系统动力学视角下的煤矿系统

煤矿生产系统是一个复杂的社会技术系统，这个系统包括生产、生活设施，人与人之间的交互以及信息系统等。整个社会技术系统又包含多个子系统。子系统内部的要素变化不仅受到子系统内部因素的影响，同时还受到其他耦合子系统甚至是外部扰动因素的影响。外部的影响和内部的扰动都可能通过事件连锁效应导致事故的发生。安全管理的工作一个任务就是来控制影响与扰动以避免事故发生。煤矿事故的直接原因是人的不安全行为、机器设备及环境的不安全状态。以瓦斯事故为例，煤矿瓦斯事故发生的

条件有三个，即瓦斯浓度超限、有高温引爆火源以及有充足的氧气。瓦斯爆炸的下限浓度是5%，上限浓度是16%。通常情况下，煤矿井下的氧气一般都是充足的。因此，瓦斯和火源就成为事故发生的关键因素。

根据煤矿生产过程中事故发生的机理及煤矿生产的过程，在分析系统以及相关要素之后建立动力学仿真模型。运用系统动力学建模方法分析并建立反馈环及动力学方程。煤矿安全动态系统运用因果反馈回路、存量和流量（水平和速率变量）来构建煤矿安全生产系统以及系统内部各个功能模块之间的非线性关系。在系统动力学视角下，系统行为随时间变化的现象可以表示为正向反馈循环和逆向反馈循环的交互作用。即模型运用三种基本的流变量来描述正反馈（增强型反馈）、负反馈（平衡型反馈）以及时间延迟。正向反馈可以自我增强，而逆向反馈则抵制变化，时间延迟则将不稳定性引入系统。

在煤矿系统中的危险源不仅受到其自身以及外界物理因素的影响，同时还受到工作活动中人员的不安全行为影响及各个要素之间交互作用的影响。如现有文献所述，在所有的影响因素中，系统中的人的因素是最活跃的影响因素，也是影响系统安全的主要因素。与实际情况相符，煤矿系统的安全状况受组织的安全承诺影响，组织安全承诺表现为组织的管理水平及努力程度，煤矿工人每个人也有自己对安全的承诺。个人对煤矿的安全承诺可以看作是所有矿工个人承诺及行为的共同作用。运用系统动力学建模方法，借助系统动力学建模软件 Vensim PLE version 5.4 就可以建立煤矿安全生产系统动力学模型。

7.2.2 煤矿系统建模中的反馈效应

根据系统动力学中对因果反馈环及其极性的规定，在一个系统中，n 个不同要素变量的闭合因果链序列 $v_1(t) \to v_2(t) \to \cdots \to v_{n-1}(t) \to v_n(t) \to v_1(t)$ 称为此系统中的反馈环（也成为闭环）；非闭合因果链序列 $v_1(t) \to v_2(t) \to \cdots \to v_{n-1}(t) \to v_n(t)$ 则称为开环。反馈环也称之为反馈回路。

设反馈环中任意变量 $v_i(t)$，若在给定的时间区间内的任意时刻，$v_i(t)$ 量相对增加，且由它开始经过一个反馈后导致 $v_i(t)$ 再增加，则称这个反馈环为在给定的时间区域内的正反馈环；如果相对减少则称之为负反馈环。反馈环的极性为反馈环内因果链极性的乘积。作为一个复杂动态控制系统，反馈在煤矿安全生产管理中处处存在。系统正是在各种正反馈与负反

馈的控制环或控制链的作用围绕系统的目标下不断地发展变化。

如图 7-5 所示，对于煤矿安全系统的管理者来说，其安全管理的力度来源于改变安全管理力度的压力。同时，安全管理力度是安全管理力度变化率的存量。当改变安全管理力度的压力增大时，安全管理力度的变化率也会增大，就是说改变安全管理力度的压力很大时，安全管理的力度会在短时间内强度变大。安全管理的力度会通过制度、措施、规定等方式作用于安全管理活动，最终会通过较好的安全管理效果表现出来。这样，煤矿安全管理者改变安全管理力度的压力就会变小，形成一个负的反馈环。

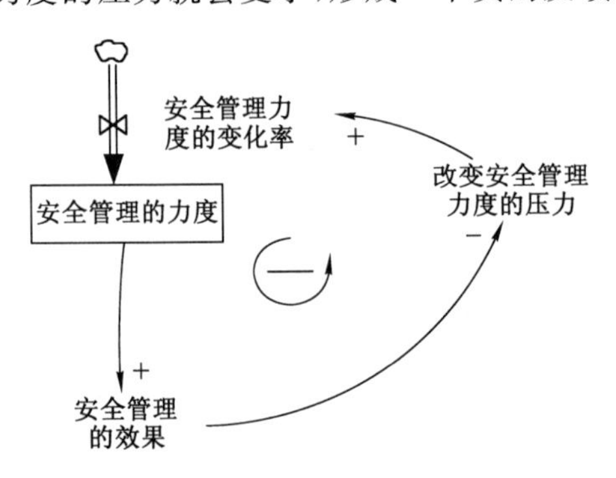

图 7-5　煤矿安全管理中的反馈环

7.2.3　煤矿系统建模中的延迟效应

延迟的存在对信息反馈系统的动态行为和输出结果有重要的影响。系统的流通通道中到处都存在延迟。在系统的物流通道上存在延迟，因为决策产生的行动通常需要一定的时间才能生效。例如，煤矿需要的设备、材料不能马上到达，因为设备、材料的运输需要花费时间；井下需要的工程无法立即完成，因为工程的完成需要决策、设计、建设、验收等；同样，对于整改后的隐患检查确认也需要时间。在系统的信息通道上同样存在延迟，因为信息不可能于一瞬间被收集、分析或传递，决策前的深思熟虑更需要时间。这就导致系统的实际状态与人们想象中的状态总有所差别，一般后者滞后于前者。在煤矿系统中，任何管理决策、措施的执行及作用的显现都不是即刻完成的，而是存在延迟的。可以说，延迟是导致系统复杂性的另一个原因。因此，煤矿管理者在进行安全管理决策时必须考虑决策执行效果的延迟属性。延迟在流图中的位置可简略地用图 7-6 表示。

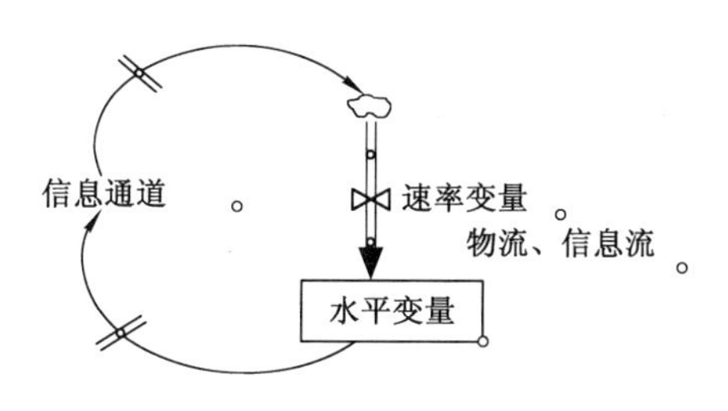

图 7-6　系统反馈与延迟

由于煤矿生产作业的高危险性，在煤矿生产过程中，总是可能存在诸多的隐患。隐患发生后，必须在一定的时间内得到清除或控制，否则就可能在一定的条件下造成人员的伤亡或设备财产的损失。但由于隐患治理的时间延迟性，尤其是不同级别的隐患处理时间受到多种因素的限制，使得延迟也变得难以控制。

图 7-7 为煤矿生产过程中隐患治理的一系列流程。在煤矿生产系统正常运行的过程中，由于人的因素或机器设备、环境因素的变化使系统的状态发生异常，导致各种不同种类隐患的产生。煤矿的生产技术人员和安全管理人员采取随时、定期或不定期的方式对矿井隐患进行检查，同时煤矿安全生产监测监控设备也对生产过程中的相关状态进行监测。对于人员或监控系统发现的隐患，煤矿相关部门需要根据隐患的级别等情况制定整改措施进行整改。根据隐患处理要求的不同，当前煤矿上的隐患整改按照时间要求可以分为立即整改和限期整改。对于限期整改的隐患，由于涉及管理、技术、所需资源等因素，整改所用的时间跨度也有很大差别。整改所需要的时间也就造成了系统物流、信息流的延迟现象。根据隐患级别的不同，可以分为部门级隐患、全矿级隐患及集团公司级隐患等。

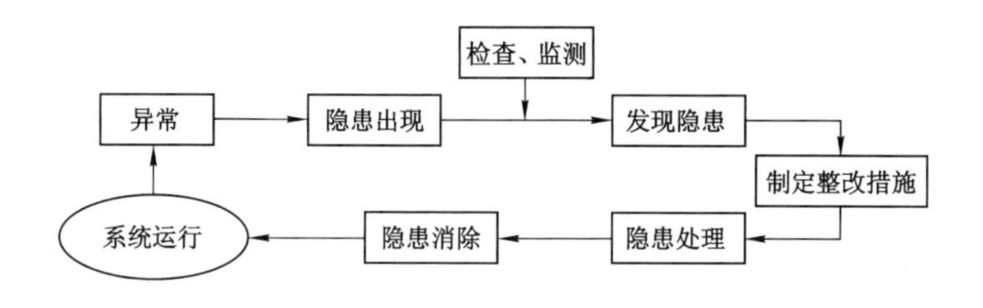

图 7-7　煤矿隐患的处理流程

当前，在煤矿的实际管理过程中，由于生产和安全管理工作的繁重、管理制度不规范等原因，可能造成隐患排查之后对于隐患的整改和复查工作缺乏时效性、规范性，导致有些隐患不能够及时处理或隐患处理得不闭环而最终引发事故。近年来多家煤矿在事故发生之后的调查中发现，先前已经查处的隐患没有及时治理是造成事故的直接原因。如 2009 年发生的“11·27”黑龙江鹤岗龙煤集团新兴煤矿特大瓦斯爆炸矿难事故，事故后调查发现，该矿在事故发生之前对于检查出来的多处重大隐患没有整改完成。事发当日，煤矿领导在明确接到瓦斯超限的通知后，没有及时通知井下人员撤出，最终瓦斯爆炸导致 108 人死亡。在此起事故中，都属于对系统的控制存在延迟现象并超过极限而引起的特大事故。

根据安全事故“冰山理论”，越多的隐患出现是重大事故发生的征兆。因此，煤矿安全管理不仅要能够做到隐患排查的全面，更应该确保煤矿生产过程中发现隐患的及时处理。即加快隐患的处理速度来降低单位时间内的平均隐患数量，以实现对事故的预防和控制。

7.3 煤矿重大瓦斯事故系统动力学模型

7.3.1 基于系统动力学视角的重大瓦斯事故致因机理

在煤矿生产过程中，瓦斯、煤尘爆炸事故所带来的伤亡和损失往往最大。事故的原因来源于人的不安全行为、机器设备及环境的不安全状态。人的不安全行为受到自身因素、煤矿制度和措施以及工作环境的影响。人员的不安全行为既表现在作业过程中对瓦斯和煤尘的控制，也表现在对机电设备的操作。另外，煤矿的顶底板质量、工程设施的密闭能力、通风设施的有效性等都是影响瓦斯积聚的因素。这几个因素涉及工程设施的建设质量问题，是和煤矿的组织管理水平分不开的。外部的影响和内部的扰动都可能通过事件链导致事故的发生。安全管理工作的其中一个任务就是控制影响与扰动以避免事故。

根据前文所述，在煤矿生产过程中，煤矿瓦斯、煤尘爆炸事故发生的条件有三个，即瓦斯、煤尘浓度达到一定浓度，有高温引爆火源以及有充足的氧气。瓦斯爆炸的下限浓度是 5%，上限浓度是 16%，当瓦斯浓度为 9.5% 时，其爆炸威力最大(氧和瓦斯完全反应)；瓦斯浓度在 16%以上时，失去其

爆炸性，但在空气中遇火仍会燃烧。此外，瓦斯爆炸界限并不是固定不变的，它还受温度、压力以及煤尘、其他可燃性气体、惰性气体的混入等因素的影响。瓦斯爆炸是一种热链(链锁)式反应。当爆炸混合物吸收一定能量(通常是引火源给予的热能)后，反应分子的链即行断裂，离解成两个或两个以上的游离基(也叫自由基)；每一个游离基又可以进一步分解，再产生两个或两个以上的游离基。这样循环不已，游离基越来越多，化学反应速度也越来越快，最后就可以发展为燃烧或爆炸式的氧化反应。

瓦斯爆炸产生的高温高压，促使爆炸源中心周围的气体以极大的速度向外冲击，造成人员伤亡，破坏巷道和生产设施，同时扬起大量煤尘并使之参与爆炸，产生更大的破坏力。另外，爆炸后生成大量的有害气体 CO 等，造成人员中毒死亡。依据瓦斯(煤尘)事故的发生条件，建立煤矿瓦斯、煤尘爆炸事故的简单系统动力流图，如图 7-8 所示。

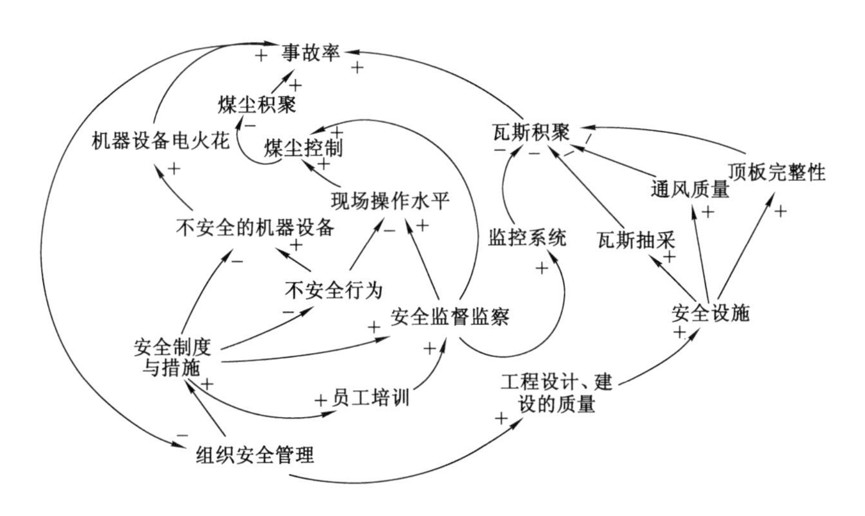

图 7-8　煤矿瓦斯、煤尘爆炸事故过程流图

从图 7-8 中可以看出煤矿瓦斯、煤尘爆炸事故中各个影响因素之间的因果关系。图 7-8 中的影响因素涉及煤矿系统中的人员、机器设备、环境以及管理全部四类要素。从图 7-8 中可以看出，煤矿的事故率可以直接通过因果链条相关因素追溯到管理原因。煤矿的组织管理通过管理措施、制度等影响系统中人的因素(员工的培训、员工的不安全行为)、机器设备的因素(不安全的机器设备)以及环境因素(井下工程设计、工程质量)，这三个因素又直接或间接地影响煤尘、瓦斯爆炸的条件，即火源因素

(机器设备的电火花)、瓦斯浓度及煤尘浓度。这些因素最终会影响煤矿的事故率。

7.3.2 系统边界的确定及煤矿总体系统动力学模型

煤矿系统由于生产作业所处地下这一环境的特殊性使得其作业过程中面临的危险性大大增加。影响这个系统安全的因素不仅包括复杂的地质结构、瓦斯、煤尘、冲击地压、岩层水等,而且还包括采煤机器设备故障以及煤矿工人的不安全行为等。不仅如此,在煤矿生产活动中,煤与瓦斯突出是一种复杂的动力现象,到目前为止,各种地质开采条件下的煤与瓦斯突出发生的规律还没有完全掌握。地质环境的复杂性增加了系统安全状态的多变性。

煤矿系统包括管理者、煤矿工人、机器设备、生产作业环境及其他安全系统相关要素。此外,煤矿系统内部还包含着多个子系统,子系统之间也存在着复杂的耦合关系,相互之间存在着物质与能量的交换。按照不同的划分原则,整个煤矿系统可以划分成不同的子系统。根据煤矿生产及安全管理的实际,为了研究的方便,我们将煤矿系统划分为生产系统、人力资源系统、煤矿产能系统以及安全管理 4 个子系统。由于当前我国煤矿企业多数都采取煤矿管生产、公司管销售的产销分开管理的经营方式,即煤矿对煤炭库存与销售的管理较少。所以本研究中不考虑库存与销售变化对煤矿产量的影响作用。

如图 7-9 所示为煤矿安全各个子系统之间的关系,煤矿安全生产系统主要包括生产系统、人力资源系统、煤炭产量系统以及安全系统。根据生产的实际条件,各个系统相互配合完成系统的主要输出即煤炭的产量。

虽然煤矿生产过程中的危险因素主要来源于地下作业过程,但是整个煤矿系统是一个整体,研究煤矿的安全问题需要在整个煤矿系统内从系统发展变化的时间、空间、要素等角度去研究。煤矿作业过程中的危险源一方面受其本身或外界物理因素的影响,同时也受煤矿工人行为的影响。本书重点研究煤矿生产作业系统、人力资源系统以及安全系统这三个主要系统的因素动态变化,以揭示影响煤矿安全的因素的变化规律。

7.3.3 煤矿煤炭产量系统模型

煤炭生产是煤矿存在和发展的基础与目的。从图 7-10 中可以看出影

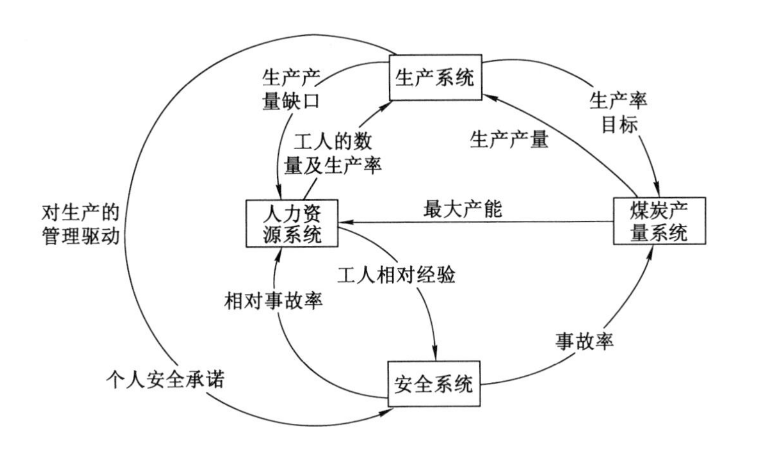

图 7-9　煤矿总体系统图

响煤矿产量增加的相关因素。在这个过程中主要涉及煤矿产量水平、最大产量、核定产量、产量期望损失以及增加产量五个因素。煤矿产量水平受到煤矿自身核定产量的制约。目前，根据国家规定，煤矿的煤炭产量不得超过核定产能的10%。煤矿的产能在一定时间内不会发生变化，产能的提高需要时间以及新增生产投资的影响。

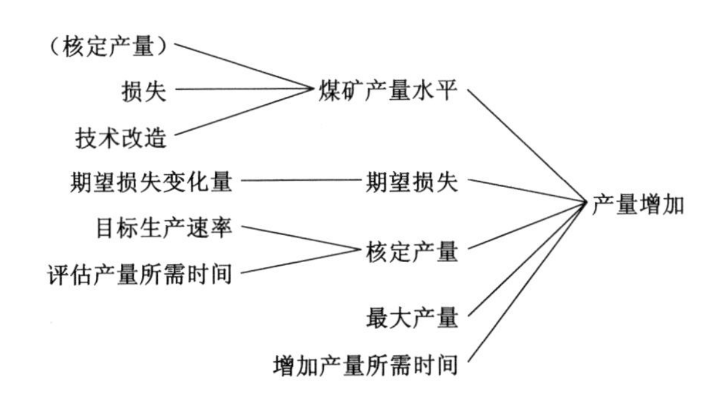

图 7-10　影响煤矿产量增加的因素

煤矿事故的发生会带来机器设备、环境或人员的直接损失。此外，当煤矿生产过程中发生事故时，可能导致煤矿正常生产作业的中止，生产系统的重新运行需要一定的时间来恢复，这就形成另外一种损失，即正常生产的中断导致煤炭产量的降低所带来的机会损失，如表 7-1 所列。

表 7-1　　夹河煤矿事故造成产量损失

区队	事故地点	事故经过	发生时间	影响时间	影响产量/t
综采一区	9445 工作面	三部刮板输送机电机坏，更换电机	2009-1-30　0:42	2:58	180
综采一	7444 工作面	采煤机太高，泵坏了	2009-3-4　4:17	4:36	543
综采一	7444 工作面	采煤机齿条销子断了	2009-3-5　21:46	1:09	136
机电科	9445 工作面	工作面刮板输送机上下移动	2009-3-6　22:22	1:09	190
综采一区	7444 工作面	工作面刮板输送机尾部电机五抓轮坏	2009-3-12　21:22	2:48	0
皮带工区	2445 小楼	给煤机开关不吸合	2009-3-13　4:30	0:30	0
综采一区	7444 工作面	刮板输送机尾部电机靠背轮坏了	2009-3-13　5:13	1:00	0

按照流率基本入树方法确定影响煤矿产量水平和期望损失因素之间的关系，建立系统动力学模型如图 7-11 所示。其中目标生产速率和事故率为阴影变量，是其他子系统的输出变量。

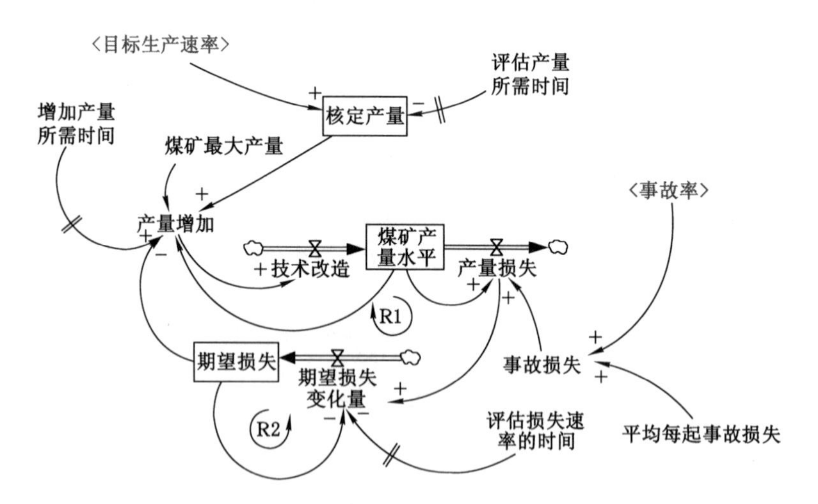

图 7-11　煤炭产量子系统流图

图 7-11 中,煤矿生产系统模型的负反馈回路如下:

R1:产量增加$\xrightarrow{+}$技术改造$\xrightarrow{+}$煤矿产量水平$\xrightarrow{+}$产量损失$\xrightarrow{+}$期望损失变化量$\xrightarrow{+}$期望损失$\xrightarrow{-}$产量增加。

R2:期望损失变化量$\xrightarrow{+}$期望损失$\xrightarrow{-}$期望损失变化量。

7.3.4 煤矿生产系统模型

煤矿工作面生产系统是煤矿系统的一个部分。煤矿系统包含的子系统数量庞大,影响生产的因素非常多。如矿井地质、巷道开拓、巷道掘进、围岩支护、工作面回采、供电线路、电气设备、监测监控、瓦斯抽采、矿井通风、排水、井底车场、运输、提升、地面设施等子系统,这些子系统本身又包含许多子系统,层次很多,如瓦斯抽采子系统又包括钻孔设备与安全措施、封孔方法与措施、抽采管与瓦斯管路连接、瓦斯泵、抽采瓦斯管路中的安全装置等子系统。生产系统置于信息不完备的自然地质体(围岩)的环境之中,受不确定因素的影响,系统运行条件复杂多变,自然灾害(水、火、瓦斯)发生概率大,非稳态多。在这个复杂系统中,生产作业的目标、计划、进度都受到复杂条件的影响。同时生产系统也对煤矿系统安全有着重要的影响。

如图 7-12 所示,在本研究中,我们设定煤矿生产系统的实际产量受到 3 个因素的直接影响,即煤矿工人的数量、煤矿的生产能力以及煤矿的生产率。在工人劳动生产率既定的情况下,为了增加煤炭产量,就必须雇佣更多的煤矿工人。同时,煤矿的现有工人也会由于正常原因而退出煤矿,即煤矿工人在人力资源系统内存在损耗。煤矿的产量水平直接受到煤矿核定生产能力、生产过程中造成的煤炭损失以及对煤矿现有开采条件投资进行技术改造的影响。我们认为煤矿的生产率受到矿工的经验、学习能力以及正常生产率的影响。在模型中,设定影响煤矿生产率的变量为矿工相对经验、相对生产率和学习曲线指数。

在煤矿的产量水平范围内,煤矿的实际产量水平直接取决于煤矿的生产率和煤矿工人的数量。如图 7-13 所示,煤矿生产子系统以煤矿的实际产量水平为中心。其中生产的实际产量水平受到矿工数量、煤矿生产率、煤矿产量水平的影响。煤矿的生产管理者根据企业的生产计划会设定自己的目标产量,根据煤矿的实际产量水平和目标产量之间的产量缺口进行控制和调整以实现煤矿的煤炭产量输出。

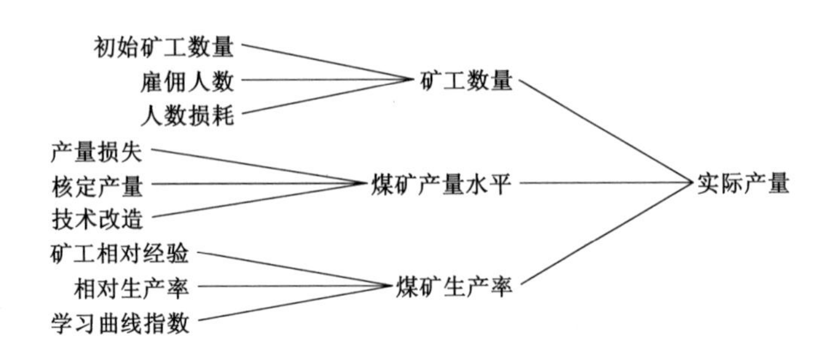

图 7-12　影响煤矿实际产量的因素

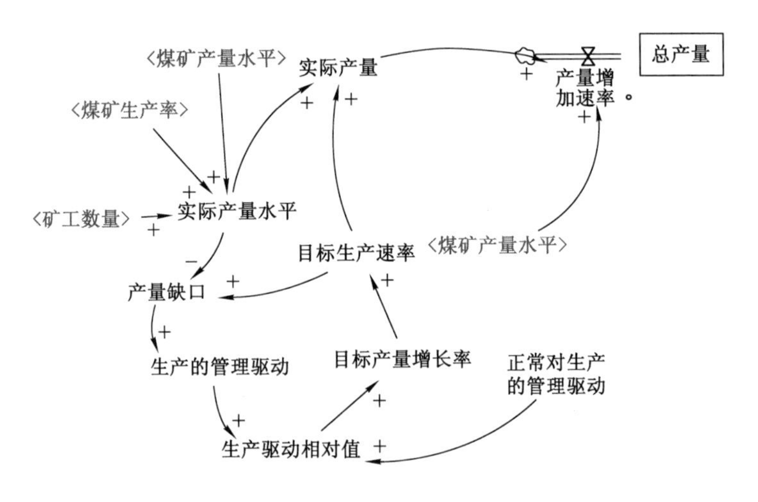

图 7-13　煤矿生产子系统流图

煤层地质条件对工作面生产技术指标有很大的影响，主要包括如下各因素：地质构造复杂程度、煤层稳定程度、煤层厚度、煤层倾角、煤层坚硬性、煤层顶底板条件、可布置工作面宽度、其他特殊地质条件（包括瓦斯地质条件、水文地质条件及煤层自燃性）。通过对这些影响产量的因素进行综合估计后对煤矿产量进行预测，算出未来的煤矿预计产量。煤矿管理者根据预计产量制订生产计划，确定每年的目标产量并在实际工作中进行逐步目标分解。目标产量和实际产量之间并不能完全一致，导致出现产量的缺口或盈余。出现产量缺口以后，会影响煤矿对煤矿工人的雇佣速率。同时实际产量影响煤矿生产管理者的决策，对于实际产量和产量的增加速率也产生影响（如图 7-14 所示）。

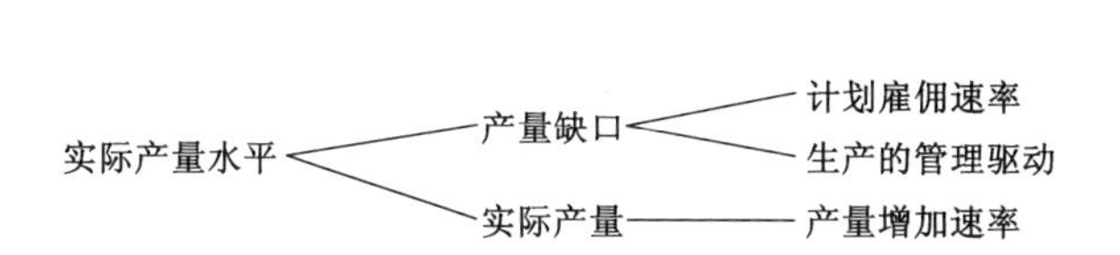

图 7-14 实际产量影响的因素

7.3.5 煤矿人力资源系统模型

1. 煤矿人力资源系统与人力资源管理

人力资源系统是企业管理系统的一个重要子系统，主要包括人力资源的规划、招聘雇佣、培训开发、工作分析、人员配置、绩效管理、薪酬福利、激励管理、劳动关系、文化建设等促进企业发展的要素。人力资源强弱的衡量标准，取决于人力资源素质的高低，而非数量的多少。一个企业要生存和发展，人力资源是关键的因素之一。人力既然是一种资源，则对于该资源的获得、发展及运用，都应认真加以规划，才能发挥其功能和作用。员工是企业的主体，企业的生产、经营、管理及其他一切活动，都是在员工直接操作下进行的，员工不仅是企业生产中最活跃、最积极的因素，而且是生产关系的中心环节，直接影响企业的运营绩效。

煤矿人力资源管理直接影响作为安全生产主体员工在煤矿系统内部的活动。首先，从系统的人员这一要素的输入来说，煤矿人力资源管理能够决定进入煤矿的员工的素质。招聘有经验的工人和技术能力高的人才，能够直接影响煤矿的安全水平。其次，对于招聘来的员工，进行培训和教育也离不开煤矿人力资源管理部门。培训与教育是提升煤矿员工安全技能和安全知识的主要途径。再次，对于煤矿生产过程中员工出现的不安全行为的处理、奖罚以及停工培训，也需要人力资源管理部门的参与。最后，煤矿不合格员工的辞退也是煤矿人力资源部门的工作。可以说，煤矿人力资源管理一直伴随着煤矿员工在煤矿工作的全部阶段。对煤矿工人的安全生产有着极其重要的影响。

对于煤矿企业来说，员工的作业行为直接与安全相关，员工的不安全行为是造成安全事故的主要原因。对于机器设备的不安全状态、环境的不安全情形都需要员工进行及时有效的处理，因此，煤矿的安全与煤矿员工的素质和行为息息相关。

在研究中，将煤矿员工的素质用煤矿工人的经验来表示。一个煤矿工

人在煤矿生产和安全活动中的经验越多，则认为他的素质越高。因此，煤矿工人的平均经验就代表了煤矿安全管理中人这一系统的安全水平。如图 7-15所示，矿工的平均经验是由矿工全部经验以及煤矿工人的数量决定的。矿工的全部经验的影响因素有初始矿工的数量、矿工在工作中经过学习与培训得到的新经验、矿工的经验衰减、矿工的经验消耗损失、初始矿工的经验以及作业中的经验增加。矿工数量的影响因素则有初始矿工数量、招聘速率以及损耗率。

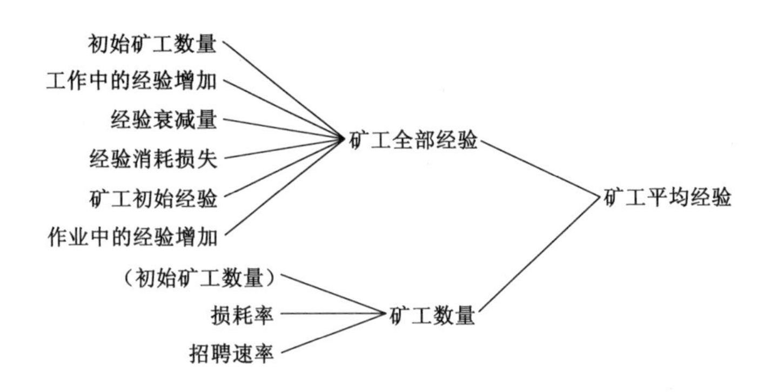

图 7-15　影响矿工平均经验的因素

一个煤矿矿工数量和经验的提高，离不开煤矿的人力资源开发与管理水平的提升。煤矿人力资源开发与管理，实质是一个对人力资源进行动态控制的过程，其中各环节、各要素或各变量形成前后相连、首尾相顾、因果相关的反馈环。其中一环的变化，都会引起其他环节发生变化，最终又使该环节的要素进一步变化，形成反馈回路和反馈控制运动。

2. 我国煤矿人力资源分析

在美国等发达国家，煤矿机械化程度高，矿工的工资也比其他工种高出多倍，一般都是大学毕业生才有资格从事煤矿开采业。大学生应变能力、处理复杂情况的能力都比较强，煤矿事故很少发生。目前在我国，煤矿工人的平均学历低是不争的事实，相比国有、地方大型煤矿，乡镇小煤矿则更为严重。同时，煤矿工人的流动性大也是非常不利的因素。

根据国家安全生产监督管理总局研究中心的一项调查(2005)，各地煤矿特别是我国中西部地区普遍雇佣农民工，其数量占全部井下工人总数的30%～40%，有的甚至高达半数以上。在其 2004 年调查的 12 个国有重点煤矿企业中，采掘工人文化程度为小学的占 13.9%，初中占 55.9%，高中及

中专占27.9%，大专及以上占2.1%。其中，农民协议工中初中及以下文化程度的占91.2%；成建制外包工程队中初中及以下文化程度的占85.1%。全国性和地方的统计调查均显示，我国煤矿工人中存在农民工比重过大、素质偏低、流动性强的特点。与此同时，对农民工的培训工作很难到位，严重影响了煤矿的安全水平。如据2006年的调查显示，我国对煤炭行业农民工的安全培训存在的问题包括：煤矿安全培训投入不足；企业安全培训责任落实不够；培训针对性不强，培训质量达不到要求；安全培训参差不齐；农民工培训协调机制没有形成等。

由于煤矿井下作业的特殊性，煤矿招聘的员工进岗之前必须进行相关的专业知识和安全知识培训，培训合格后方能上岗作业。培训不到位或没有培训必然会带来严重的安全隐患，如2005年辽宁孙家湾特大矿难的直接原因是井下电工培训不符合要求，按照规定必须进行三个月的培训，矿上只培训了三天，最终酿成214人死亡、31人受伤的特大矿难。

人力资源在企业的流动过程包括进入、工作成长、退出三个阶段。煤矿企业的人力资源子系统系统反馈过程如图7-16所示。

从图7-16中可以看出，煤矿的生产率受到矿工相对经验、相关生产率和学习曲线指数的影响。学习曲线是指在产品的生产过程中单位设备随累计生产产量的增加，其产品单位工时会逐渐下降，但累计产量达到一定数量后，其产品单位工时趋于稳定。这种累计平均工时与累计产量的函数关系称为学习曲线；并把产量加倍后与加倍前的累计平均工时之比称为学习率。通常把学习曲线反映出的这一生产规律称为学习效应。在这里我们设定学习经验指数为0.4，矿工相对经验和相关生产率均采用相对数值来进行表示。

煤矿招聘的工人有初始的工作经验，煤矿招聘一个员工是否在煤矿的相关岗位工作过直接影响了煤矿工人的平均经验。工人进入煤矿后工作经验的增加主要有两个来源：煤矿组织的培训以及工人自己在工作中或已发生事故中的学习。同时煤矿企业招聘到的工人在工作的过程中通过培训经验会不断增加，同时也会遗忘。矿工平均经验和安全生产所需的经验之间会存在缺口，这个缺口需要通过煤矿组织的培训来弥补。

煤矿的生产量是由煤矿工人数量和煤矿的最大产能决定的，在煤矿的产能范围内，雇佣更多的工人能够增加煤矿的煤炭产量。对于煤矿来说，煤矿工人所具有的工作经验不仅影响煤炭的产量也影响煤矿的安全。为了保

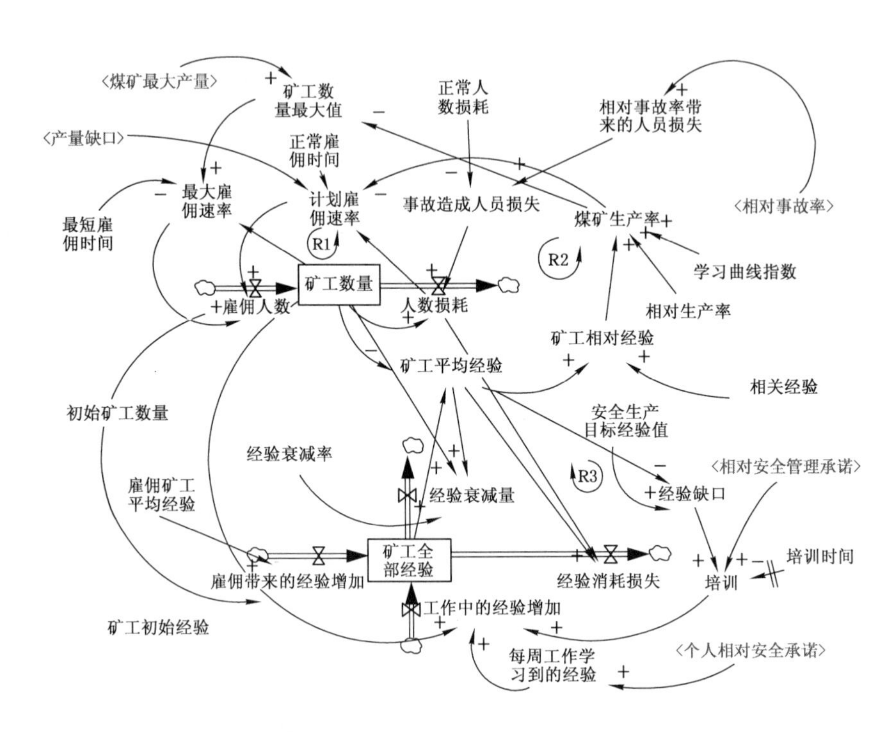

图 7-16　煤矿人力资源子系统流图

证安全生产，煤矿会对招聘的工人进行入岗前培训，在工人入岗后也会通过学习和培训来提高其安全生产技能。根据艾宾浩斯记忆遗忘曲线效应，工作经验也会随着时间的演进逐渐被遗忘。

从图 7-16 中可以看出，系统模型的正反馈回路包括以下几条：

R1：矿工数量$\xrightarrow{+}$人数损耗$\xrightarrow{+}$计划雇佣速率$\xrightarrow{+}$雇佣人数$\xrightarrow{+}$矿工数量。

R2：矿工平均经验$\xrightarrow{+}$矿工相对经验$\xrightarrow{+}$煤矿生产率$\xrightarrow{-}$计划雇佣速率$\xrightarrow{+}$雇佣人数$\xrightarrow{+}$矿工数量$\xrightarrow{-}$矿工平均经验。

模型中的负反馈回路如下：

R3：矿工全部经验$\xrightarrow{+}$矿工平均经验$\xrightarrow{-}$经验缺口$\xrightarrow{+}$培训$\xrightarrow{+}$工作中的经验增加$\xrightarrow{+}$矿工全部经验。

7.3.6　煤矿安全系统模型

煤矿的生产和安全是分不开的，但有时也是存在矛盾的。比如在有限资源的情况下，二者的分配问题；在管理组织结构中，二者的权限问题等。在这里我们定义生产对安全的优势度来进行研究。如果煤矿对安全工作更加重视，则我们认为生产对安全的优势度要小，反之则大。实际上，生产对安全的优势度大小可以通过煤矿组织中的一些指标反映出来，如煤矿组织中安全员的权力大小、安全管理机构的地位（如安全管理委员会）等。

煤矿管理人员和矿工的行为直接影响煤矿的安全绩效。人的行为又受到其心理的支配。在研究中，我们定义个人安全管理承诺，即指一个人为了实现煤矿安全自己愿意作出并且会作出的努力的程度；同样，也定义整个煤矿组织的安全管理承诺，指煤矿组织为了实现煤矿安全自己愿意作出并且会作出的努力的程度。煤矿的安全管理承诺主要通过煤矿的制度以及管理人员的命令等方式来实现。

煤矿安全系统是研究的核心子系统，主要包括员工、机器设备和物料、环境等生产类要素以及制度、规范等软要素。在煤矿安全子系统中，煤矿企业的安全管理承诺水平受到安全管理承诺变化率的影响，同时又通过反馈作用影响安全管理承诺变化率。安全管理承诺变化率还受到改变管理承诺的时间以及安全管理目标的影响。安全管理承诺目标由组织的最大管理承诺和改变安全承诺压力所决定。改变安全承诺压力来自于相对事故率对安全管理承诺的影响效果及事故产生的影响。如图 7-17 所示。

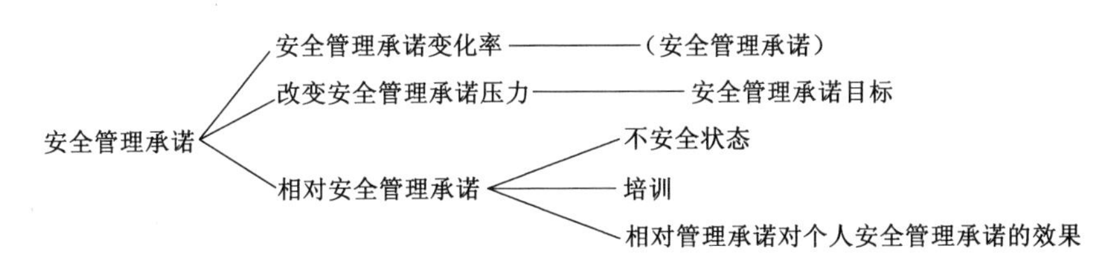

图 7-17　安全管理承诺对其他因素的影响

如图 7-18 所示，个人安全承诺受个人安全承诺变化率的影响，又反过来影响个人安全承诺变化率。个人安全承诺变化率由个人安全目标和改变个人安全承诺所需要的时间决定。个人安全承诺直接影响员工的不安全行为和个人安全管理承诺改变的压力。系统的事故率水平是由事故变化率和平均事故时间所决定的。事故率又同时受到不安全行为、机器设备不安全状态及环境不安全条件的影响。

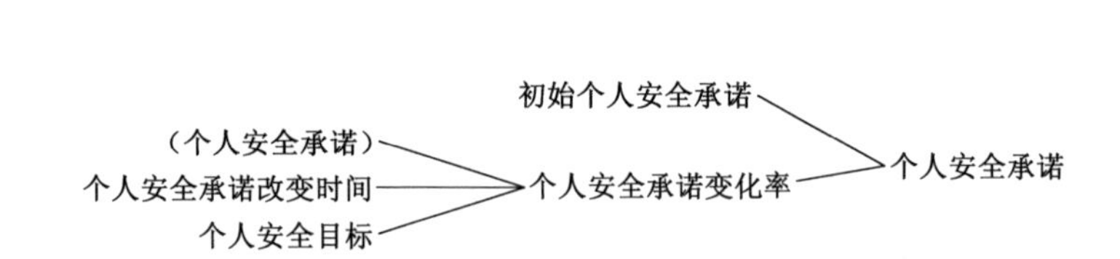

图 7-18 影响个人安全承诺的因素

通过前文的分析可以知道,煤矿重大瓦斯事故的发生有三个条件,即一定的瓦斯浓度、充足的氧气以及高温火源的存在。其中第一个和第三个条件是关键因素,因为井下氧气一般都是充足的。而促使第一个和第三个条件成立的基本事件很多,或者说事故的致因因素很多。在模型中,考虑到这些致因因素的形成原因的类似特点和模型研究的方便,我们根据这些致因因素的特点将其分为两类,一类是人员的不安全行为,另外一类是机器与环境的不安全状态。以平均事故率作为系统的输出,代表系统的重大瓦斯事故的风险程度,以煤炭行业事故率作为该矿事故率的参考值,如图 7-19 所示。我们可以认为,事故率是不安全行为、不安全状态和行业事故率的函数。

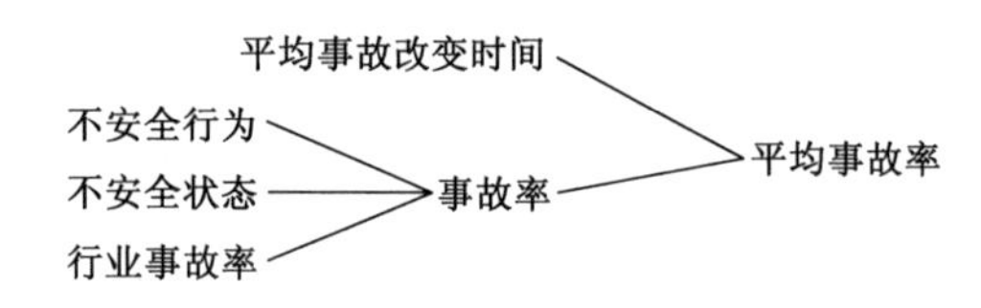

图 7-19 影响平均事故率的因素

根据上述关键因素和变量的因果关系,结合相关的常量与辅助变量,在分析煤矿安全系统事故发生路径的基础上,按照系统动力学建模方法,建立煤矿安全系统的反馈回路流图如图 7-20 所示。

在系统动力学模型中,煤矿企业的安全管理承诺水平的存量是随着一个速率变量安全管理承诺变化率而增加的反馈环。安全管理承诺变化率受到改变安全管理承诺压力和安全管理承诺目标的影响。安全管理承诺目标由组织的最大安全管理承诺和改变安全承诺压力所决定。模型中瓦斯爆炸的机理根据实际瓦斯事故发生的机理以一种较简单的方式来建模。

模型中存在的正反馈回路有:

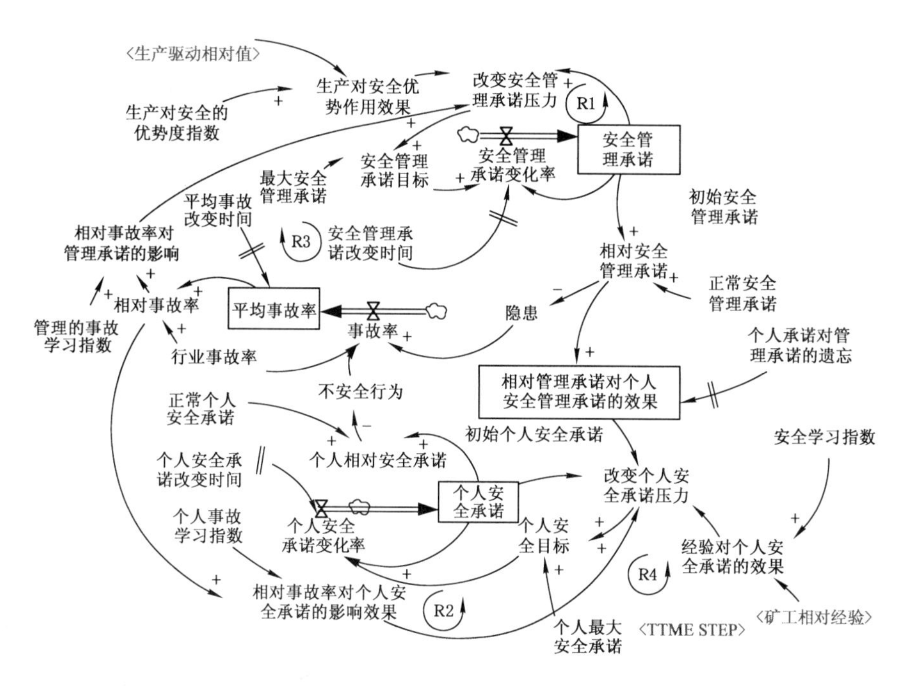

图 7-20　煤矿安全子系统流图

R1:安全管理承诺$\xrightarrow{+}$改变安全管理承诺压力$\xrightarrow{+}$安全管理承诺目标$\xrightarrow{+}$安全管理承诺变化率$\xrightarrow{+}$安全管理承诺。

模型中存在的负反馈回路有:

R2:平均事故率$\xrightarrow{+}$相对事故率$\xrightarrow{+}$相对事故率对个人承诺的影响效果$\xrightarrow{+}$改变个人安全承诺的压力$\xrightarrow{+}$个人安全目标$\xrightarrow{+}$个人安全承诺的变化率$\xrightarrow{+}$个人安全承诺$\xrightarrow{+}$个人相对安全承诺$\xrightarrow{-}$不安全行为$\xrightarrow{+}$事故率$\xrightarrow{+}$平均事故率。

R3:平均事故率$\xrightarrow{+}$相对事故率$\xrightarrow{+}$相对事故率对管理承诺的影响效果$\xrightarrow{+}$改变安全管理承诺压力$\xrightarrow{+}$安全管理承诺目标$\xrightarrow{+}$安全管理承诺变化$\xrightarrow{+}$安全管理承诺$\xrightarrow{+}$相对安全管理承诺$\xrightarrow{-}$隐患$\xrightarrow{+}$事故率$\xrightarrow{-}$平均事故率。

如图 7-20 为煤矿安全子系统的反馈流图。Sterman 指出,在工业动力系统中,寻找系统的关键反馈回路比起探索非必要的复杂定义更具有意义。

从图7-20中可以看出，此模型的主要反馈循环为组织安全管理承诺、个人安全管理承诺、员工行为、事故率这一循环回路。

Jaw W. Forrester在2003年的国际系统动力学会议上指出，系统动力学建模方法可以作为分析复杂系统的一个主要工具，它们可以涵盖人类大部分的动态性复杂问题：它们蕴含在小至个人、家庭，大至组织、产业、都市、社会、国家和世界，甚至民族、历史及生态环境的种种活动之中。通过不断增强的回馈（正反馈环）、反复调节的回馈（负反馈环）和时间延迟等三个基本元件建立起来的动力学模型，揭示了在管理复杂现象背后的单纯之美，分析系统模型的目的是重新调整我们的认知，以使我们清楚结构的运作，寻找结构中的杠杆点。

7.4 煤矿重大瓦斯事故仿真实证研究

7.4.1 仿真研究假设

（1）本研究的系统边界为一个煤矿系统。研究模型遵循事故致因研究中的共同成因假设。

（2）仿真研究假设煤矿生产在仿真周期内基本稳定，煤矿的安全生产管理不会受到大的外部因素扰动，如国家煤炭安全生产调控政策变化等，煤矿管理者根据自己在系统中所处的位置及接收到的信息和反馈作出行为反应。

（3）在煤矿生产组织中，煤矿工人和组织都有通常安全管理承诺和最大安全管理承诺，分别被假设设置为80%（正常水平）和120%（最高水平）。

7.4.2 初始模型的仿真

运用系统动力学方法研究煤矿复杂系统的反馈复杂性，首先需要建立重大事故演变过程的因果关系和流图，对以流位与流速为主要变量建立的反馈系统进行反馈环分析。在已建流图结构模型即由流率基本入树嵌成的结构模型中，找出所有的或部分重要反馈环，然后，找出系统的基模和主导反馈环，通过系统基模、主导反馈环参数调试等途径，对系统模型进行调试、反馈环分析、结果分析以及效果检验。

按照系统动力学仿真的步骤与方法，在前文分析建立完成4个系统动力学流图后，设定各个流率变量、流位变量以及辅助变量之间的动力学方程

（详见附录2）。将采集到的徐州矿务集团夹河煤矿的数据输入到仿真模型中。设定模型的仿真周期为150周（约3年）、仿真步长为4周，反复进行模型的运行调试，最终得到初始模型的仿真结果。

从图7-21和图7-22可以看出，在仿真初期，由于煤矿生产对人力资源的需求，会促使煤矿加大招聘速率，招聘更多的工人满足生产的需要。同时，新员工的引入带来整个煤矿工人平均生产经验的下降，进而影响煤矿的安全水平。新员工进入煤矿后需要参加培训，随着煤矿对新工人的岗前培训以及在岗培训，整个煤矿工人的生产经验水平将逐步提高，进而带来煤矿总体安全情况的好转。

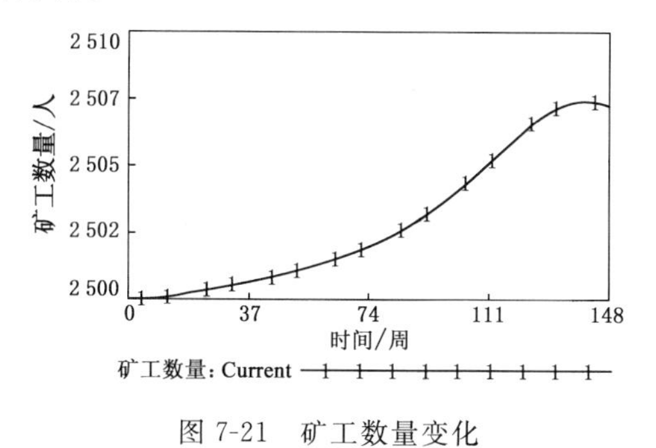

图7-21 矿工数量变化

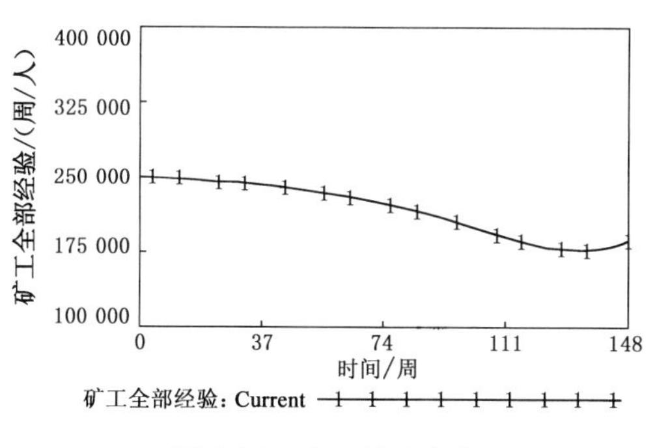

图7-22 矿工经验变化

从煤矿在生产系统的仿真结果来看，在仿真期内煤矿的煤炭实际产量和产量缺口如图7-23和图7-24所示。图中煤炭产量趋势下降的原因，一部分是由于事故频发，损失太多造成。煤矿的整个产量在仿真周期内是动态变化的，生产的目标是为了实现目标煤炭产量，生产的进度控制会围绕着生产目标不断地调整，同时也带来了对系统的影响。造成煤矿安全系统本身成为一个动态变化的系统。

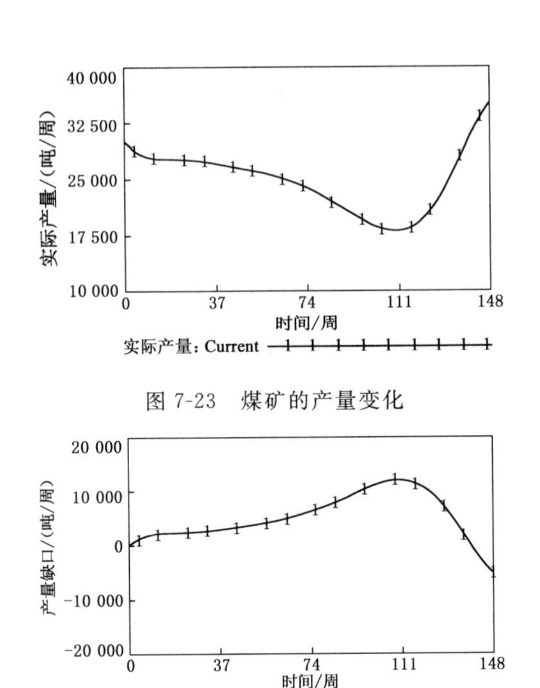

图 7-23　煤矿的产量变化

图 7-24　煤矿产量缺口

图 7-25 所示为该煤矿在仿真周期内的煤炭产量的增加量。图 7-26 所示为煤矿发生事故所带来的损失。从图中可以看出，随着煤矿生产的进行，煤炭产量逐步增加，同时由于煤矿平均事故率的升高，带来煤矿生产能力的损失，进而造成煤矿的煤炭产量损失也在增加。因此，可以认为降低煤矿的平均事故率能够带来煤矿产量的增加，从而为煤矿带来经济效益。尤其在长期内，这种效果更加明显。也从侧面证明了煤矿的安全与生产是统一的，搞好煤矿安全是为了更好地生产。

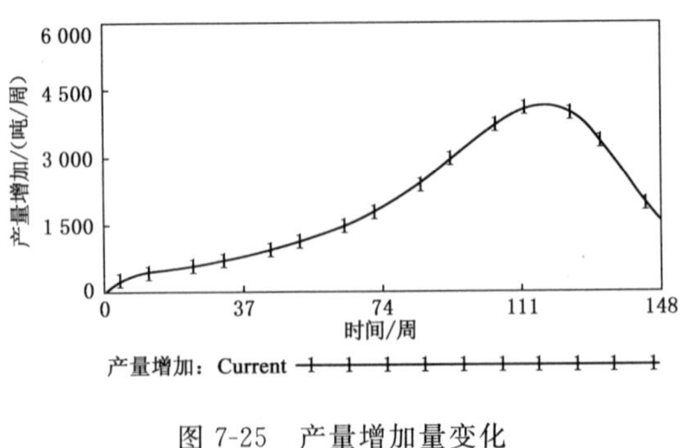

图 7-25　产量增加量变化

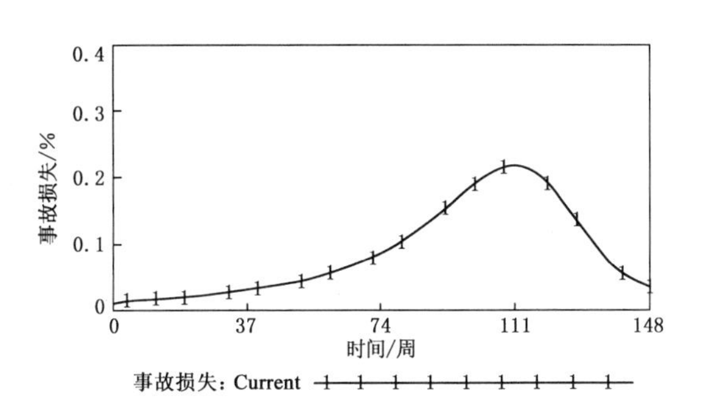

图 7-26 煤矿事故损失变化

如图 7-27 所示，在模拟周期内，煤矿的平均事故率在前段时间内是逐渐升高的，这是因为随着煤矿开采进度的增加，会出现越来越多的危险源，如果对这些危险源不能进行有效管理，或者现有的管理不能很好地控制员工的不安全行为，则煤矿事故率将会上升。根据事故冰山理论，众多小事故的发生可能是重大事故发生的征兆。然而，这种事故率上升的趋势在现实中不会一直发展下去，这种趋势会增加管理者的安全管理压力，使管理者采取相应的措施去加强管理，进而把煤矿的事故率降下来。

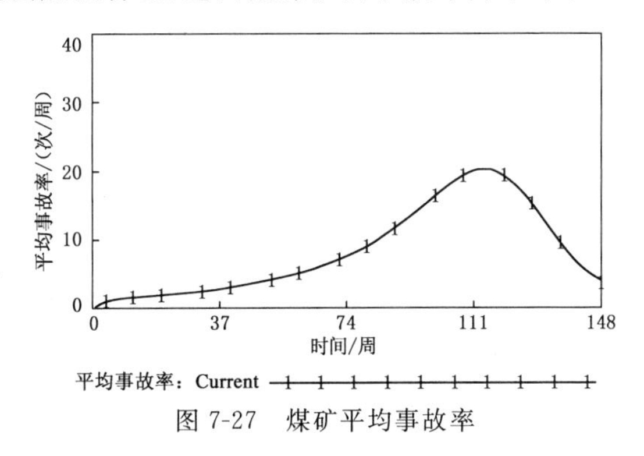

图 7-27 煤矿平均事故率

此外，管理者应该意识到煤矿安全系统中信息流的滞后性，在作决策时考虑延迟效应在系统中的作用。从图 7-28 中可以明显看出，组织安全管理承诺和个人安全承诺之间有明显的延迟效应。此外，个人安全承诺要比组织安全管理承诺波动性大，这是由于相对于组织决策来说，个人决策具有成本低、效率更高的特点。同时也说明组织安全管理承诺的微小变化可能会带来基层员工个人行为的较大变化。

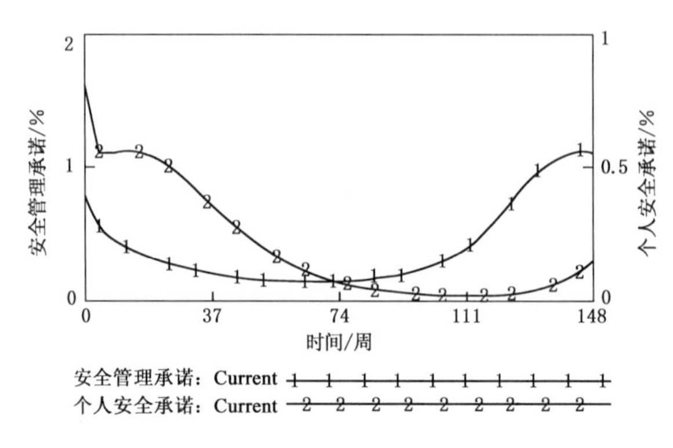

图 7-28　安全管理承诺与个人安全承诺

7.4.3　仿真结果的情境分析

7.4.3.1　煤矿生产安全优势度变化下的重大事故系统仿真

对于煤矿生产系统来说，煤矿管理者能够支配的人力、财力、物力、信息资源在一定时间内都是基本稳定的。由于系统资源的有限性，生产与安全工作任务在对人、财、物的使用上就可能会发生冲突。如何合理地配置煤矿系统的资源和处理煤矿生产的目标便成为煤矿管理决策者必须考虑的工作。

图 7-29 所示为煤矿生产安全优势度由 0.5 变为 0.8 时煤矿平均事故率的变化情况。从图 7-29 和图 7-30 中可以看出，生产对安全优势度的变化一般是通过煤矿安全管理承诺来作用于煤矿安全生产系统，即通过煤矿管理者的命令以及煤矿的制度等来实现对生产任务的安全管理。随着煤矿安全管理承诺的降低，必然带来煤矿平均事故率的大幅升高，最终会影响到煤矿管理者的决策，使之不得不提高安全管理承诺。

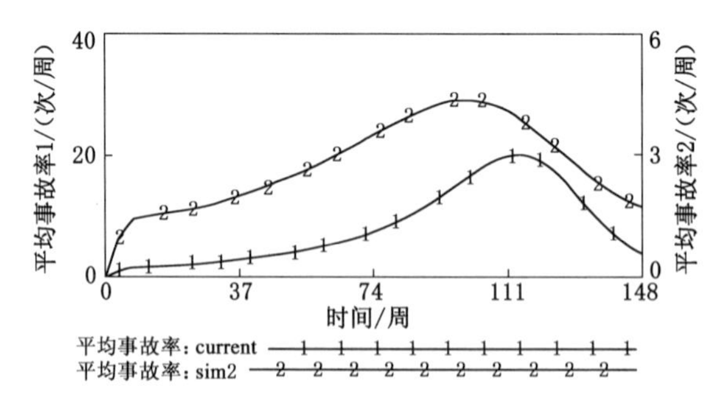

图 7-29　两种情境下的平均事故率

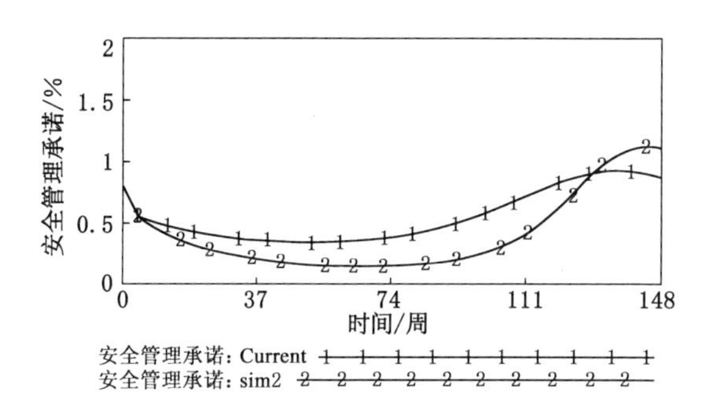

图 7-30　安全管理承诺的变化

煤矿工人的生产作业过程与安全息息相关，可以认为安全也是员工工作的绩效表现。安全管理要求其在安全的工作环境下进行作业，但是由于作业流程和作业环境变化的动态性，煤矿工人自身的行为同样受到安全与生产优势度的影响。这个优势度包括上级管理者的指令影响以及工人本身根据工作条件和自身条件所作出的判断的影响。

从以上分析可以看出，煤矿生产安全优势度直接影响煤矿安全系统输出的变化，即煤矿的事故率。这就要求一切与生产有关的机构、人员都必须参与安全管理并在管理中承担责任。认为安全管理只是安全部门的事，是一种片面的、错误的认识。安全管理不是少数领导和安全管理部门的事，而是一切与生产有关人员共同的事。没有全员的参与，安全管理不能得到全面贯彻，不会出现好的管理效果。当然，这并非否定安全管理第一责任人和安全机构的作用。生产组织者在安全管理中的作用固然重要，全员性参与管理也十分重要。

7.4.3.2　*矿工数量及经验变化下的重大事故系统仿真*

煤矿生产活动是一个多任务、多流程的活动，需要人与机器、环境的协调配合。这个协调配合首先是表现在作为安全管理主体的人员的数量和素质上。煤矿的复杂生产条件与生产的工艺都要求一定数量具有经验的工人。工人的素质和行为直接关系到煤矿的安全。因此，工人的数量和技能水平就是影响煤矿系统安全的两个重要因素。图 7-31 为将仿真模型中的煤矿工人的数量与经验稍微降低前后的平均事故率变化，曲线 2 表示煤矿工人的数量和经验降低后，煤矿的平均事故率会出现上升。事故率的上升带来的对煤矿管理者的压力将迫使其采取措施，降低这种不利因素的影响，从而降低煤矿的平均事故率。

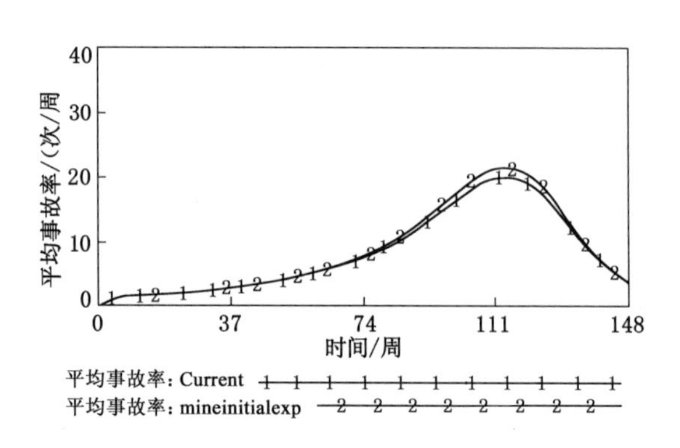

图 7-31　矿工数量经验降低下的平均事故率

近年来,全国煤矿重特大事故多发,影响煤矿安全生产的一个重要因素就是煤矿专业技术人员严重不足、从业人员文化素质低下。人是安全生产的第一要素,然而煤矿却成为文化素质低下劳动力的集中地。在煤矿井下一线挖煤的90%以上是农民协议工,他们来自全国偏远落后、生活贫困的山区,文盲、半文盲占了绝大多数。文化素质极其低下的群体却在极其危险的行业从事着生产活动。与矿工文化素质低并存的是,煤矿专业工程技术人员青黄不接也是严重影响煤矿安全生产的一个问题。煤矿工作环境差、收入低,人才外流严重。

全国规模以上煤矿企业专业人员占职工总数的比例为7.3%,远低于全国工业企业12.7%的平均水平。地矿类工程技术人员和高技能操作人员严重短缺,专业技术人员缺口近30万人。据统计,在专业技术人员队伍中,地矿类工程技术人员占27%。在专业技术人员岗位分布上,呈现出“生产一线少、机关科室多,井区段队少、辅助单位多”的现象,一线和重要岗位技术力量十分薄弱。

煤矿人才短缺是煤矿安全生产问题的关键所在。由于煤矿井下工作环境差、收入不高,从事矿工职业既艰苦又危险,因此煤矿在吸引技术人才方面与其他行业相比处于劣势,导致许多煤矿都存在工程技术人员越来越少的问题,难以满足安全生产需要。说到底,经济收入过低是人们不愿到煤矿工作的主要原因。

作为高危行业的煤矿企业,人才是安全生产的保障,没有人才就没有安全,这是无数事实证明的真理。重视和加强对煤矿企业专门人才的培养,创建良好的人才成长环境和发展平台,是解决煤矿企业人才短缺的根本出路,是保障煤矿企业安全生产的必要条件。

作为高危行业,一线煤矿工人的技能和经验是影响安全工作及其自身安全的最为重要的因素。随着煤矿机械化程度的提高,安全生产对人员素质的要求也越来越高,许多矿工不能正确和熟练地使用这些先进的设备。企业职工的知识结构老化,特别是一些劳务派遣工,文化程度相对较低,对新设备、新技术的掌握和运用不熟练,导致生产事故经常发生。因此,煤矿必须通过培训教育等方法提升员工的素质和技能水平,提高系统中人的要素的可靠性。

7.4.3.3 组织安全管理承诺与员工个人安全承诺变化下的系统仿真

在组织管理中,员工个人安全承诺度是相当复杂又难以捉摸的,其影响因素不一而足。企业必须针对员工的背景与个别部门或个人情况,深入了解与分析驱动其员工高承诺度的因素有哪些。若仅仅是建立一套"一劳永逸"的人力资源制度,将会失去许多员工的承诺度及向心力。

图 7-32 显示了仿真期间安全管理承诺的变化趋势以及在此影响下个人安全承诺的变化趋势和对煤矿安全生产系统平均事故率的影响。安全承诺的主要决定因素是管理者的管理承诺和行为。管理者和工人的个人安全承诺都会产生波动。管理者和煤矿工人改变管理承诺都需要时间来实现他们的行为。实际上,所有的决策在实践中都是有时间延迟的。这意味着现在的管理措施将会在未来发挥作用。例如,安全管理承诺对个人安全管理承诺的延迟作用在图 7-32 中可以看出来。此外,个人安全承诺看起来比安全管理承诺具有更大的波动性。这是因为个人决策具有低成本和高效率,也说明安全管理承诺一个小的改变可能会为个人安全承诺带来更大的波动。安全管理承诺能够通过工作培训、安全管理参与、安全作业设计及作业节奏来实现对工人行为的影响。例如,管理者如果不强调安全管理的重要性,则煤矿工人也不会重视安全。因此,安全管理承诺和措施应该保持一个较高的水平并持之以恒。

安全管理承诺的微小变化将会带来平均事故率在相反方向的较大反应,不论升高还是降低都是如此;并且这种效应是存在时间延迟的。对于煤矿的管理者来说,在决策过程中认识到时间延迟和个人安全承诺的波动是非常重要的。较低的管理执行、缺少应急管理以及不及时的沟通和配合时常出现在中国众多煤矿事故中。仿真结果表明个人安全承诺与平均事故率呈相反的变化方向,这意味着煤矿的安全直接受到煤矿工人的个人安全承

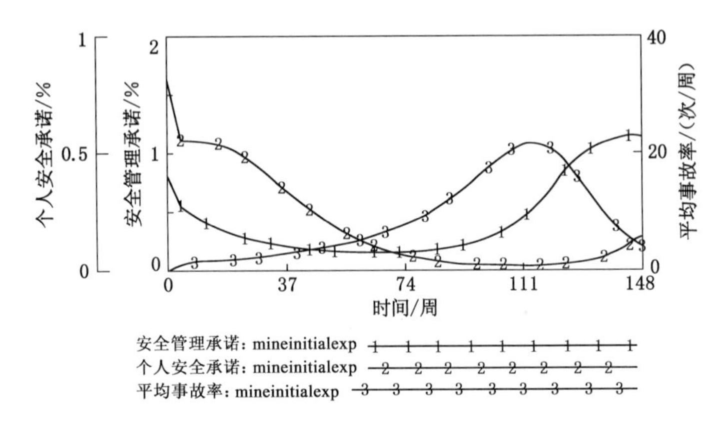

图 7-32 平均事故率、安全管理承诺及个人承诺

诺和他们的行为的影响。煤矿工人是安全管理的主体，因此，煤矿工人的身心状态应该被关注。安全管理承诺的一点疏松可能对煤矿工人发出错误的信号从而降低他们的个人安全承诺。因此，通过保持一个较高的安全管理承诺水平，是有效提高工人安全承诺以降低工人不安全行为的方法。安全管理措施反映了个人的承诺和参与，反过来又影响了煤矿工人的行为。因此，组织保持一个高水平的、稳定的安全管理承诺非常重要。对于不处于稳定生产期的煤矿来说，要保持一个高水平的、稳定的安全管理承诺并不容易。因此基建或技改矿井和转制矿井最容易发生瓦斯事故；即将关闭的矿井和衰老的矿井普遍存在瓦斯事故隐患。

图 7-33 显示了个人安全承诺变化对不安全行为的影响作用，以及带来的对煤矿平均事故率的影响。员工个人安全管理承诺不仅仅是指对于安全管理所愿意付出的努力，也反映了员工是否以企业为荣，是否认为企业愈变愈好，是否对企业的长期成功有信心，是否愿意付出额外的时间与心力完成企业安排的任务等。“满意度”高的员工并不一定具备高“承诺”，提升员工满意度有可能在短期留住员工，但若缺乏承诺度，只要有别的诱因，仍可能轻易地离开企业。为获得持久的成功，企业必须不断地探究驱动其员工安全管理承诺的关键因素，继而改善与强化这些关键因子，以持续取得留才、求才的优势。

（1）提高组织对安全管理的承诺，首先需要提高组织管理者的安全管理承诺。只有高层管理者代表企业作出安全承诺，才会提供足够的资源并支持安全活动的开展和实施。要提高整个煤矿组织的承诺，煤矿企业的高

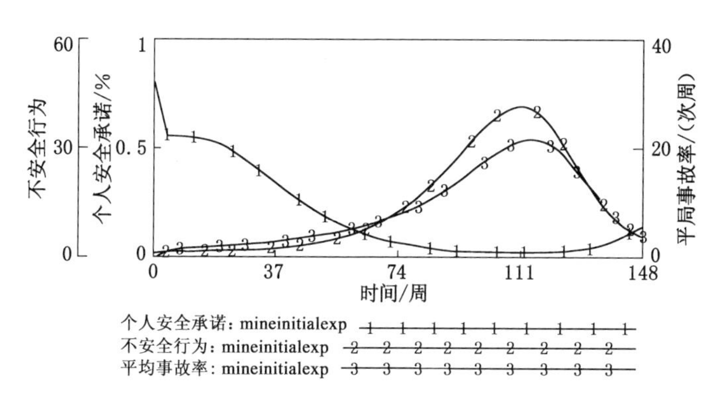

图 7-33　个人安全承诺、不安全行为及平均事故率

层管理者应提供强有力的领导和明确的承诺，并且确保这些承诺转变为必要的资源，以便建立、实施和推进并实现其安全管理方针和战略目标。安全管理承诺由各级企业最高管理者组织制定并签发公布，自上而下的各级承诺是其成功实施的基础。

(2) 良好承诺的五个特点。如果管理者和员工知道如何寻求和作出适当的安全管理承诺，就可以把摩擦尽量减少。更重要的是，这样还可以克服执行不力的难题。通常，良好的安全管理承诺都具备如下五个特点：

① 公开透明。与私下敲定的附带协议相比，公开提出、在公众监督下完成的承诺更具约束力，因而也更加令人满意。员工在同事和领导面前公开作出承诺之后，就不可能轻易忘记承诺，也不可能只记得有限的几个承诺条件，更不可能因承诺的艰难性而自食其言。而且，他们十有八九也不愿意忘记或反悔。心理学家发现，对于自己公开宣布的事情，大多数人都会尽力去圆满完成，毕竟，这关乎他们在能力和可信度方面的声誉。

② 积极互动。在很多组织中，许诺者接过要求书后不予理睬，继续工作，态度消极被动。以这种方式提出的要求基本不可能得到很好的承诺。我们在前面也说过，双方应积极互动、齐心协力对承诺进行协商。积极互动的对话应包括提议、反提议、承诺和拒绝，而不是没完没了地表达自己对现状的看法。

③ 主动自愿。最有效的承诺不是强迫得来，而是自愿的。许诺者有提出其他观点的选择权，而不一定非要服从。法律规定，在胁迫下签署的合同没有约束力。同样，心理学家发现，人们在威胁和权力压迫之下作出的承诺缺少个人责任感，尽管他们可能出于恐惧而遵守承诺。相比之下，对于自己

心甘情愿作出的承诺，人们则有强烈的责任感去履行。

因此，高层管理者必须给许诺者一定的自由空间，让他们可以拒绝直接领导的要求或者提出反提议。当然，管理者应该认识到，在作出承诺时，有的团队成员可能会滥用“选择的自由权”。因此，那些害怕承诺的员工就会倾向于选择“不”，一旦有这样的人在团队中，就会削弱安全管理承诺对于每个人的约束力。

④ 清晰明确。管理者和员工应明确表示，谁将做哪些工作、为谁而做、什么时间完成等。在某些特殊情况下，更加有必要明确协商，例如，生产条件变化时，煤矿员工的理解不同或个人水平不同的情况下该如何处理。达成含蓄的安全承诺往往既快又简单，但却会带来误解。

安全管理者和员工在整个承诺实施期间都必须保持承诺的明确性。提出的要求从一开始就必须说清楚；进度报告也应该准确反映承诺的实施情况；而且，要在履约之时就详细归纳成功或失败的原因，而不是等到事后才在季度绩效审核甚至年度考核反馈时进行总结。

明确的承诺能促进组织内的协调合作并提升执行力，提高安全管理水平，也让员工切中目标。但是，这并不表示作出的承诺就没有更改的余地。随着环境的变化、工作重点的转变和新信息的出现，承诺也可以进行调整。对承诺进行重新协商可能会有风险，要耗费很多的时间和资源，却是至关重要的。为了应对新的情况，管理者和员工都必须留有重新调整承诺的余地。

⑤ 任务导向。员工进行承诺时，必须有切实的、可执行的任务作依托。最有效的承诺是以任务为基础的，即员工详细解释为何提出这一要求，并花时间确认许诺者了解自己的任务。当然，要解释某一部门如何与煤矿安全生产目标相契合或者为何要求该部门执行某一任务，可能确实劳神费力，但一旦许诺者了解自身承诺的重要性，他们就会更好地履行承诺，即使遇到冲突性要求和意外障碍也会坚持到底。而且，他们还会发挥创造性去解决现实工作中碰到的实际问题，而不是仅仅应付领导检查。

7.4.4 仿真模型敏感性分析

从上述仿真结果可以看出，煤矿安全管理承诺的微小变化将会带来平均事故率在相反方向的较大反应，不论升高还是降低都是如此。并且这种效应是存在时间延迟的。对于煤矿的管理者来说，在决策过程中认识到时间延迟和个人安全管理承诺的波动是非常重要的。较低的管理执行、缺少

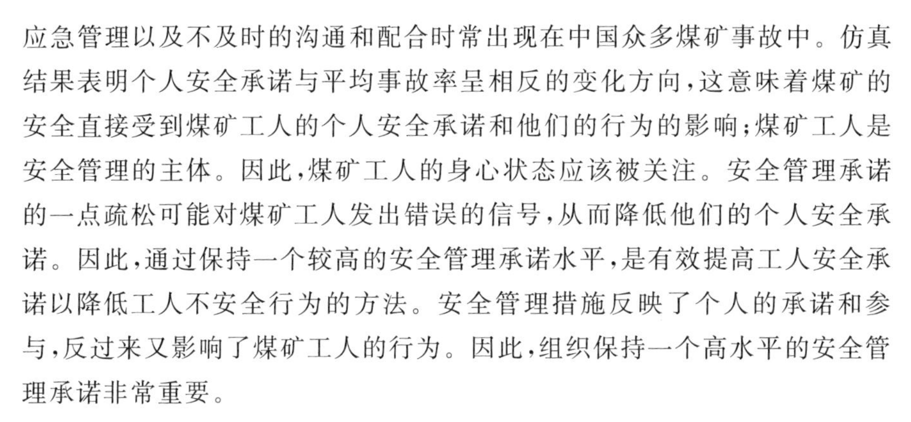

应急管理以及不及时的沟通和配合时常出现在中国众多煤矿事故中。仿真结果表明个人安全承诺与平均事故率呈相反的变化方向，这意味着煤矿的安全直接受到煤矿工人的个人安全承诺和他们的行为的影响；煤矿工人是安全管理的主体。因此，煤矿工人的身心状态应该被关注。安全管理承诺的一点疏松可能对煤矿工人发出错误的信号，从而降低他们的个人安全承诺。因此，通过保持一个较高的安全管理承诺水平，是有效提高工人安全承诺以降低工人不安全行为的方法。安全管理措施反映了个人的承诺和参与，反过来又影响了煤矿工人的行为。因此，组织保持一个高水平的安全管理承诺非常重要。

平均事故率是衡量煤矿安全水平的一个标识。安全管理承诺是系统中的主导因素，是改变安全管理承诺时间和安全管理目标的函数。在长期内，煤矿系统的安全水平将会围绕其平衡水平上下波动。在本研究中，选择改变安全管理承诺所需要的时间来进行系统动态模型的敏感性分析。在模型仿真过程中，改变安全管理承诺所需要的时间依次被赋值为13周、10周、7周、5周、2周进行多次仿真，仿真结果如图7-34所示。从图中可以看出煤矿的平均事故率随着改变安全管理承诺时间的不同而改变。随着改变安全管理承诺时间的缩短，平均事故率的最大值逐渐增加并且波动的周期也逐渐缩短。这对于煤矿的安全管理工作来说是不利的。好的安全管理政策不仅是有效的而且具有稳定性。在实际工作中安全政策和制度的一贯性显得非常重要。

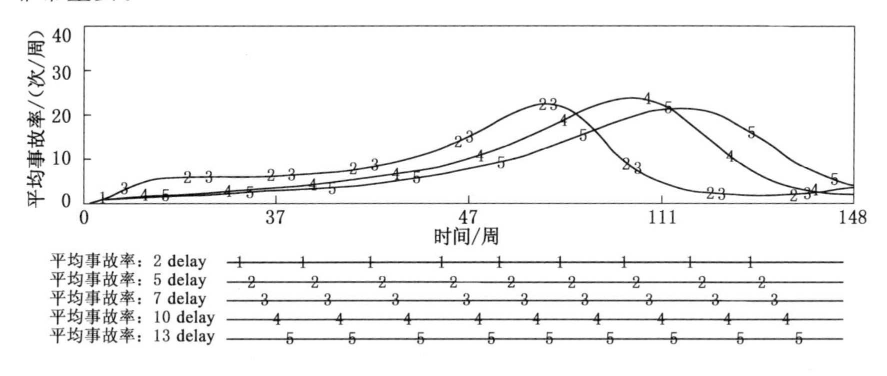

图7-34　延迟变化下的煤矿平均事故率

仿真结果表明煤矿的平均事故率对于改变安全管理承诺的时间比较敏感。因此，在实际的安全管理工作中，管理者必须保持整个煤矿系统安全管

理承诺的一贯性，提高煤矿工人安全承诺以降低他们的不安全行为并建立预防危险因素的长效机制。

7.4.5 仿真结果分析与讨论

(1) 从模型的仿真结果可以看出，事故是系统的输出结果。由于诸多影响煤矿安全的要素存在，只要煤矿生产进行，事故几乎是不可避免的。煤矿安全管理的作用在于控制导致事故发生的因素，尽可能地降低事故发生的概率。

(2) 安全管理承诺的动态变化影响员工的行为乃至煤矿系统的安全，安全管理文化的建立能够帮助提高安全管理承诺，并能在长期内发挥作用。

(3) 煤矿安全应该保持高于生产的优势度。对于煤矿赋存条件好的少数大型国有矿井来说，这个问题可能不是很显著，但是对于地方煤矿，尤其是乡镇煤矿来说，对于企业利润的追逐使得这个问题显得尤为突出。在这些矿井，不是“安全第一”而是“产量第一”或“效益第一”，在安全条件不允许的情况下仍然进行生产，进而导致煤矿事故率上升，最终发生重大瓦斯事故。

第8章　多因素耦合作用下煤矿事故风险管控途径

8.1　基于结构复杂性的煤矿事故管控途径

8.1.1　控制煤矿系统的单危险源

在煤矿子系统耦合前，就要提前对可能造成煤矿事故的人的因素、设备的因素、环境的因素和管理的因素危险源进行辨识，从根本上杜绝因素之间耦合的可能。通过开展煤矿安全风险预控管理，辨识出四个子系统具有的危险源，再制定出相应的管理标准和管理措施控制住这些危险源。风险预控的过程遵守 PDCA 循环，应进行不断、持续性的改进。根据生产工艺设备、环境等的变化，更新和辨识危险源，及时发现、及时补充；定期评估、分析测算模型和结果的准确性并进行改进，根据最新的数据更新危险源测算模型和结果；根据危险源的变化，实时调整风险值并确定相应的控制优先权，为准确地控制危险源，进而防止事故的发生提供保证；同时也要通过不断地完善危险源的管理标准和管理措施来控制危险源。

8.1.2　错开煤矿系统风险的波峰

要想错开煤矿子系统风险之间的波峰，我们首先应该弄明白子系统的波峰在什么时候到来，这样我们才能从时间上错开波峰。首先要明确风险信息的重要性。要充分利用煤矿安全风险信息系统来甄别有效的风险信息，保证信息的传递流畅。其次要增强功能部门与岗位的独立运作能力。只有增强各个功能部门独立处理风险的能力，才能够在很短的时间降低系统风险的波峰，错开耦合风险在波峰处发生，同样我们也可以通过流程的优化降低各种风险发生的概率。最后，我们要降低四个子系统之间的耦合系

数,加强系统与系统之间的协商沟通,例如当人的因素风险较大时,我们应该加大对人的不安全行为的管理,同时加强对有可能造成人的因素风险的环境因素的检查力度。预防人的因素与其他因素在波峰处相遇,降低煤矿事故风险。

8.1.3 避免耦合风险在煤矿系统的脆弱处发生

煤矿系统是一个典型的脆性系统,系统的脆性属性始终伴随着煤矿生命周期的整个过程,煤矿系统的复杂性增加了煤矿系统的脆性风险。风险在煤矿系统脆弱的地方更容易集结,同时在脆弱处发生耦合的概率也会加大。因此,在此阶段中应采取措施限制耦合风险流动,要把在脆弱处发生的耦合风险引导到抗风险能力强的区域,同时,要提高煤矿风险脆性的承受限度,如经常检修机器、减轻煤矿安检工的工作负荷等。

8.2 基于脆性理论的煤矿安全管控途径

8.2.1 提高对煤矿系统复杂脆性认知,进行三级脆性风险管理

煤矿系统的脆性风险能够被管理和改变,但不可能被消除。要管理煤矿的脆性,必须学习和认知煤矿系统的脆性,分析煤矿系统的脆性结构,分析系统脆性被激发的条件,进而改变系统的脆性致因结构和条件,控制煤矿事故的发生。要保证安全生产的正常进行,降低煤炭生产过程中的事故率,必须充分地认识煤矿系统的脆性复杂性,进而管理这种复杂性。

从宏观上看,系统内部脆性过程主要是从事故系统出发,引发了成本系统崩溃,而根据经济系统中企业利润的计算公式,经济系统也受到了影响,经济系统的崩溃使得煤矿系统不能够正常地投入保证性安全成本,保证性安全成本的欠缺直接引起了系统内部隐患的增加,恶性循环导致整个煤矿系统的崩溃。而这些事件的引起者都是由于系统内部的隐患(脆性度)受到激发而引起的,为了能够控制煤矿系统重大瓦斯事故频发,须从系统内部脆性度出发,也就是要加大系统的保证性安全成本的投入。从微观上看,重大瓦斯事故是由于系统内部的脆性源被激发,导致脆性源所在的子系统或相关联的子系统崩溃,最终并导致整个煤矿系统崩溃的过程。煤矿系统典型复杂脆性的特点决定了煤矿生产系统与其他地面生产系统相比的高风

险性。

为了管理和控制煤矿重大瓦斯事故的脆性风险，必须对煤矿生产过程中的脆性源进行辨识、评估和控制。根据我国煤矿三级安全管理工作的实际，我们认为对于煤矿脆性风险的管理也应该分三个层次进行，即全矿级别、区队级别和班组级别。

全矿级别的脆性风险管理应该注重全面性、系统性、纲领性和指导性，从宏观角度把握对煤矿脆性风险的辨识与控制。在辨识周期上，全矿级的脆性风险辨识可以是一年或半年期的。当煤矿的生产条件发生变化时，煤矿及时组织矿级的脆性风险辨识是必要的。

区队级别的脆性风险管理应注重专业性、前瞻性，积极创建学习型区队。区队在组织上具有人员多、技术力量深厚等优势，是煤矿组织结构中规模最大的团体。同时，区队也是煤矿内部专业分工的最大单位。作为煤矿基本生产单位的班组的安全生产工作直接受到区队的管理。

班组级别的脆性源辨识在学习全矿级、区队级的风险管理成果基础上，应该充分利用班前会等机会学习本部门的脆性风险辨识和管理方法。区队级的脆性风险管理应该注重对部门脆性源的分解，并具体分配到矿工的岗位工作中，注重可操作性。

8.2.2 控制系统脆性，提高系统的韧性

世界上存在着各种各样的复杂系统。不同复杂系统对外界打击、干扰的承载程度各不相同。即使是同一类系统，其抗打击和抗干扰的能力也是不一样的。那些在干扰和打击下容易崩溃的系统称为脆性系统。这些系统具有强弱不一的脆性。与脆性相对立的词称为韧性。Holling 等人对复杂生态系统的韧性进行了研究。他们认为，近年来当地球上各种生态、自然资源系统面临无可避免、大规模的人为干扰之际，提高人与环境系统的韧性显得越来越重要。煤矿系统正是社会系统与自然系统交互作用下的典型系统。控制煤矿复杂系统的脆性，提高其韧性，具有非常重要的理论和现实意义。

从前文对煤矿系统事故的脆性分析可以看出，控制系统脆性的途径主要是降低脆性源的触发可能以及降低或控制脆性源之间的脆性联系。

(1) 在煤矿重大瓦斯事故管理中，防止脆性源被触发就是要控制瓦斯浓度，这是避免重大瓦斯事故的根本所在。具体要求是严格执行“先抽后

采，监测监控，以风定产”的十二字方针。

先抽后采是瓦斯治理的基础。通过实施先抽后采，不断提高瓦斯的抽采率，能够有效地减少煤炭开采过程中的瓦斯突出和采掘作业过程中的瓦斯涌出。此外，对于抽采出来的瓦斯进行经济利用，可以实现“变害为宝”。据统计，目前我国国有煤矿中高瓦斯矿井比例为50%左右，但是实施瓦斯抽采进行有效利用的煤矿比例仍然偏低，地方煤矿也存在同样的问题。加大煤矿的瓦斯抽采率不仅能为企业带来新的经济利益，更能够从根本上降低煤矿重大瓦斯事故的发生。

煤矿瓦斯监测监控工作是预防瓦斯事故的重要防线，目前该技术在防治瓦斯方面已经成熟且效果显著。但有些煤矿在系统的使用和管理上仍然存在不少问题，主要表现为：在低瓦斯矿井系统的重要性作用被人为地降低，高瓦斯矿井对于监测监控系统的监测信息存在冒险性心理等，甚至有的矿井安装了系统却不按照要求严格执行，导致煤矿监测监控设备形同虚设。事实也证明，这些原因经常在重大煤矿瓦斯事故的调查结果中出现。这些突出问题不得不引起煤矿管理者和监管者的重视。

在生产过程中，应做好煤矿的“一通三防”工作，严格执行以风定产。以风定产是防止井下瓦斯积聚的先决条件。具体工作包括合理计算矿井风量，优化调整完善通风系统并定期对其进行评估，抓好通风质量、提高有效风量，改善采区巷道布置、抓好巷道维修工作确保通风系统畅通等。

(2) 从设备选择上，采用本质安全型和可靠性高的设备。本质安全是指操作失误时，设备能自动保证安全；当设备出现故障时，能自动发现并自动消除，能确保人身和设备的安全。设备是构成生产系统的物质系统，由于物质系统存在各种危险与有害因素，为事故的发生提供了物质条件。要预防事故发生，就必须消除物的危险与有害因素，控制物的不安全状态。本质安全的设备具有高度的可靠性和安全性，可以杜绝或减少伤亡事故。本质安全化正是建立在以物为中心的事故预防技术的理念上，它强调先进技术手段和物质条件在保障安全生产中的重要作用。希望通过运用现代科学技术，特别是安全科学的成就，从根本上消除能形成事故的主要条件；如果暂时达不到的，则采取两种或两种以上的安全措施，形成最佳组合的安全体系，达到最大限度的安全。

(3) 从采区、工作面巷道设计和布置上，应该降低子系统可能存在的脆性联系，防止瓦斯爆炸由局部爆炸发展为大型瓦斯爆炸和瓦斯连续爆炸。

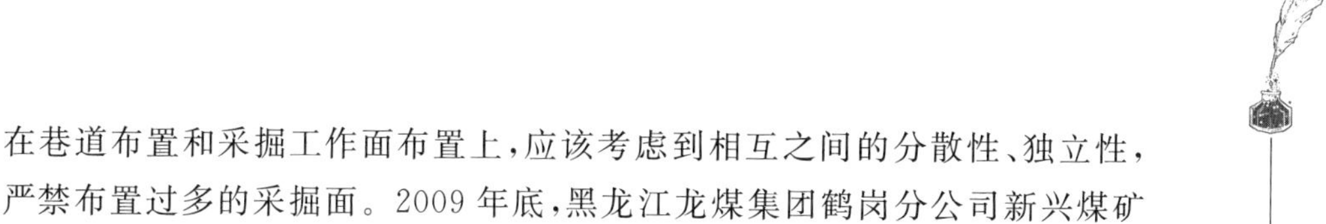

在巷道布置和采掘工作面布置上，应该考虑到相互之间的分散性、独立性，严禁布置过多的采掘面。2009 年底，黑龙江龙煤集团鹤岗分公司新兴煤矿发生的重大瓦斯爆炸事故中，正是由于该矿开掘了过多的采掘面，却并没有采取串联通风方式，发生的瓦斯突出引起风流逆向，最终导致瓦斯事故并引发三次连续爆炸，造成 108 人遇难。

(4) 从管理上，及时人为地降低系统的脆性联系。从前文对管理子系统的脆性分析中可以看出，管理系统的脆性波动是最大的。在人、机器、环境三个子系统既定的情况下，四个子系统存在的脆性漏洞都需要管理人员去发现和控制。管理方面的脆性控制工作包括：指导设备的安全使用，向用户及操作人员提供有关设备危险性的资料、安全操作规程、维修安全手册等技术文件；加强对操作人员的教育和培训，提高工人发现危险和处理紧急情况的能力。在新兴煤矿特大瓦斯爆炸事故中，一次约有 3 000 人下井作业，此次伤亡巨大与作业面人员过于集中有关。

8.2.3 增加安全防御的层数，弥补管理漏洞

煤矿重大瓦斯爆炸事故虽然具有爆炸威力大、爆炸时间短的特点，但是仍然可以采取先进的技术措施，增加安全防御的层数，通过对爆炸过程的干扰来降低爆炸作用的后果。

在隔爆措施上，按照安装技术要求设置的隔爆水袋棚设施可以有效地隔绝瓦斯、煤尘爆炸的传播。制作水袋的材料具有阻燃、防静电等安全性能。如山西某煤矿发生的特大瓦斯爆炸事故中，隔爆水袋棚就发挥了重要作用。

在抑爆措施上，应用煤矿瓦斯抑爆系统能够在井下通过灵敏的光学探头捕捉微弱的瓦斯爆炸信号，并在毫秒时间内作出反应，释放出特制的阻燃抑爆粉尘形成抑爆屏障，阻断瓦斯爆炸反应链的同时进行灭火降压降温，从而有效避免事故的进一步扩大。

增加管理防御的层数能够减少事故发生的概率，但是仍然不能避免事故的发生。按照 Reason 的瑞士奶酪模型，任何管理防御都存在漏洞，即潜在错误，当这些漏洞连成一个通道时，事故就会发生。这些潜在错误在事故发生之后的调查中是最容易被忽略的，一个健康的组织能够及时发现潜在失误并消除它们。

煤矿生产系统是一个动态变化的系统，其系统脆性随着生产条件的变

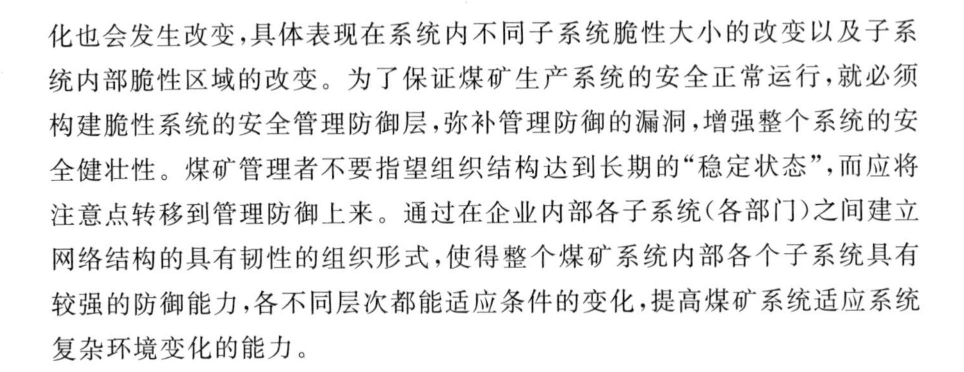

化也会发生改变，具体表现在系统内不同子系统脆性大小的改变以及子系统内部脆性区域的改变。为了保证煤矿生产系统的安全正常运行，就必须构建脆性系统的安全管理防御层，弥补管理防御的漏洞，增强整个系统的安全健壮性。煤矿管理者不要指望组织结构达到长期的“稳定状态”，而应将注意点转移到管理防御上来。通过在企业内部各子系统(各部门)之间建立网络结构的具有韧性的组织形式，使得整个煤矿系统内部各个子系统具有较强的防御能力，各不同层次都能适应条件的变化，提高煤矿系统适应系统复杂环境变化的能力。

8.3 基于反馈动态复杂性的煤矿事故管控途径

8.3.1 提高对煤矿系统安全反馈复杂性的认知

依据系统动力学的观点，可以把煤矿事故发生演变的过程看作是一种连续的系统“流”，以事故波及范围和直接影响因素条件为系统边界，危险因素形成的累积量可设为“流位变量”，危险因素的速率、扩散、稀释或消除的变化为“流率变量”。在明确了系统的流位与流率变量的前提下，可以认为在煤矿事故系统中存在若干个流位系与流率系(反馈回路)。此外，还应明确能够对危险物质累积、分布特征具有影响和与事故处置决策有关的辅助变量、增补变量和常量及其相互关系。同时，对于系统的控制信息也是一种信息流，包括流率变量和流位变量。在整个系统中存在着许多的反馈回路。系统的输出就受到整个系统的流率变量和流位变量组成的反馈回路运行的影响。当危险源的流率变量、流位变量的运行出现异常，而信息流由于延迟等原因无法对其进行调控时，系统的运行就会偏离稳定态，系统就有可能输出大的事故。

为了降低系统的事故输出，就必须从全系统的角度明确系统的问题所在。系统动力学反馈流图就是一种系统的分析与诊断方法。通过建立反馈流图，分析系统的主导反馈回路以及正反馈、负反馈的作用机理，就可以调节系统的运行状态，进而调节系统的输出。

煤矿安全生产系统是一个复杂的社会技术系统，系统内部运行存在着复杂的致因机理，系统内部致因因素之间的关系是相互影响而且是非线性的，并且存在反馈关系。煤矿安全系统的变化与煤矿生产系统、人力资源系

统存在着紧密的耦合关系。认识煤矿系统安全系统与其他系统的影响关系，认识系统内部各个因素之间的正负影响和反馈复杂性致因机理，有助于提高煤矿重大瓦斯事故的管理与控制。

8.3.2 将反馈闭环管理应用于煤矿事故控制

在自然科学和社会科学领域里，存在着反馈这一概念，如反馈电路、反馈信息等。一般来说，凡是把系统末端的某个或某些量用某种方法或途径送回始端，就称为反馈。从反馈对系统所产生的作用来分，可把反馈分为正反馈和负反馈。正反馈可对系统的某个功能起到增强的作用，负反馈则可对该功能起到削弱的作用。系统不加入反馈环节，就称为开环系统；系统加入反馈环节，就称为闭环系统（又称为信息反馈系统）。具有正反馈环节（正反馈机制）的管理系统，称为正反馈闭环管理系统，该系统具有自激循环的性质。对应于不同的系统，同样存在不同的管理方式，如图 8-1 和图 8-2 所示。

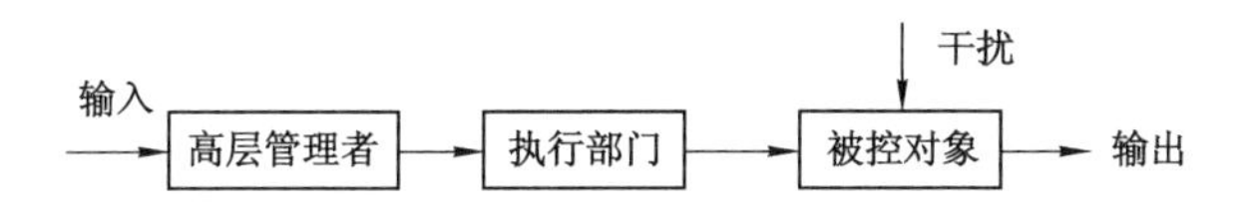

图 8-1 开环控制管理示意图

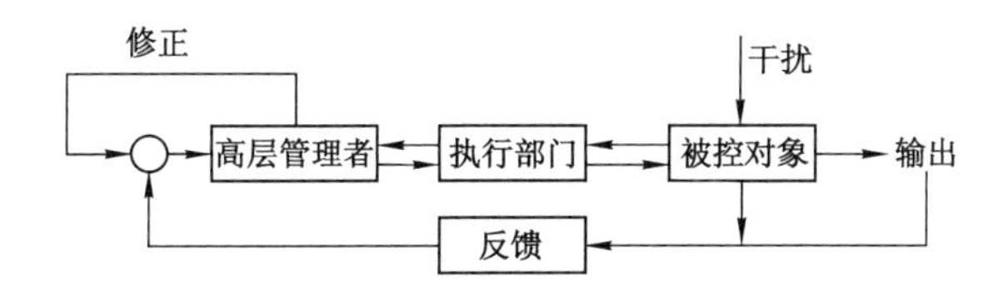

图 8-2 闭环控制管理示意图

在我国煤矿的现行管理中，一直保留有传统安全管理的方式。传统煤矿安全管理和控制更多的是注重开环控制管理方式，强调对于开环中信息流的增强或减弱。这种管理方式的结果是过于注重对单一因素的管理与控制，增加了管理的成本。

以煤矿安全管理中的主要工作隐患治理为例说明煤矿隐患闭环管理。隐患，在《现代汉语字典》中被定义为“潜藏着的祸患”。《现代劳动关系词典》中事故隐患（accident hidden danger）的定义是指企业的设备、设施、厂房、环境等方面存在的能够造成人身伤害的各种潜在的危险因素。在国家

标准《职业安全卫生术语》(GB/T 15236—2006)中，事故隐患(accident potential)被定义为“可导致事故发生的物的危险状态、人的不安全行为及管理上的缺陷”。

Heinrich在1931年出版的《安全事故预防：一个科学的方法》中提出了“安全金字塔”。该法则认为，在1个死亡重伤害事故背后，有29起轻伤事故、300起无伤害虚惊事故，以及大量的不安全行为和不安全状态的存在，许多国内学者将这种不安全状态称之为隐患。Heinrich揭示了一种重要的事故预防原理：要预防死亡重伤害事故，必须预防轻伤害事故；预防轻伤害事故，必须预防无伤害虚惊事故；预防无伤害虚惊事故，必须消除不安全行为和不安全状态；而能否消除日常不安全行为和不安全状态，这是作为预防死亡重伤害事故的最重要的基础工作，实际上也是隐患治理的理论依据。

煤矿事故管理重在预防与控制。对于煤矿企业的安全管理来说，寻找更加有效的隐患管理控制方法和流程并借助计算机网络技术以软件形式应用，以实现对事故的预防与控制具有重要的现实意义。按照隐患闭环反馈管理理论和冰山事故理论，只要风险预控工作和隐患闭环管理工作更加有效，煤矿生产过程中的隐患能及时消除或控制，伴随生产过程中隐患数量明显降低，必然能够降低煤矿的事故率，减少或避免煤矿事故尤其是重大事故的发生。

8.3.3 管理隐患治理工作中的延迟

延迟现象大量存在于各种工程中，延迟常常是导致系统不稳定或性能恶化的一个重要原因。按照系统动力学理论，煤矿安全管理系统中必然存在着信息延迟和物质的延迟。延迟是系统复杂性产生的原因，也是影响事故率的重要因素。对煤矿系统中的延迟进行有效管理，是控制煤矿事故率、预防煤矿重大瓦斯事故发生的重要途径。

(1) 煤矿安全管理中的信息延迟包括组织和管理者的决策延迟、部门和煤矿工人的执行延迟。管理者的决策延迟是组织管理缺陷的表现形式之一。对于煤矿生产过程中出现的隐患尤其是重大隐患，往往涉及较大的资金、技术和人力等问题，必须由煤矿的高层管理者来进行决策。高层管理者在决策时可能会考虑到对煤矿生产进程的影响，决策之后的成本等问题或者其他条件限制，最终可能会导致管理者的决策延迟。同时，对于决策之后的执行过程也是存在延迟的，这个延迟也受到许多因素的影响。最终系统

运行所需要的信息和系统所获得信息之间的时间延迟就变得不确定，而且往往是由于延迟时间过长，造成错过隐患治理的最佳时间，为事故的发生创造了条件。

(2) 煤矿安全管理中的物质延迟主要是指煤矿安全生产过程中所需要的物资材料的物流过程中的延迟。物流系统的本身是存在延迟的，这个延迟也受到诸多客观和主观条件的影响。如在煤矿生产过程中，当生产设备运行过程中发生零件损坏需要更换零件时，如果煤矿企业的库存中缺少这一零件或者存量不足，新零件的购买和运输则引入了物流系统的延迟。在这种情况下，企业为了保持生产的进度、完成生产的目标，可能使设备带病运行或者换用其他不合格的零件，从而给安全管理带来隐患。

从以上分析可知，为了减少或避免煤矿安全管理中延迟对煤矿安全生产系统所造成的不良影响，对煤矿安全生产过程中的延迟进行管理是非常必要的。

(1) 隐患治理规范化、及时化。对于发现的隐患应该立即登记、分级和整改，对于不能立即整改的隐患，应该制订整改计划，确保在指定时间内整改完成。同时，对于未整改的隐患，应该明确进行定期跟踪和检查，防止隐患进一步升级、恶化，确保隐患整改合格。正在进行整改的重大隐患，应该及时反映隐患整改的进度，使煤矿管理者能够充分掌握重大隐患的整改情况，及时作出决策调配人力、物力和财力，保证隐患整改。对于隐患治理应该做到尽快整改、消除，且不可姑息一时。

(2) 建立限时复命制度，解决决策执行慢、执行难的问题。限时复命制度，即煤矿所属各部门和员工自接到工作任务后，不管能否完成，都应限时复命。具体来说，就是由煤矿管理者下命令安排工作、部署任务，提出目标要求和完成时限，接受命令的人或部门按其要求完成任务。如果接受命令的人或部门在执行任务过程中遇到突发、意外事件或是发现有难以克服的困难和阻力，无法按要求、按期限、按标准完成规定任务的，必须及时向下命令的人回复不能完成任务的困难或原因，便于领导及时调动人力、物力、财力协助克服困难，使工作顺利完成；若不讲明工作未完成的原因也没有向下命令的人复命而延误了工作，由接受命令的人承担责任。在完成任务后，接受命令的人或部门也要及时向下命令的人复命，让下命令的人第一时间了解工作完成情况，以便及时作出决策，避免工作被动局面的出现。按照限时复命制度，煤矿应自上而下建立矿长、书记→副职→科室→区队→班组长→

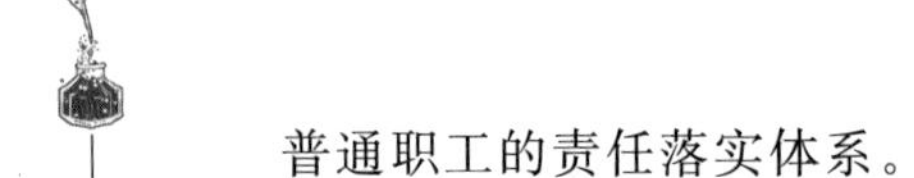

普通职工的责任落实体系。

8.3.4 提高组织和员工个人对安全的承诺

从现有研究和以上分析可以看出，煤矿重大事故的主要原因是人员的不安全行为，而众多人的不安全行为的出现可以归咎于系统管理的不到位。近年来，对安全文化的研究成为组织安全研究的热点。安全承诺是安全文化研究的关键。组织对安全的承诺可以通过组织作出努力来实现安全的程度表现出来。提高煤矿组织对安全的承诺主要是提高煤矿管理者和员工的安全承诺。

(1) 提高组织对安全的承诺主要是提高管理者对安全系统的承诺。

彼得·德鲁克在《卓有成效的管理者》一书中认为，管理者就是贡献价值。管理者本身的工作绩效依赖于许多人，而他必须对这些人的工作绩效负责。管理的主要工作是帮助同事(包括上司与下属)发挥长处并避免用到他们的短处。这正是管理者的价值所在，如果管理者能够贡献自己的作用，让下属和上司发挥绩效，管理者自身的绩效也就表现出来了；如果管理者自己发挥绩效并替代所有的下属或者上司，那么这个管理者就不能够称之为管理者。他还认为，管理就是承诺，即承诺目标、承诺措施、承诺合作。

(2) 提高员工个人对安全的承诺是提升煤矿安全管理水平的必然。

个人安全承诺是指保持煤矿员工维护个人、他人及组织安全的强烈期望，表现为员工愿意作出较多的努力来实现安全，以及对于组织的安全价值观和目标的明确信任和接受。

安全承诺对于提高员工的工作积极性和主动性具有重要的作用，根据有关研究就如何提高员工的组织承诺提出了以下几点具体的建议：

① 为员工提供安全软硬件设施及环境。管理者要从员工的需要出发，配备必要的硬件装备，悉心设计安全管理的各项政策，营造适宜的工作环境，为员工努力达成组织目标创造条件。

② 注重组织内部职业生涯管理。可以为员工的发展提供更多的培训和晋升空间，满足员工的理想承诺要求，建立员工的工作远景，帮助员工自我实现。

③ 充分信任员工。管理者通过沟通与员工建立相互信赖的关系，给予员工归属感，从而消除雇佣不稳定因素对组织承诺的影响。

④ 倡导安全管理诚信体系建设，提高企业和员工安全承诺。加强安全

生产诚信体系建设是督促和推动企业自觉落实主体责任的重要途径，是提高安全监管监察效能的重要手段，也是企业自身发展的现实需要。通过对员工的组织承诺进行调查，了解员工对企业的组织承诺状态。当组织内员工总体承诺水平较低时，意味着高度的人才流失危险，要求管理者高度警觉和反省，并调整管理措施。

2009年7月17日发布的《国家安全监管总局、国家煤矿安监局关于推进煤矿企业安全生产诚信建设的指导意见》（安监总煤办〔2009〕135号）为推进煤矿安全生产诚信、提高煤炭企业和职工的安全承诺提供了指导方针、制度要求及推进措施。该意见要求煤矿企业坚持“安全发展”指导原则和“安全第一、预防为主、综合治理”方针，以保障煤矿职工生命安全和职业健康为核心，以加强安全文化建设为主线，以完善安全生产管理制度为抓手，以确保安全投入和提高职工素质为基础，以煤矿安全管理和监察监管为载体，通过推进煤矿企业安全生产诚信建设，督促企业自觉落实安全生产主体责任和社会责任，建立健全安全生产长效机制，有效防范和遏制重特大事故发生，实现煤矿安全生产形势的持续稳定好转。

参考文献

[1] 白勤虎,白芳,何金梅.生产系统的状态与危险源结构[J].中国安全科学学报,2000,10(5):71-75.

[2] 毕其格,宝音,李百岁.内蒙古人口结构与区域经济耦合的关联分析[J].地理研究,2007,26(5):995-1003

[3] 毕作枝,祖海芹.煤矿员工不安全心理及其影响因素[J].矿业工程研究,2009,24(3):74-78.

[4] 蔡林.系统动力学在可持续发展研究中的应用[M].北京:中国环境科学出版社,2008:24,39-43.

[5] 蔡天富,张景林.对安全系统运行机制的探讨——安全度与安全熵[J].中国安全科学学报,2006,16(3):4-8.

[6] 曹庆仁.煤炭生产中的不安全行为及其控制系统研究[D].徐州:中国矿业大学,2005.

[7] 陈宝智.危险源辨识、控制及评价[M].成都:四川科学技术出版社,1996.

[8] 陈宝智.系统安全评价与预测[M].北京:冶金工业出版社,2005:182.

[9] 陈刚.企业生产现场风险预警管理研究[D].武汉:武汉理工大学,2007.

[10] 陈红,祁慧,宋学锋,等.煤矿重大事故中管理失误行为影响因素结构模型[J].煤炭学报,2006,31(5):689-696.

[11] 陈红,宋学锋.中国煤矿重大事故中的不安全行为研究[M].北京:科学出版社,2006.

[12] 陈卫东,顾培亮.管理系统中的复杂性特征及其控制探讨[J].中国软科学,2001(12):107-115.

[13] 陈衍泰,陈国宏,李美娟.综合评价方法分类及研究进展[J].管理科学学报,2004,7(2):69-79.

[14] 程建军,程绍仁,赵小兵."以风定产"确保煤矿安全生产——对晋城地方煤矿防治瓦斯的剖析[J].煤炭工程,2004,36(1):49-52.

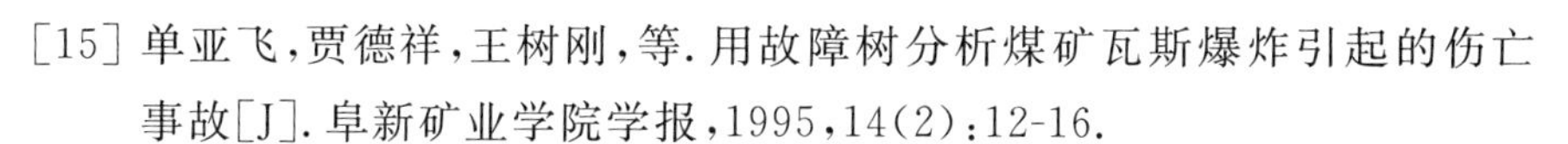

[15] 单亚飞，贾德祥，王树刚，等. 用故障树分析煤矿瓦斯爆炸引起的伤亡事故[J]. 阜新矿业学院学报，1995，14(2)：12-16.

[16] 邓明然，夏喆. 基于耦合的企业风险传导模型探讨[J]. 经济与管理研究，2006，27(3)：66-68.

[17] 丁新国，赵云胜，万祥云. 关于安全评价中几个重要概念的研讨[J]. 安全与环境工程，2004，11(3)：79-81，90.

[18] 丁玉兰. 人因工程学[M]. 上海：上海交通大学出版社，2004.

[19] 冯志华，何学秋. 复杂性理论在煤矿安全管理中的应用[J]. 煤矿安全，2006，37(7)：61-65.

[20] 付现伟. 矿井人-机-环境系统安全评价[D]. 阜新：辽宁工程技术大学，2007.

[21] 高翔，郑建祥. 基于最大熵概念的复杂随机变量统计模型[J]. 农业机械学报，2008，39(2)：43-46.

[22] 郭朝先. 我国煤矿企业安全生产问题：基于劳动力队伍素质的视角[J]. 中国工业经济，2007(10)：103-110.

[23] 郭春龙. 正确认识安全与生产的关系[J]. 煤矿安全，2003，34(4)：49-50.

[24] 郭泗良，李新春. 煤矿安全评价中多因素耦合研究[J]. 煤炭经济研究，2009(3)：75-77.

[25] 国汉君. 关于煤矿事故致因理论的探讨[J]. 煤矿安全，2005，36(11)：75-76.

[26] 国汉君. 关于煤矿事故致因理论的探讨[J]. 煤矿安全，2005，36(11)：75-76.

[27] 韩斌君，俞秀宝. 我国煤矿安全事故致因研究[J]. 煤炭工程，2006，(09)：65-67.

[28] 郝贵，宋学锋. 煤矿本质安全管理[M]. 徐州：中国矿业大学出版社，2008.

[29] 郝生宾，于渤. 企业技术能力与技术管理能力的耦合度模型及其应用研究[J]. 预测，2008，27(6)：12-15.

[30] 黄军利. 安全文化对煤矿企业安全管理的影响性分析[J]. 煤炭工程，2007，39(6)：107-110.

[31] 贾传鹏. 基于IE的综放工作面人机环境系统研究[D]. 淮南：安徽理工

大学,2008.

[32] 贾仁安,丁荣华.系统动力学——反馈动态复杂性分析[M].北京:高等教育出版社,2002:28.

[33] 金鸿章,吴红梅,林德明,等.煤矿事故系统内部的脆性过程[J].系统工程学报,2007,22(5):449-454.

[34] 李传贵,张力,黄典剑.安全生产诚信体系建设探讨[J].安全,2009,30(5):1-4.

[35] 李洪伟,周德群,章玲.运用DEMATEL方法及交叉增援矩阵法对层次分析法的改进[J].统计与决策,2006(8):10-11.

[36] 李鸿吉.模糊数学基础及实用算法[M].北京:科学出版社,2005:83-88.

[37] 李华炜,周立新.煤矿生产中不安全行为产生原因及控制措施[J].中国煤炭,2006,32(4):64-66.

[38] 李爽,曹庆仁.煤矿企业安全文化影响因素的实证研究[J].中国安全科学学报,2009,19(11):37-45,179.

[39] 李万邦,肖东生.事故致因理论述评[J].南华大学学报(社会科学版),2007,8(1):57-61.

[40] 李万帮,肖东生.事故致因理论述评[J].南华大学学报(社会科学版),2007,8(1):57-61.

[41] 李新春,马浩东,李贤功.浅析基于风险预控的煤矿安全管理[J].煤炭工程,2010(4):118-119.

[42] 李新春,宋学锋.基于风险预控的煤矿安全管理评价系统建立研究[J].煤炭工程,2007(9):82-84.

[43] 李新娟.关于危险源致灾的几点看法[J].煤炭科学技术,2007,35(8):106-108.

[44] 李旭.社会系统动力学:政策研究的原理、方法和应用[M].上海:复旦大学出版社,2009:12-16.

[45] 李永娟,王二平.人误研究的历史和发展[J].心理学动态,2001,9(1):57-61.

[46] 李兆祥,张友亭.煤矿生产中人的不安全行为分析及对策[J].煤矿安全,1999,30(5):21-23,26.

[47] 林晓飞,曹庆贵,张鹏.我国煤矿安全形势的系统动力学模型分析[J].

矿业安全与环保，2008，35(1)：83-85.

[48] 刘超，罗云，仝世渝，等.基于层次分析法的电力企业员工安全素质测评指标体系研究[J].中国安全科学学报，2009，19(9)：132-138.

[49] 刘海波.自然权重原理及其在煤矿安全评价中的应用[D].长沙：中南大学，2006.

[50] 刘宏，唐禹夏，程宇和.基于风险管理方法的危险源评价分级研究[J].2007，17(6)：145-150.

[51] 刘辉，吴超.矿山灾害系统的脆性关联分析[J].灾害学，2008，23(4)：6-10.

[52] 刘骥，高建明，关磊.重大危险源分级方法探讨[J].中国安全科学学报，2008，18(6)：162-165.

[53] 刘俊杰，乔德清.对我国煤矿瓦斯事故的思考[J].煤炭学报，2006，31(1)：58-62.

[54] 刘骏跃.模糊解耦理论在酒精蒸馏过程中的应用[J].西安科技学院学报，2001，21(1)：65-69.

[55] 刘堂卿.空管安全风险耦合理论探析[J].现代商业，2010(35)：202-203.

[56] 刘铁民.重大事故动力学演化[J].中国安全生产科学技术，2006，2(6)：3-6.

[57] 刘小茜，王仰麟，彭建.人地耦合系统脆弱性研究进展[J].地球科学进展，2009，24(8)：917-927.

[58] 刘耀彬，宋学锋.城市化与生态环境的耦合度及其预测模型研究[J].中国矿业大学学报，2005，34(1)：91-96

[59] 刘志华.煤矿安全事故隐患的成因与消除措施分析[J].煤炭工程，2006，38(6)：33-34.

[60] 龙升照，黄端生.人-机-环境系统工程理论及应用基础[M].北京：科学出版社，2004.

[61] 卢才武，孙庆文，奕晓慧.企业风险管理应对策略谈[J].经济论坛，2004(2)：57-58.

[62] 卢建军.矿山事故致因理论探讨[J].矿业快报，2007，23(10)：50-52.

[63] 卢建军.矿山事故致因理论探讨[J].矿业快报，2007，23(10)：50-52.

[64] 罗艾民，多英全，魏利军.隐患治理及研究[J].中国安全生产科学技

术,2009,5(4):37-41.

[65] 罗春红,谢贤平.事故致因理论的比较分析[J].中国安全生产科学技术,2007,3(5):111-115.

[66] 苗东升.钱学森复杂性研究述评[J].西安交通大学学报(社会科学版),2004,24(4):67-71, 80.

[67] 宁德春,王建平.基于复杂性认识的安全木桶模型探讨[J].中国安全科学学报,2008,18(6):5-10.

[68] 宁德春,王建平.基于科学发展观的安全哲学思考[J].中国安全科学学报,2009,19(9):71-77.

[69] 漆旺生,顾秀根,张超,等.煤矿重大瓦斯事故隐患治理工程探讨[J].中国安全科学学报,2007,17(3):142-147.

[70] 钱永坤,谢徐,徐建博.安全投入与经济效益关系——以中国乡镇煤矿为例[J].数量经济技术经济研究,2004,21(8):40-45.

[71] 秦庭荣.综合安全评价(FSA)方法[J].中国安全科学学报,2005,15(4):88-92.

[72] 宋红丽,薛惠锋,张哲,等.经济-环境系统影响因子耦合度分析[J].河北工业大学学报,2008,37(3):84-89.

[73] 宋瑞,邓宝.神经元网络在安全评价中的应用[J].中国安全科学学报,2005,15(3):78-81.

[74] 宋晓秋.模糊数学原理与方法[M].2版.徐州:中国矿业大学出版社,2004:23.

[75] 宋学锋.复杂性、复杂系统与复杂性科学[J].中国科学基金,2003,17(5):262-269.

[76] 隋鹏程,陈宝智,隋旭.安全原理[M].北京:化学工业出版社,2005:19.

[77] 孙宝财,刘孝军.煤矿安全生产管理[J].黑龙江科技信息,2009(4):87.

[78] 孙斌.危险源理论研究进展[J].中国煤炭,2007,33(2):63-65.

[79] 覃容,彭冬芝.事故致因理论探讨[J].华北科技学院学报,2005,2(3):1-10.

[80] 谭国庆,周心权,曹涛,等.近年来我国重大和特别重大瓦斯爆炸事故的新特点[J].中国煤炭,2009,35(4):7-9,13.

[81] 田水承,李红霞,王莉,等.从三类危险源理论看煤矿事故的频发[J].中国安全科学学报,2007,17(1):10-15.
[82] 田水承,李红霞,王莉.3类危险源与煤矿事故防治[J].煤炭学报,2006,31(6):706-710.
[83] 田水承.第三类危险源辨识与控制研究[D].北京:北京理工大学,2001.
[84] 王宝林.事故致因理论及预防措施[J].建筑安全,1999,14(9):36-39.
[85] 王保国.安全人机工程学[M].北京:机械工业出版社,2007:375,384.
[86] 王栋.乡宁县台头煤矿综采工作面的可靠性分析[D].太原:太原理工大学,2005.
[87] 王莉,田水承,王晓宁.联系熵在煤矿安全预评价中的应用[J].中国安全科学学报,2006,16(9):129-134.
[88] 王培,李新春.煤矿事故单危险源测算与风险评价思路探讨[J].工矿自动化,2009(4):1-5.
[89] 王赛,刘军,刘昕.矿井产量预测模型[J].数量经济技术经济研究,2000,17(2):34-36.
[90] 王社平,刘尚林,班士杰,等.煤矿安全诚信管理[M].北京:煤炭工业出版社,2009.
[91] 王帅.煤矿事故致因理论模型构建研究[J].煤炭科学技术,2007,35(12):106-108.
[92] 王帅.煤矿事故致因理论模型构建研究[J].煤炭科学技术,2007,35(12):106-108.
[93] 王帅.煤矿事故致因理论模型构建研究[J].煤炭科学技术,2007,35(12):106-108.
[94] 王小群,陈洪彪.模糊层次综合法在企业安全评价中的应用[J].安全系统工程,2003,30(4):196-198.
[95] 王小群,张兴容.模糊评价数学模型在企业安全评价中的应用[J].上海应用技术学院学报,2002,2(2):96-101.
[96] 王旭.基于DEMATEL方法的科技型企业创生环境影响因素分析[J].工业技术经济,2008,27(6):134-138.
[97] 王忠玉,吴柏林.模糊数据统计学[M].哈尔滨:哈尔滨工业大学出版社,2008:30,44-54,91-102.
[98] 翁翼飞,王家臣.系统安全管理的复杂性研究[J].矿业安全与环保,

2008,35(2):78-80.

[99] 翁翼飞,王家臣.系统安全管理的复杂性研究[J].矿业安全与环保,2008,35(2):78-80.

[100] 吴观茂,吴文金,黄明,等.影响煤层瓦斯赋存规律的多地质因素回归分析研究[J].煤炭工程,2007,39(11):79-82.

[101] 吴红梅,金鸿章,林德明,等.突发性事故系统的脆性风险分析及其在煤矿中的应用[J].系统工程,2007,25(8):74-78.

[102] 吴彤.复杂性概念研究及其意义[J].中国人民大学学报,2004,18(5):2-9.

[103] 吴彤.复杂性概念研究及其意义[J].中国人民大学学报,2004,18(5):2-9.

[104] 吴祥,程远平,周红星,等.基于开放的复杂巨系统理论的煤矿生产重大瓦斯事故研究[J].煤矿安全,2007,38(12):86-88.

[105] 肖保军.我国煤矿安全事故频发的思考[J].煤矿安全,2005,36(7):48-51.

[106] 谢科范,等.企业风险管理[M].武汉:武汉理工大学出版社,2004:125-129.

[107] 谢雪,吕品.反馈控制理论在安全隐患管理中的应用[J].工业安全与环保,2009,35(10):58-59.

[108] 许名标,彭德红.煤矿事故致因理论分析与预防对策研究[J].中国矿业,2006,15(12):31-34.

[109] 许名标,彭德红.煤矿事故致因理论分析与预防对策研究[J].中国矿业,2006,15(12):31-34.

[110] 许名标,彭德红.煤矿事故致因理论分析与预防对策研究[J].中国矿业,2006,15(12):31-34.

[111] 许正权,宋学锋,徐金标.事故成因理论的4次跨越及其意义[J].矿业安全与环保,2008,35(1):79-83.

[112] 许正权,吴志刚,张中强.社会系统和谐交互机制研究[J].科技管理研究,2008,28(2):43-45.

[113] 许正权.复杂社会技术系统事故成因结构敏感性分析[J].中国安全科学学报,2007,17(6):56-62.

[114] 许正权.煤矿生产安全管理复杂性机理及管理方法研究[D].徐州:中

国矿业大学,2004.

[115] 杨彤,王能民.城市竞争力与生态环境耦合度模型设计与实证研究[J].生态经济,2008,24(10):33-36.

[116] 衣冠勇,陈立文.基于事故致因理论的煤矿安全管理能力结构分析[J].煤矿安全,2008,39(2):105-107.

[117] 于殿宝,宋启国.煤矿重特大伤亡事故发生机理及控制对策[J].劳动保护科学技术,1998,18(4):35-38.

[118] 于群,冯玲.基于BP神经网络的网络安全评价方法研究[J].计算机工程与设计,2008,29(8):1963-1966.

[119] 张必应.煤矿企业如何做好隐患排查治理工作[J].安全与健康,2008(11):22-23.

[120] 张国枢,戴广龙,刘泽功.矿井"以风定产"的模型与方法研究[J].安徽理工大学学报(自然科学版),2005,25(3):17-20.

[121] 张虎,田茂峰.信度分析在调查问卷设计中的应用[J].统计与决策,2007(21):25-27.

[122] 张吉军.模糊层次分析法(FAHP)[J].模糊系统与数学,2000,14(2):80-88.

[123] 张秀艳,王燕清,罗其俊.多重防护的复杂系统中危险源风险评价定量方法研究[J].中国安全生产科学技术,2009,5(2):81-84.

[124] 赵金宪,金鸿章,吴红梅.煤矿瓦斯爆炸事故的脆性风险源分析[J].黑龙江科技学院学报,2008,18(4):262-265.

[125] 郑双忠,陈宝智,刘艳军.复杂社会技术系统人因组织行为安全控制模型[J].东北大学学报(自然科学版),2001,22(3):288-290.

[126] 郑行周.机械化采煤对煤矿生产安全的影响[J].中国煤炭,2003,29(4):49-53,5.

[127] 郑子云,司徒永富.企业风险管理[M].北京:商务印书馆,2002:79-85.

[128] 周炳中.脆弱度变化模型在规划环境影响评价中的应用[J].同济大学学报(自然科学版),2007,35(5):695-701.

[129] 周心权,陈国新.煤矿重大瓦斯爆炸事故致因的概率分析及启示[J].煤炭学报,2008,33(1):42-47.

[130] 朱川曲.矿井系统可靠性分析[M].北京:煤炭工业出版社,

1998:106.

[131] 朱华,吴兆宏,李刚,等.煤矿机械磨损失效研究[J].煤炭学报,2006,31(3):380-385.

[132] 朱顺泉.基于突变级数法的上市公司绩效综合评价研究[J].系统工程理论与实践,2002,22(2):90-95.

[133] ADGER W N. Vulnerability global[J]. Global Environmental Change, 2006,16(3):268-281.

[134] BAUN A,ERIKSSON E,LEDIN A,et al. A methodology for ranking and hazard identification of xenobiotic organic compounds in urban stormwater [J]. Science of the Total Environment,2006,370(1):29-38.

[135] BENA A, et al. Risk of repeat accidents by economic activity in Italy[J]. Safety Science,2006,44(4):297-312.

[136] BUNDERSON J S. Normal injustices and morality in complex organizations [J]. Journal of Business Ethics,2001,33(3):181-190.

[137] BYOUNGGWAN KANG,BYOUNGWOO LEE,KYOUNG WOOK KANG,et al. AHA:a knowledge based system for automatic hazard identification in chemical plant by multimodel approach [J]. Expert Systems with Applications, 1999,16(2):183-195.

[138] COX S J,CHEYNE A J T. Assessing safety culture in offshore environments [J]. Safety Science,2000,34(1-3):111-129.

[139] DEDOBBELEER N, BÉLAND F. A safety climate measure for construction sites[J]. Journal of Safety Research, 1991, 22(2): 97-103.

[140] EINARSSON S, RAUSAND M. An approach to vulnerability analysis of complex industrial systems[J]. Risk Analysis,1998,18(5):535-546.

[141] Health and Safety Commission. Advisory committee on major hazard [R]. First Report. Hazard—A Source of Danger. London,1976.

[142] Health and Safety Commission. Advisory committee on major hazards [R]. Third Report. The Control of Major Hazards. London,1994.

[143] LEVESON N. A new accident model for engineering safer systems

[J]. Safety Science, 2004, 42(4): 237-270.

[144] LURIA G, RAFAELI A. Testing safety commitment in organizations through interpretations of safety artifacts[J]. Journal of Safety Research, 2008, 39(5): 519-528.

[145] MICHAEL O'TOOLE. The relationship between employees' perceptions of safety and organizational culture[J]. Journal of Safety Research, 2002, 33(2): 231-243.

[146] MOHAGHEGH Z, KAZEMI R, MOSLEH A. Incorporating organizational factors into Probabilistic Risk Assessment (PRA) of complex socio-technical systems: a hybrid technique formalization[J]. Reliability Engineering and System Safety, 2009, 94(5): 1000-1018.

[147] PERROW C. Normal accident at three Mile Island[J]. Society, 1981, 18(5): 17-26.

[148] PERROW C. Organizing to reduce the vulnerabilities of complexity [J]. Journal of Contingencies and Crisis Management, 1999, 7(3): 150-155.

[149] POPLIN G S, MILLER H B, RANGER-MOORE J, et al. International evaluation of injury rates in coal mining: a comparison of risk and compliance-based regulatory approaches[J]. Safety Science, 2008, 46 (8): 1196-1204.

[150] REASON J. Human error: models and management[J]. British Medical Journal, 2000, 320(32): 768-770.

[151] RIJPMA J A. Complexity, tight-coupling and reliability: connecting normal accidents theory and high reliability theory[J]. Journal of Contingencies and Crisis Management, 1997, 5(1): 15-23.

[152] SOMERVILLE M, ABRAHAMSSON L. Trainers and learners constructing a community of practice: masculine work cultures and learning safety in the mining industry [J]. Studies in the Education of Adults, 2003, 35(1): 19-34.

[153] SPERBER W H. Hazard identification: from a quantitative to a qualitative approach [J]. Food Control, 2001, 12(4): 223-228.

[154] SUE COX, TOM COX. The structure of employee attitudes to safety: a

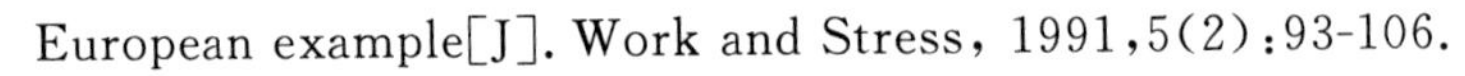
European example[J]. Work and Stress, 1991,5(2):93-106.

[155] XINCHUN LI. Study on the evaluation system for the coal safety management based on risk pre-control[J]. Journal of Coal Science and Engineering,2009(1):108-112.

[156] XINCHUN LI. Study the closed loop management system for the coal mines based on risk management[J]. Journal of Coal Science and Engineering, 2010(2):215-220.

[157] YANG C,WU M,SHEN D,et al. Hybrid intelligent control of gas collectors of coke ovens[J]. Control Engineering Practice,2001,9(7):725-733.

[158] ZOHAR D. Safety climate in industrial organizations: theoretical and applied implications[J]. Journal of Applied Psychology, 1980, 65(1):96-102.

附　　录

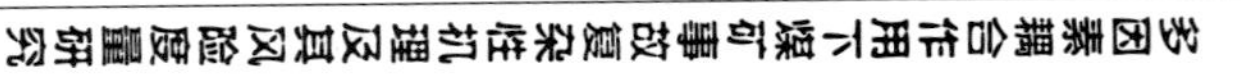

附录 1　影响关系评价问卷

表 1　　影响关系评价问卷

指标		F_1	F_2	F_3	F_4	F_5	F_6	F_7	F_8	F_9	F_{10}	F_{11}	F_{12}	F_{13}	F_{14}	F_{15}	F_{16}	F_{17}	F_{18}	F_{19}	F_{20}	F_{21}	F_{22}	F_{23}
安全管理组织机构	F_1	0	0	0	3	0	0	0	2	0	1	0	0	0	0	0	0	0	0	0	0	0	0	0
安全管理制度	F_2	0	0	0	1	0	0	0	0	0	1	0	0	0	0	0	0	0	0	0	0	0	0	0
安全文化建设	F_3	0	0	0	1	1	0	0	0	3	2	0	0	2	2	1	0	0	0	0	0	0	0	0
员工教育培训	F_4	0	3	4	0	2	0	4	0	3	2	0	0	0	0	0	0	0	0	0	0	0	0	0
现场安全管理状况	F_5	0	0	0	0	0	0	2	0	0	0	0	0	0	0	0	0	0	0	0	0	0	0	0
安全投入	F_6	0	0	0	0	0	0	0	0	0	0	0	0	0	3	0	0	0	0	0	0	0	0	3
员工的专业技能素质	F_7	0	0	0	1	0	0	0	0	0	0	0	0	0	0	0	0	0	0	0	0	0	0	0
员工的文化程度	F_8	0	0	0	0	0	0	3	0	1	0	0	0	0	0	0	0	0	0	0	0	0	0	0
员工的安全生产意识	F_9	0	0	0	0	3	0	3	0	0	2	0	0	0	0	0	0	0	0	0	0	0	0	3
员工的心理状况	F_{10}	0	0	0	0	0	0	0	0	0	0	0	0	0	0	0	0	0	0	0	0	0	0	3
员工的身体状况	F_{11}	0	0	0	0	0	1	1	0	0	0	0	0	0	0	0	0	0	0	0	0	0	0	3
机器设备的设计	F_{12}	0	0	0	0	0	1	0	0	1	1	0	0	2	0	2	0	0	0	0	0	0	0	2
机器设备安全状况	F_{13}	0	0	0	0	0	0	1	0	0	0	0	0	0	0	0	1	1	1	1	0	0	0	2
机械设备自动化水平	F_{14}	0	0	0	2	0	0	2	0	0	0	0	0	0	0	0	0	0	0	0	0	0	0	1
安全防护装置状况	F_{15}	0	0	0	0	0	0	0	0	0	1	2	2	1	0	0	0	0	0	0	0	0	0	1
工作地点温度状况	F_{16}	0	0	0	0	0	0	0	0	0	3	2	0	2	0	0	0	2	0	0	0	0	0	0
工作地点湿度状况	F_{17}	0	0	0	0	0	0	0	0	0	3	2	0	3	0	0	2	0	0	0	0	0	0	0
工作地点粉尘状况	F_{18}	0	0	0	0	0	1	0	0	0	1	3	0	3	0	0	0	0	0	0	0	0	0	0
工作地点噪声状况	F_{19}	0	0	0	0	0	1	0	0	0	3	3	0	1	0	0	0	0	0	0	0	0	0	0
工作地点有毒气体状况	F_{20}	0	0	0	0	0	1	0	0	0	2	3	0	0	0	0	0	0	0	0	0	0	0	0
工作地点照明状况	F_{21}	0	0	0	0	0	2	0	0	0	2	0	0	0	0	0	0	0	0	0	0	0	0	0
矿区自然安全条件	F_{22}	0	0	0	2	0	1	0	0	2	0	0	0	0	0	0	0	0	0	0	0	0	0	0
人操作失误	F_{23}	0	0	0	0	0	0	0	0	0	3	0	0	4	0	0	0	0	0	0	0	0	0	0

续表 1

指标		F_1	F_2	F_3	F_4	F_5	F_6	F_7	F_8	F_9	F_{10}	F_{11}	F_{12}	F_{13}	F_{14}	F_{15}	F_{16}	F_{17}	F_{18}	F_{19}	F_{20}	F_{21}	F_{22}	F_{23}
安全管理组织机构	F_1	0	1	1	2	3	0	0	0	1	0	0	0	0	1	1	0	0	0	0	0	1	0	1
安全管理制度	F_2	0	0	1	1	1	0	0	0	0	0	0	0	0	0	0	0	0	0	0	0	0	0	1
安全文化建设	F_3	0	0	0	2	3	4	0	0	4	0	0	2	0	2	3	0	0	0	0	0	1	0	4
员工教育培训	F_4	0	0	0	0	4	0	4	0	4	0	0	0	0	0	0	0	0	0	0	0	0	0	4
现场安全管理状况	F_5	0	0	0	0	0	0	0	0	3	1	0	0	0	0	4	0	0	0	0	0	0	0	4
安全投入	F_6	0	0	0	2	0	0	0	0	0	0	0	0	0	4	1	0	0	0	0	0	0	0	1
员工的专业技能素质	F_7	0	0	0	0	0	0	0	0	0	0	0	0	0	0	0	0	0	0	0	0	0	0	3
员工的文化程度	F_8	0	0	0	0	0	0	2	0	0	1	0	0	0	0	0	0	0	0	0	0	0	0	1
员工的安全生产意识	F_9	0	0	0	0	0	0	0	0	0	0	0	0	0	0	0	0	0	0	0	0	0	0	3
员工的心理状况	F_{10}	0	0	0	0	0	0	0	0	0	0	0	0	0	0	0	0	0	0	0	0	0	0	3
员工的身体状况	F_{11}	0	0	0	0	0	0	0	0	0	0	0	0	0	0	0	0	0	0	0	0	0	0	2
机器设备的设计	F_{12}	0	0	0	0	0	0	0	0	0	0	0	0	3	0	0	0	0	0	0	0	0	0	1
机器设备安全状况	F_{13}	0	0	0	0	0	0	0	0	0	0	0	0	0	0	0	0	0	0	0	0	0	0	2
机械设备自动化水平	F_{14}	0	0	0	0	0	0	0	0	0	0	0	0	0	0	0	0	0	0	0	0	0	0	1
安全防护装置状况	F_{15}	0	0	0	0	0	0	0	0	0	0	0	0	0	0	0	0	0	0	0	0	0	0	4
工作地点温度状况	F_{16}	0	0	0	0	0	0	0	0	0	4	4	0	4	0	0	0	0	0	0	0	0	0	4
工作地点湿度状况	F_{17}	0	0	0	0	0	0	0	0	0	4	4	0	4	0	0	0	0	0	0	0	0	0	4
工作地点粉尘状况	F_{18}	0	0	0	0	0	0	0	0	0	3	4	0	3	0	0	0	0	0	0	0	0	0	3
工作地点噪声状况	F_{19}	0	0	0	0	0	0	0	0	0	3	4	0	2	0	0	0	0	0	0	0	0	0	2
工作地点有毒气体状况	F_{20}	0	0	0	0	0	0	0	0	0	4	4	0	0	0	0	0	0	0	0	0	0	0	3
工作地点照明状况	F_{21}	0	0	0	0	0	0	0	0	0	3	0	0	0	0	0	0	0	0	0	0	0	0	3
矿区自然安全条件	F_{22}	0	0	0	0	0	0	0	0	0	0	0	0	2	0	0	4	4	4	0	4	0	0	2
人操作失误	F_{23}	0	0	0	0	0	0	0	0	0	1	0	0	2	0	2	0	0	0	0	0	0	0	0

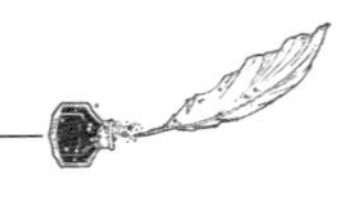

续表 1

指标		F_1	F_2	F_3	F_4	F_5	F_6	F_7	F_8	F_9	F_{10}	F_{11}	F_{12}	F_{13}	F_{14}	F_{15}	F_{16}	F_{17}	F_{18}	F_{19}	F_{20}	F_{21}	F_{22}	F_{23}
安全管理组织机构	F_1	0	0	0	0	0	0	0	0	0	0	0	0	0	0	0	0	0	0	0	0	0	0	0
安全管理制度	F_2	0	0	4	4	4	1	0	0	0	0	0	0	0	0	0	0	0	0	0	0	0	0	0
安全文化建设	F_3	0	1	0	2	1	0	3	2	4	3	0	0	0	0	0	0	0	0	0	0	0	0	0
员工教育培训	F_4	0	1	0	0	1	0	4	2	4	3	0	0	0	0	0	0	0	0	0	0	0	0	0
现场安全管理状况	F_5	0	0	0	0	0	0	0	0	4	2	0	0	3	0	3	4	4	4	4	4	4	0	4
安全投入	F_6	0	0	1	2	0	0	3	0	1	1	0	0	2	3	4	0	0	0	0	0	0	0	0
员工的专业技能素质	F_7	0	0	0	4	2	0	0	0	2	3	1	0	3	0	0	0	0	0	0	0	0	0	3
员工的文化程度	F_8	0	0	0	0	2	0	0	0	4	3	2	0	0	0	0	0	0	0	0	0	0	0	3
员工的安全生产意识	F_9	0	0	0	0	2	0	0	0	0	3	2	0	3	3	4	0	0	0	0	0	0	0	4
员工的心理状况	F_{10}	0	0	0	0	0	0	0	0	3	0	2	0	0	0	4	0	0	0	0	0	0	0	4
员工的身体状况	F_{11}	0	0	0	0	0	0	0	0	0	3	0	0	0	0	0	0	0	0	0	0	0	0	4
机器设备的设计	F_{12}	0	0	0	0	0	0	0	0	0	0	0	0	4	0	3	0	0	0	3	0	0	0	4
机器设备安全状况	F_{13}	0	0	0	0	0	0	0	0	0	0	0	0	0	0	3	0	0	0	0	0	0	0	4
机械设备自动化水平	F_{14}	0	0	0	0	0	0	3	0	2	2	2	2	2	0	4	0	0	0	0	0	0	0	3
安全防护装置状况	F_{15}	0	0	0	0	0	0	0	0	2	1	0	0	0	0	0	0	0	0	0	0	0	0	5
工作地点温度状况	F_{16}	0	0	0	0	0	0	0	0	0	3	3	0	4	0	2	0	0	0	0	0	0	0	5
工作地点湿度状况	F_{17}	0	0	0	0	0	0	0	0	0	3	3	0	4	0	2	0	0	0	0	0	0	0	4
工作地点粉尘状况	F_{18}	0	0	0	0	0	0	0	0	0	3	3	0	4	0	2	0	0	0	0	0	0	0	4
工作地点噪声状况	F_{19}	0	0	0	0	0	0	0	0	0	3	3	0	4	0	2	0	0	0	0	0	0	0	4
工作地点有毒气体状况	F_{20}	0	0	0	0	0	0	0	0	0	3	3	0	4	0	2	0	0	0	0	0	0	0	4
工作地点照明状况	F_{21}	0	0	0	0	0	0	0	0	0	0	3	0	0	0	2	0	0	0	0	0	0	0	4
矿区自然安全条件	F_{22}	0	0	0	0	0	0	0	0	0	0	0	0	0	0	0	2	2	4	4	4	4	0	4
人操作失误	F_{23}	0	0	0	1	0	0	0	0	1	0	0	0	4	0	0	0	0	0	0	0	0	0	0

续表 1

指标		F_1	F_2	F_3	F_4	F_5	F_6	F_7	F_8	F_9	F_{10}	F_{11}	F_{12}	F_{13}	F_{14}	F_{15}	F_{16}	F_{17}	F_{18}	F_{19}	F_{20}	F_{21}	F_{22}	F_{23}
安全管理组织机构	F_1	0	3	1	2	1	0	1	0	0	0	0	0	1	0	1	0	0	0	0	0	0	0	0
安全管理制度	F_2	0	0	2	1	2	2	0	0	3	0	0	0	1	0	2	0	0	0	0	0	0	0	0
安全文化建设	F_3	0	0	0	0	3	3	0	0	3	3	0	0	1	0	3	0	0	0	0	0	0	0	2
员工教育培训	F_4	0	0	3	0	3	2	3	0	3	3	0	0	3	0	3	0	0	0	0	0	0	0	2
现场安全管理状况	F_5	0	0	0	0	0	0	0	0	2	2	0	0	3	0	3	0	0	0	0	0	0	0	2
安全投入	F_6	0	0	0	0	0	0	0	0	2	3	0	0	3	0	3	0	0	0	0	0	0	0	2
员工的专业技能素质	F_7	0	0	0	2	3	2	0	0	3	1	0	0	3	0	2	0	0	0	0	0	0	0	4
员工的文化程度	F_8	0	0	0	3	3	3	3	0	2	1	0	0	1	0	1	0	0	0	0	0	0	0	3
员工的安全生产意识	F_9	0	0	3	1	4	4	1	0	0	0	0	0	3	0	3	0	0	0	0	0	0	0	3
员工的心理状况	F_{10}	0	0	0	0	4	2	0	0	3	0	0	0	1	0	1	0	0	0	0	0	0	0	4
员工的身体状况	F_{11}	0	0	0	0	1	1	0	0	2	2	0	0	1	0	1	0	0	0	0	0	0	0	4
机器设备的设计	F_{12}	0	0	0	0	1	0	0	0	1	3	0	0	0	0	0	0	0	0	0	0	0	0	3
机器设备安全状况	F_{13}	0	0	0	0	0	1	0	0	1	3	0	0	0	0	0	0	0	0	0	0	0	0	3
机械设备自动化水平	F_{14}	0	0	0	0	0	1	0	0	1	2	0	0	0	0	0	0	0	0	0	0	0	0	2
安全防护装置状况	F_{15}	0	0	0	0	0	1	0	0	2	3	3	0	0	0	0	0	0	0	0	0	0	0	2
工作地点温度状况	F_{16}	0	0	0	0	0	0	0	0	2	2	3	0	3	0	3	0	0	0	0	0	0	0	3
工作地点湿度状况	F_{17}	0	0	0	0	0	0	0	0	2	3	3	0	3	0	3	0	0	0	0	0	0	0	3
工作地点粉尘状况	F_{18}	0	0	0	0	0	0	0	0	2	3	3	0	2	0	2	0	0	0	0	0	0	0	3
工作地点噪声状况	F_{19}	0	0	0	0	0	0	0	0	2	3	3	0	2	0	2	0	0	0	0	0	0	0	3
工作地点有毒气体状况	F_{20}	0	0	0	0	0	0	0	0	3	4	4	0	2	0	3	0	0	0	0	0	0	0	4
工作地点照明状况	F_{21}	0	0	0	0	0	0	0	0	2	3	3	0	0	0	0	0	0	0	0	0	0	0	4
矿区自然安全条件	F_{22}	0	0	0	0	0	0	0	0	2	2	2	0	0	0	1	0	0	0	0	0	0	0	2
人操作失误	F_{23}	0	0	0	0	0	0	0	0	3	1	0	0	3	0	0	0	0	0	0	0	0	0	0

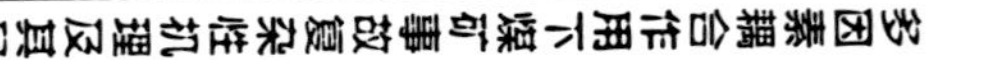

续表 1

指标		F_1	F_2	F_3	F_4	F_5	F_6	F_7	F_8	F_9	F_{10}	F_{11}	F_{12}	F_{13}	F_{14}	F_{15}	F_{16}	F_{17}	F_{18}	F_{19}	F_{20}	F_{21}	F_{22}	F_{23}
安全管理组织机构	F_1	0	0	0	0	0	0	0	0	2	0	0	0	0	0	0	0	0	0	0	0	0	0	0
安全管理制度	F_2	0	0	0	1	0	0	0	0	2	0	0	0	1	0	0	0	0	0	0	0	0	0	0
安全文化建设	F_3	0	0	0	0	0	0	0	0	3	3	0	0	0	0	0	0	0	0	0	0	0	0	0
员工教育培训	F_4	0	0	1	0	0	2	3	0	3	2	0	0	0	0	0	0	0	0	0	0	0	0	4
现场安全管理状况	F_5	0	0	0	0	0	0	0	0	0	3	0	0	0	0	0	0	0	0	0	0	0	0	0
安全投入	F_6	0	0	0	0	0	0	0	0	2	0	0	0	0	0	0	0	0	0	0	0	0	0	0
员工的专业技能素质	F_7	0	0	0	0	0	0	0	0	2	0	0	0	0	0	0	0	0	0	0	0	0	0	3
员工的文化程度	F_8	0	0	0	0	0	0	0	0	2	1	0	0	0	0	0	0	0	0	0	0	0	0	2
员工的安全生产意识	F_9	0	0	0	0	0	0	0	0	0	0	0	0	0	0	0	0	0	0	0	0	0	0	3
员工的心理状况	F_{10}	0	0	0	0	0	0	0	0	1	0	0	0	0	0	0	0	0	0	0	0	0	0	3
员工的身体状况	F_{11}	0	0	0	0	0	0	0	0	0	2	0	0	0	0	0	0	0	0	0	0	0	0	3
机器设备的设计	F_{12}	0	0	0	0	0	0	0	0	0	0	0	0	0	3	0	0	0	2	3	0	0	0	0
机器设备安全状况	F_{13}	0	0	0	0	0	0	0	0	0	0	0	0	0	0	3	0	0	0	0	0	0	0	0
机械设备自动化水平	F_{14}	0	0	0	0	0	0	0	0	0	0	0	0	0	0	0	0	0	0	0	0	0	0	0
安全防护装置状况	F_{15}	0	0	0	0	0	2	0	0	0	0	0	0	0	0	0	0	0	0	0	0	0	0	0
工作地点温度状况	F_{16}	0	0	0	0	0	0	0	0	2	1	0	0	0	0	0	0	0	0	0	0	0	0	0
工作地点湿度状况	F_{17}	0	0	0	0	0	0	0	0	2	1	0	0	0	0	0	0	0	0	0	0	0	4	0
工作地点粉尘状况	F_{18}	0	0	0	0	0	0	0	0	4	3	0	0	0	0	0	0	0	0	0	0	0	4	0
工作地点噪声状况	F_{19}	0	0	0	0	0	0	0	0	3	3	0	0	0	0	0	0	0	0	0	0	0	0	0
工作地点有毒气体状况	F_{20}	0	0	0	0	0	0	0	0	4	0	0	0	0	0	0	0	0	0	0	0	0	0	1
工作地点照明状况	F_{21}	0	0	0	0	0	0	0	0	0	2	0	0	0	0	0	0	0	0	0	0	0	0	0
矿区自然安全条件	F_{22}	0	0	0	0	0	0	0	0	0	0	0	0	0	0	0	0	0	0	0	0	0	0	0
人操作失误	F_{23}	0	0	0	0	0	0	0	0	0	0	0	0	0	0	0	0	0	0	0	0	0	0	0

续表 1

指标		F_1	F_2	F_3	F_4	F_5	F_6	F_7	F_8	F_9	F_{10}	F_{11}	F_{12}	F_{13}	F_{14}	F_{15}	F_{16}	F_{17}	F_{18}	F_{19}	F_{20}	F_{21}	F_{22}	F_{23}
安全管理组织机构	F_1	0	1	1	1	1	0	0	0	0	0	0	0	0	0	0	0	0	0	0	0	0	0	0
安全管理制度	F_2	1	0	2	3	2	1	0	0	0	0	0	0	0	0	0	0	0	0	0	0	0	0	0
安全文化建设	F_3	0	1	0	0	0	0	0	0	4	0	0	0	2	0	0	0	0	0	0	0	0	0	0
员工教育培训	F_4	0	0	0	0	0	0	4	0	1	1	0	0	0	0	0	0	0	0	0	0	0	0	0
现场安全管理状况	F_5	0	0	0	0	0	0	0	0	2	1	0	0	0	0	0	0	0	0	0	0	0	0	3
安全投入	F_6	0	0	0	3	0	0	0	0	0	0	0	0	0	3	0	0	0	0	0	0	0	0	0
员工的专业技能素质	F_7	0	0	0	0	0	0	0	0	0	0	0	0	2	0	0	0	0	0	0	0	0	0	3
员工的文化程度	F_8	0	0	0	0	0	0	3	0	0	1	0	0	0	0	0	0	0	0	0	0	0	0	0
员工的安全生产意识	F_9	0	0	0	0	0	0	0	0	0	0	0	0	0	0	0	0	0	0	0	0	0	0	3
员工的心理状况	F_{10}	0	0	0	0	0	0	0	0	0	0	0	0	0	0	0	0	0	0	0	0	0	0	3
员工的身体状况	F_{11}	0	0	0	0	0	0	0	0	0	2	0	0	0	0	0	0	0	0	0	0	0	0	3
机器设备的设计	F_{12}	0	0	0	0	0	0	0	0	0	1	0	0	0	0	0	0	0	0	0	0	0	0	2
机器设备安全状况	F_{13}	0	0	0	0	0	0	0	0	0	2	0	0	0	0	0	1	1	2	3	1	0	0	1
机械设备自动化水平	F_{14}	0	0	0	0	0	0	0	0	1	1	0	0	0	0	0	0	0	0	0	0	0	0	0
安全防护装置状况	F_{15}	0	0	0	0	0	0	0	0	0	2	3	0	0	0	0	0	0	0	0	0	0	0	0
工作地点温度状况	F_{16}	0	0	0	0	0	0	0	0	0	3	3	0	3	0	0	0	0	0	0	0	0	0	0
工作地点湿度状况	F_{17}	0	0	0	0	0	0	0	0	0	2	2	0	3	0	0	0	0	0	0	0	0	0	0
工作地点粉尘状况	F_{18}	0	0	0	0	0	0	0	0	0	4	4	0	1	0	0	0	0	0	0	0	0	0	0
工作地点噪声状况	F_{19}	0	0	0	0	0	0	0	0	0	4	4	0	0	0	0	0	0	0	0	0	0	0	0
工作地点有毒气体状况	F_{20}	0	0	0	0	0	0	0	0	0	4	3	0	0	0	0	0	0	0	0	0	0	0	0
工作地点照明状况	F_{21}	0	0	0	0	0	0	0	0	0	2	0	0	0	0	0	0	0	0	0	0	0	0	0
矿区自然安全条件	F_{22}	0	0	0	0	0	0	0	0	0	0	0	0	0	0	0	2	2	1	1	2	0	0	0
人操作失误	F_{23}	0	0	0	0	0	0	0	0	0	0	2	0	3	0	0	0	0	0	0	0	0	0	0

续表 1

指标		F_1	F_2	F_3	F_4	F_5	F_6	F_7	F_8	F_9	F_{10}	F_{11}	F_{12}	F_{13}	F_{14}	F_{15}	F_{16}	F_{17}	F_{18}	F_{19}	F_{20}	F_{21}	F_{22}	F_{23}
安全管理组织机构	F_1	0	4	3	2	4	0	0	0	0	0	0	0	0	0	0	0	0	0	0	0	0	0	0
安全管理制度	F_2	3	0	2	0	3	3	0	0	1	0	0	0	0	0	2	0	0	0	0	0	0	0	2
安全文化建设	F_3	1	0	0	4	2	0	0	0	0	1	0	0	0	0	0	0	0	0	0	0	0	0	0
员工教育培训	F_4	0	2	3	0	3	0	4	2	2	1	0	0	0	0	0	0	0	0	0	0	0	0	3
现场安全管理状况	F_5	0	2	1	1	0	3	0	0	2	1	0	0	2	0	0	0	0	0	0	0	0	0	0
安全投入	F_6	0	1	1	2	0	0	0	0	0	0	0	0	1	0	0	0	0	0	0	0	0	0	3
员工的专业技能素质	F_7	0	0	2	2	0	0	0	0	2	0	0	1	1	3	0	0	0	0	0	0	0	0	0
员工的文化程度	F_8	0	0	2	2	0	0	2	0	1	0	0	1	0	2	0	0	0	0	0	0	0	0	3
员工的安全生产意识	F_9	0	0	4	2	2	0	1	0	0	1	0	0	0	0	0	0	0	0	0	0	0	0	1
员工的心理状况	F_{10}	0	0	1	1	2	0	1	0	1	0	2	0	0	0	0	0	0	0	0	0	0	0	1
员工的身体状况	F_{11}	0	0	0	0	0	0	1	0	1	2	0	0	0	0	0	0	0	0	0	0	0	0	2
机器设备的设计	F_{12}	0	0	0	3	0	0	1	0	0	0	0	0	3	3	2	0	2	2	3	0	3	0	2
机器设备安全状况	F_{13}	0	2	0	1	0	0	0	0	1	0	0	0	0	0	3	0	0	0	0	0	0	0	1
机械设备自动化水平	F_{14}	0	0	0	0	0	0	1	0	0	0	0	1	1	0	0	0	0	0	0	0	0	0	2
安全防护装置状况	F_{15}	0	0	0	0	0	0	0	0	1	1	0	0	0	0	0	0	0	0	0	0	0	0	1
工作地点温度状况	F_{16}	0	0	0	0	0	0	0	0	0	0	2	3	4	1	2	0	2	0	0	0	0	0	0
工作地点湿度状况	F_{17}	0	0	0	0	0	0	0	0	0	0	2	3	4	1	0	2	0	0	0	0	0	0	0
工作地点粉尘状况	F_{18}	0	0	0	0	0	0	0	0	0	0	2	3	4	1	0	2	2	0	0	0	2	0	0
工作地点噪声状况	F_{19}	0	0	0	0	0	0	0	0	0	2	2	1	2	0	0	0	0	0	0	0	0	0	0
工作地点有毒气体状况	F_{20}	0	0	0	0	0	2	0	0	1	0	0	3	2	2	4	0	0	0	0	0	0	2	0
工作地点照明状况	F_{21}	0	0	0	0	0	0	0	0	0	0	2	1	0	0	0	0	0	0	0	0	0	0	0
矿区自然安全条件	F_{22}	0	0	1	0	0	1	0	0	1	0	0	0	1	1	0	1	1	0	0	4	0	0	0
人操作失误	F_{23}	0	0	0	0	0	0	0	0	0	1	0	0	3	0	0	0	0	0	0	0	0	0	0

附录 2　直接影响矩阵

表 2　　直接影响矩阵

指标	F_1	F_2	F_3	F_4	F_5	F_6	F_7	F_8	F_9	F_{10}	F_{11}	F_{12}
F_1	0	0.333 33	0.233 33	0.366 67	0.333 33	0.041 667	0.071 429	0.101 79	0.133 93	0.071 429	0.041 667	0.041 667
F_2	0.166 67	0	0.4	0.4	0.433 33	0.266 67	0.041 667	0.041 667	0.233 33	0.071 429	0.041 667	0.041 667
F_3	0.071 429	0.101 19	0	0.333 33	0.366 67	0.266 67	0.133 33	0.101 79	0.733 33	0.433 33	0.041 667	0.101 79
F_4	0.041 667	0.233 33	0.4	0	0.466 67	0.166 07	0.898 81	0.166 07	0.7	0.433 33	0.041 667	0.041 667
F_5	0.041 667	0.101 79	0.071 429	0.071 429	0	0.133 33	0.101 79	0.041 667	0.466 67	0.366 67	0.041 667	0.041 667
F_6	0.041 667	0.071 429	0.101 19	0.333 33	0.041 667	0	0.133 33	0.041 667	0.198 21	0.166 67	0.041 667	0.041 667
F_7	0.041 667	0.041 667	0.101 79	0.333 33	0.2	0.101 79	0	0.041 667	0.333 33	0.166 67	0.071 429	0.071 429
F_8	0.041 667	0.041 667	0.101 79	0.2	0.2	0.133 33	0.466 67	0	0.366 67	0.266 67	0.101 79	0.071 429
F_9	0.041 667	0.041 667	0.266 67	0.133 93	0.4	0.166 67	0.2	0.041 667	0	0.233 33	0.101 79	0.041 667
F_{10}	0.041 667	0.041 667	0.071 429	0.071 429	0.233 33	0.101 79	0.071 429	0.041 667	0.3	0	0.166 07	0.041 667
F_{11}	0.041 667	0.041 667	0.041 667	0.041 667	0.071 429	0.101 19	0.101 19	0.041 667	0.133 93	0.4	0	0.041 667
F_{12}	0.041 667	0.041 667	0.041 667	0.133 33	0.071 429	0.071 429	0.071 429	0.041 667	0.101 19	0.2	0.041 667	0
F_{13}	0.041 667	0.101 79	0.041 667	0.071 429	0.041 667	0.071 429	0.071 429	0.041 667	0.101 19	0.2	0.041 667	0.041 667
F_{14}	0.041 667	0.041 667	0.041 667	0.101 79	0.041 667	0.071 429	0.233 33	0.041 667	0.166 07	0.198 21	0.101 79	0.133 93
F_{15}	0.041 667	0.041 667	0.041 667	0.041 667	0.041 667	0.133 93	0.041 667	0.041 667	0.198 21	0.3	0.3	0.101 79
F_{16}	0.041 667	0.041 667	0.041 667	0.041 667	0.041 667	0.041 667	0.041 667	0.041 667	0.166 07	0.566 67	0.6	0.133 33
F_{17}	0.041 667	0.041 667	0.041 667	0.041 667	0.041 667	0.041 667	0.041 667	0.041 667	0.166 07	0.566 67	0.566 67	0.133 33
F_{18}	0.041 667	0.041 667	0.041 667	0.041 667	0.041 667	0.071 429	0.041 667	0.041 667	0.233 33	0.6	0.666 67	0.133 33
F_{19}	0.041 667	0.041 667	0.041 667	0.041 667	0.041 667	0.071 429	0.041 667	0.041 667	0.2	0.737 5	0.666 67	0.071 429
F_{20}	0.041 667	0.041 667	0.041 667	0.041 667	0.041 667	0.133 93	0.041 667	0.041 667	0.3	0.6	0.6	0.133 33
F_{21}	0.041 667	0.041 667	0.041 667	0.041 667	0.041 667	0.101 79	0.041 667	0.041 667	0.101 79	0.433 33	0.3	0.071 429
F_{22}	0.041 667	0.041 667	0.071 429	0.101 79	0.041 667	0.101 19	0.041 667	0.041 667	0.198 21	0.101 79	0.101 79	0.041 667
F_{23}	−0.041 67	−0.041 67	−0.041 67	−0.071 43	−0.041 67	−0.041 67	−0.041 67	−0.041 67	−0.166 67	−0.233 33	−0.101 79	−0.041 67

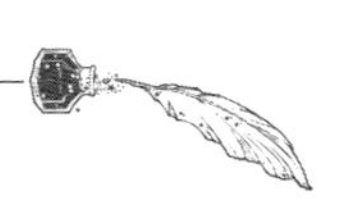

续表 2

指标	F_{13}	F_{14}	F_{15}	F_{16}	F_{17}	F_{28}	F_{39}	F_{20}	F_{21}	F_{22}	F_{23}
F_1	0.071 429	0.071 429	0.101 19	0.041 667	0.041 667	0.041 667	0.041 667	0.041 667	0.071 429	0.041 667	−0.071 43
F_2	0.101 19	0.041 667	0.166 07	0.041 667	0.041 667	0.041 667	0.041 667	0.041 667	0.041 667	0.041 667	−0.133 93
F_3	0.198 21	0.166 07	0.266 67	0.041 667	0.041 667	0.041 667	0.041 667	0.041 667	0.071 429	0.041 667	−0.233 33
F_4	0.133 33	0.041 667	0.133 33	0.041 667	0.041 667	0.041 667	0.041 667	0.041 667	0.041 667	0.041 667	−0.466 67
F_5	0.3	0.041 667	0.366 67	0.166 67	0.166 67	0.166 67	0.166 67	0.166 67	0.166 67	0.041 667	−0.466 67
F_6	0.233 33	0.466 67	0.3	0.041 667	0.041 667	0.041 667	0.041 667	0.041 667	0.041 667	0.041 667	−0.333 33
F_7	0.333 33	0.133 33	0.101 79	0.041 667	0.041 667	0.041 667	0.041 667	0.041 667	0.041 667	0.041 667	−0.566 67
F_8	0.071 429	0.101 79	0.071 429	0.041 667	0.041 667	0.041 667	0.041 667	0.041 667	0.041 667	0.041 667	−0.433 33
F_9	0.233 33	0.133 33	0.266 67	0.041 667	0.041 667	0.041 667	0.041 667	0.041 667	0.041 667	0.041 667	−0.7
F_{10}	0.071 429	0.041 667	0.2	0.041 667	0.041 667	0.041 667	0.041 667	0.041 667	0.041 667	0.041 667	−0.733 33
F_{11}	0.071 429	0.041 667	0.071 429	0.041 667	0.041 667	0.041 667	0.041 667	0.041 667	0.041 667	0.041 667	−0.737 5
F_{12}	0.433 33	0.233 33	0.266 67	0.041 667	0.101 79	0.166 07	0.333 33	0.041 667	0.133 33	0.041 667	−0.5
F_{13}	0	0.041 667	0.333 33	0.101 19	0.101 19	0.133 93	0.166 67	0.071 429	0.041 667	0.041 667	−0.466 67
F_{14}	0.133 93	0	0.166 67	0.041 667	0.041 667	0.041 667	0.041 667	0.041 667	0.041 667	0.041 667	−0.333 33
F_{15}	0.071 429	0.041 667	0	0.041 667	0.041 667	0.041 667	0.041 667	0.041 667	0.041 667	0.041 667	−0.3
F_{16}	0.7	0.071 429	0.266 67	0	0.166 07	0.041 667	0.041 667	0.041 667	0.041 667	0.041 667	−0.266 67
F_{17}	0.733 33	0.071 429	0.2	0.166 07	0	0.041 667	0.041 667	0.041 667	0.041 667	0.166 67	−0.4
F_{18}	0.6	0.071 429	0.166 07	0.101 79	0.101 79	0	0.041 667	0.041 667	0.101 79	0.166 67	−0.366 67
F_{19}	0.4	0.041 667	0.166 07	0.041 667	0.041 667	0.041 667	0	0.041 667	0.041 667	0.041 667	−0.333 33
F_{20}	0.3	0.101 79	0.333 33	0.041 667	0.041 667	0.041 667	0.041 667	0	0.041 667	0.101 79	−0.433 33
F_{21}	0.041 667	0.041 667	0.101 79	0.041 667	0.041 667	0.041 667	0.041 667	0.041 667	0	0.041 667	−0.4
F_{22}	0.133 93	0.071 429	0.071 429	0.333 33	0.333 33	0.333 33	0.2	0.5	0.166 67	0	−0.3
F_{23}	−0.666 67	−0.041 67	−0.101 79	−0.041 67	−0.041 67	−0.041 67	−0.041 67	−0.041 67	−0.041 67	−0.041 67	0

附录 3　规范化直接影响矩阵

表 3　　　　规范化直接影响矩阵

指标	F_{1}	F_{2}	F_{3}	F_{4}	F_{5}	F_{6}	F_{7}	F_{8}	F_{9}	F_{10}	F_{11}	F_{12}
F_{1}	0	0.071 593	0.050 115	0.078 752	0.071 593	0.008 949	0.015 341	0.021 861	0.028 765	0.015 341	0.008 949	0.008 949
F_{2}	0.035 796	0	0.085 912	0.085 912	0.093 071	0.057 274	0.008 949	0.008 949	0.050 115	0.015 341	0.008 949	0.008 949
F_{3}	0.015 341	0.021 734	0	0.071 593	0.078 752	0.057 274	0.028 637	0.021 861	0.157 5	0.093 071	0.008 949	0.021 861
F_{4}	0.008 949	0.050 115	0.085 912	0	0.100 23	0.035 669	0.193 05	0.035 669	0.150 35	0.093 071	0.008 949	0.008 949
F_{5}	0.008 949	0.021 861	0.015 341	0.015 341	0	0.028 637	0.021 861	0.008 949	0.100 23	0.078 752	0.008 949	0.008 949
F_{6}	0.008 949	0.015 341	0.021 734	0.071 593	0.008 949	0	0.028 637	0.008 949	0.042 572	0.035 796	0.008 949	0.008 949
F_{7}	0.008 949	0.008 949	0.021 861	0.071 593	0.042 956	0.021 861	0	0.008 949	0.071 593	0.035 796	0.015 341	0.015 341
F_{8}	0.008 949	0.008 949	0.021 861	0.042 956	0.042 956	0.028 637	0.100 23	0	0.078 752	0.057 274	0.021 861	0.015 341
F_{9}	0.008 949	0.008 949	0.057 274	0.028 765	0.085 912	0.035 796	0.042 956	0.008 949	0	0.050 115	0.021 861	0.008 949
F_{10}	0.008 949	0.008 949	0.015 341	0.015 341	0.050 115	0.021 861	0.015 341	0.008 949	0.064 434	0	0.035 669	0.008 949
F_{11}	0.008 949	0.008 949	0.008 949	0.008 949	0.015 341	0.021 734	0.021 734	0.008 949	0.028 765	0.085 912	0	0.008 949
F_{12}	0.008 949	0.008 949	0.008 949	0.028 637	0.015 341	0.015 341	0.015 341	0.008 949	0.021 734	0.042 956	0.008 949	0
F_{13}	0.008 949	0.021 861	0.008 949	0.015 341	0.008 949	0.015 341	0.015 341	0.008 949	0.021 734	0.042 956	0.008 949	0.008 949
F_{14}	0.008 949	0.008 949	0.008 949	0.021 861	0.008 949	0.015 341	0.050 115	0.008 949	0.035 669	0.042 572	0.021 861	0.028 765
F_{15}	0.008 949	0.008 949	0.008 949	0.008 949	0.008 949	0.028 765	0.008 949	0.008 949	0.042 572	0.064 434	0.064 434	0.021 861
F_{16}	0.008 949	0.008 949	0.008 949	0.008 949	0.008 949	0.008 949	0.008 949	0.008 949	0.035 669	0.121 71	0.128 87	0.028 637
F_{17}	0.008 949	0.008 949	0.008 949	0.008 949	0.008 949	0.008 949	0.008 949	0.008 949	0.035 669	0.121 71	0.121 71	0.028 637
F_{18}	0.008 949	0.008 949	0.008 949	0.008 949	0.008 949	0.015 341	0.008 949	0.008 949	0.050 115	0.128 87	0.143 19	0.028 637
F_{19}	0.008 949	0.008 949	0.008 949	0.008 949	0.008 949	0.015 341	0.008 949	0.008 949	0.042 956	0.158 4	0.143 19	0.015 341
F_{20}	0.008 949	0.008 949	0.008 949	0.008 949	0.008 949	0.028 765	0.008 949	0.008 949	0.064 434	0.128 87	0.128 87	0.028 637
F_{21}	0.008 949	0.008 949	0.008 949	0.008 949	0.008 949	0.021 861	0.008 949	0.008 949	0.021 861	0.093 071	0.064 434	0.015 341
F_{22}	0.008 949	0.008 949	0.015 341	0.021 861	0.008 949	0.021 734	0.008 949	0.008 949	0.042 572	0.021 861	0.021 861	0.008 949
F_{23}	−0.008 95	−0.008 95	−0.008 95	−0.015 34	−0.008 95	−0.008 95	−0.008 95	−0.008 95	−0.035 8	−0.050 12	−0.021 86	−0.008 95

续表 3

指标	F_{13}	F_{14}	F_{15}	F_{16}	F_{17}	F_{28}	F_{39}	F_{20}	F_{21}	F_{22}	F_{23}
F_1	0.015 341	0.015 341	0.021 734	0.008 949	0.008 949	0.008 949	0.008 949	0.008 949	0.015 341	0.008 949	−0.015 34
F_2	0.021 734	0.008 949	0.035 669	0.008 949	0.008 949	0.008 949	0.008 949	0.008 949	0.008 949	0.008 949	−0.028 77
F_3	0.042 572	0.035 669	0.057 274	0.008 949	0.008 949	0.008 949	0.008 949	0.008 949	0.015 341	0.008 949	−0.050 12
F_4	0.028 637	0.008 949	0.028 637	0.008 949	0.008 949	0.008 949	0.008 949	0.008 949	0.008 949	0.008 949	−0.100 23
F_5	0.064 434	0.008 949	0.078 752	0.035 796	0.035 796	0.035 796	0.035 796	0.035 796	0.035 796	0.008 949	−0.100 23
F_6	0.050 115	0.100 23	0.064 434	0.008 949	0.008 949	0.008 949	0.008 949	0.008 949	0.008 949	0.008 949	−0.071 59
F_7	0.071 593	0.028 637	0.021 861	0.008 949	0.008 949	0.008 949	0.008 949	0.008 949	0.008 949	0.008 949	−0.121 71
F_8	0.015 341	0.021 861	0.015 341	0.008 949	0.008 949	0.008 949	0.008 949	0.008 949	0.008 949	0.008 949	−0.093 07
F_9	0.050 115	0.028 637	0.057 274	0.008 949	0.008 949	0.008 949	0.008 949	0.008 949	0.008 949	0.008 949	−0.150 35
F_{10}	0.015 341	0.008 949	0.042 956	0.008 949	0.008 949	0.008 949	0.008 949	0.008 949	0.008 949	0.008 949	−0.157 5
F_{11}	0.015 341	0.008 949	0.015 341	0.008 949	0.008 949	0.008 949	0.008 949	0.008 949	0.008 949	0.008 949	−0.158 4
F_{12}	0.093 071	0.050 115	0.057 274	0.008 949	0.021 861	0.035 669	0.071 593	0.008 949	0.028 637	0.008 949	−0.107 39
F_{13}	0	0.008 949	0.071 593	0.021 734	0.021 734	0.028 765	0.035 796	0.015 341	0.008 949	0.008 949	−0.100 23
F_{14}	0.028 765	0	0.035 796	0.008 949	0.008 949	0.008 949	0.008 949	0.008 949	0.008 949	0.008 949	−0.071 59
F_{15}	0.015 341	0.008 949	0	0.008 949	0.008 949	0.008 949	0.008 949	0.008 949	0.008 949	0.008 949	−0.064 43
F_{16}	0.150 35	0.015 341	0.057 274	0	0.035 669	0.008 949	0.008 949	0.008 949	0.008 949	0.008 949	−0.057 27
F_{17}	0.157 5	0.015 341	0.042 956	0.035 669	0	0.008 949	0.008 949	0.008 949	0.008 949	0.035 796	−0.085 91
F_{18}	0.128 87	0.015 341	0.035 669	0.021 861	0.021 861	0	0.008 949	0.008 949	0.021 861	0.035 796	−0.078 75
F_{19}	0.085 912	0.008 949	0.035 669	0.008 949	0.008 949	0.008 949	0	0.008 949	0.008 949	0.008 949	−0.071 59
F_{20}	0.064 434	0.021 861	0.071 593	0.008 949	0.008 949	0.008 949	0.008 949	0	0.008 949	0.021 861	−0.093 07
F_{21}	0.008 949	0.008 949	0.021 861	0.008 949	0.008 949	0.008 949	0.008 949	0.008 949	0	0.008 949	−0.085 91
F_{22}	0.028 765	0.015 341	0.015 341	0.071 593	0.071 593	0.071 593	0.042 956	0.107 39	0.035 796	0	−0.064 43
F_{23}	−0.143 19	−0.008 95	−0.021 86	−0.008 95	−0.008 95	−0.008 95	−0.008 95	−0.008 95	−0.008 95	−0.008 95	0

附录 4　综合作用矩阵

表 4　综合作用矩阵

指标	F_1	F_2	F_3	F_4	F_5	F_6	F_7	F_8	F_9	F_{10}	F_{11}
F_1	0.016 072	0.094 092	0.088 874	0.119 88	0.127 17	0.047 386	0.065 799	0.039 19	0.117 99	0.105 68	0.054 146
F_2	0.052 498	0.029 845	0.127 08	0.133 96	0.155 09	0.099 367	0.067 723	0.030 135	0.155 18	0.123 43	0.061 653
F_3	0.036 386	0.053 778	0.053 316	0.127 09	0.154 4	0.107 6	0.096 367	0.045 593	0.269 11	0.217 79	0.077 39
F_4	0.035 403	0.085 675	0.144 89	0.079 472	0.193 06	0.098 954	0.258 69	0.063 1	0.292 74	0.240 95	0.087 127
F_5	0.028 156	0.047 827	0.055 594	0.061 598	0.059 798	0.071 878	0.068 694	0.029 234	0.192 52	0.201 01	0.089 087
F_6	0.023 988	0.038 294	0.056 588	0.109 05	0.059 838	0.035 355	0.078 989	0.026 529	0.124 33	0.126 39	0.058 957
F_7	0.024 651	0.033 868	0.059 025	0.110 14	0.096 151	0.058 372	0.051 313	0.027 363	0.156 65	0.132 86	0.066 082
F_8	0.024 82	0.032 582	0.059 213	0.087 752	0.098 696	0.065 81	0.146 16	0.018 108	0.166 11	0.152 43	0.072 833
F_9	0.026 211	0.034 724	0.091 11	0.073 962	0.136 94	0.075 142	0.088 53	0.028 17	0.097 556	0.155 79	0.078 245
F_{10}	0.021 788	0.027 362	0.042 703	0.047 492	0.088 747	0.050 832	0.048 962	0.022 872	0.129 35	0.081 312	0.079 101
F_{11}	0.020 205	0.024 63	0.031 937	0.037 491	0.050 109	0.045 904	0.049 337	0.021 008	0.086 42	0.150 78	0.039 608
F_{12}	0.024 739	0.031 836	0.040 059	0.065 089	0.059 988	0.049 774	0.056 637	0.026 191	0.101 08	0.148	0.075 624
F_{13}	0.021 354	0.038 357	0.033 945	0.044 838	0.045 234	0.042 541	0.045 103	0.022 014	0.083 655	0.122 21	0.061 391
F_{14}	0.020 026	0.024 98	0.033 174	0.051 385	0.045 06	0.040 516	0.079 741	0.021 193	0.093 216	0.109 54	0.060 293
F_{15}	0.019 287	0.023 355	0.030 799	0.035 374	0.042 016	0.051 684	0.036 129	0.020 048	0.093 78	0.126 76	0.099 003
F_{16}	0.025 81	0.032 844	0.040 937	0.047 3	0.058 2	0.046 457	0.049 659	0.026 784	0.116 23	0.223 6	0.186 47
F_{17}	0.026 787	0.034 181	0.042 678	0.049 599	0.060 272	0.048 215	0.051 513	0.027 81	0.120 77	0.228 84	0.182 97
F_{18}	0.027 257	0.034 495	0.044 295	0.051 105	0.062 943	0.055 938	0.053 317	0.028 328	0.137 29	0.239 43	0.205 37
F_{19}	0.024 565	0.030 602	0.039 698	0.045 24	0.057 628	0.050 507	0.047 525	0.025 52	0.119 63	0.249 36	0.193 6
F_{20}	0.026 09	0.032 417	0.043 309	0.049 823	0.061 57	0.067 331	0.051 874	0.027 16	0.147 26	0.230 24	0.185 69
F_{21}	0.019 565	0.023 537	0.030 324	0.035 066	0.042 051	0.045 26	0.035 744	0.020 314	0.075 922	0.155 67	0.100 86
F_{22}	0.027 1	0.033 865	0.050 439	0.062 47	0.059 907	0.061 675	0.053 167	0.028 526	0.133 92	0.157 56	0.116 87

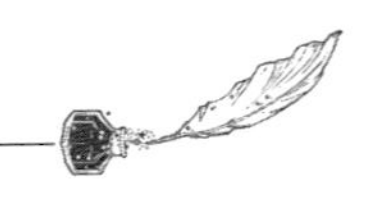

续表 4

指标	F_{12}	F_{13}	F_{14}	F_{15}	F_{16}	F_{17}	F_{28}	F_{39}	F_{20}	F_{21}	F_{22}
F_1	0.028 209	0.092 656	0.041 259	0.082 199	0.029 065	0.029 416	0.029 303	0.030 278	0.028 168	0.033 818	0.023 798
F_2	0.031 774	0.115 32	0.044 211	0.109 33	0.032 824	0.033 221	0.033 165	0.034 349	0.031 728	0.031 302	0.026 462
F_3	0.049 546	0.159 99	0.077 268	0.147 71	0.037 844	0.038 462	0.038 757	0.040 762	0.036 409	0.041 576	0.030 802
F_4	0.042 965	0.179 27	0.060 134	0.136 53	0.043 525	0.044 061	0.044 18	0.045 963	0.041 902	0.040 822	0.035 09
F_5	0.036 244	0.180 61	0.043 749	0.157 42	0.061 336	0.061 788	0.061 136	0.062 818	0.058 857	0.057 565	0.030 555
F_6	0.030 613	0.133 06	0.124 54	0.123 38	0.028 549	0.028 931	0.029 148	0.030 47	0.027 436	0.026 335	0.024 507
F_7	0.036 018	0.165 63	0.056 9	0.088 924	0.030 846	0.031 295	0.031 72	0.033 435	0.029 464	0.028 249	0.025 429
F_8	0.036 557	0.113 45	0.052 996	0.081 449	0.030 447	0.030 902	0.030 99	0.032 356	0.029 421	0.028 528	0.025 602
F_9	0.032 457	0.155 18	0.060 136	0.128 71	0.033 319	0.033 723	0.033 932	0.035 405	0.031 963	0.030 881	0.026 919
F_{10}	0.026 077	0.100 27	0.032 484	0.095 108	0.026 892	0.027 217	0.027 212	0.028 199	0.025 988	0.025 017	0.022 57
F_{11}	0.023 736	0.090 747	0.029 253	0.061 042	0.024 089	0.024 385	0.024 392	0.025 275	0.023 299	0.022 344	0.020 944
F_{12}	0.022 907	0.188 75	0.075 889	0.121 54	0.031 186	0.043 939	0.057 689	0.094 667	0.029 036	0.047 054	0.026 714
F_{13}	0.026 517	0.078 705	0.030 176	0.118 28	0.037 986	0.038 317	0.044 62	0.052 437	0.030 372	0.023 365	0.022 714
F_{14}	0.043 48	0.096 556	0.021 26	0.080 323	0.023 823	0.024 365	0.024 686	0.026 318	0.022 986	0.022 404	0.020 751
F_{15}	0.035 206	0.077 262	0.029 159	0.042 605	0.022 72	0.023 158	0.023 279	0.024 504	0.022 028	0.021 422	0.019 988
F_{16}	0.050 978	0.240 38	0.043 43	0.127 18	0.024 115	0.059 191	0.034 007	0.036 716	0.030 436	0.028 812	0.027 546
F_{17}	0.052 128	0.255 47	0.045 03	0.117 5	0.061 514	0.027 724	0.036 985	0.039 078	0.034 135	0.030 589	0.054 375
F_{18}	0.052 652	0.229 54	0.046 62	0.111 31	0.048 528	0.049 185	0.028 192	0.038 97	0.034 57	0.043 841	0.055 169
F_{19}	0.035 431	0.169 62	0.035 415	0.099 086	0.029 966	0.030 408	0.030 886	0.023 736	0.028 595	0.027 205	0.025 496
F_{20}	0.051 127	0.160 08	0.052 642	0.139 71	0.032 395	0.033 033	0.033 561	0.035 367	0.022 62	0.029 517	0.039 812
F_{21}	0.029 228	0.073 078	0.028 255	0.063 947	0.022 967	0.023 331	0.023 334	0.024 308	0.022 307	0.012 721	0.020 274
F_{22}	0.038 146	0.152 94	0.048 499	0.094 617	0.096 767	0.097 243	0.095 051	0.068 418	0.128 33	0.057 167	0.023 769

附录 5　相对贡献矩阵

表 5　相对贡献矩阵

指标	F_1	F_2	F_3	F_4	F_5	F_6	F_7	F_8	F_9	F_{10}	F_{11}
F_1	0.028 061	0.111 6	0.071 673	0.078 598	0.070 072	0.035 994	0.041 619	0.062 686	0.039 189	0.028 719	0.024 255
F_2	0.091 658	0.035 397	0.102 49	0.087 832	0.085 454	0.075 478	0.042 837	0.048 201	0.051 542	0.033 545	0.027 618
F_3	0.063 527	0.063 783	0.042 997	0.083 331	0.085 074	0.081 73	0.060 954	0.072 927	0.089 383	0.059 188	0.034 667
F_4	0.061 812	0.101 61	0.116 85	0.052 107	0.106 38	0.075 165	0.163 63	0.100 93	0.097 233	0.065 482	0.039 029
F_5	0.049 159	0.056 724	0.044 834	0.040 388	0.032 949	0.054 598	0.043 451	0.046 761	0.063 945	0.054 627	0.039 907
F_6	0.041 881	0.045 418	0.045 635	0.071 498	0.032 971	0.026 855	0.049 962	0.042 434	0.041296	0.034 348	0.026 41
F_7	0.043 038	0.040 168	0.047 601	0.072 213	0.052 98	0.044 339	0.032 456	0.043 767	0.052 031	0.036 106	0.029 602
F_8	0.043 335	0.038 643	0.047 753	0.057 536	0.054 382	0.049 989	0.092 449	0.028 964	0.055 172	0.041 426	0.032 626
F_9	0.045 763	0.041 184	0.073 476	0.048 494	0.075 454	0.057 077	0.055 997	0.045 058	0.032 403	0.042 339	0.035 05
F_{10}	0.038 041	0.032 452	0.034 438	0.031 139	0.048 9	0.038 612	0.030 969	0.036 585	0.042 964	0.022 098	0.035 434
F_{11}	0.035 277	0.029 212	0.025 756	0.024 582	0.027 61	0.034 869	0.031 207	0.033 602	0.028 704	0.040 978	0.017 743
F_{12}	0.043 192	0.037 758	0.032 306	0.042 677	0.033 054	0.037 808	0.035 824	0.041 892	0.033 573	0.040 22	0.033 876
F_{13}	0.037 283	0.045 493	0.027 375	0.029 399	0.024 924	0.032 314	0.028 529	0.035 211	0.027 786	0.033 213	0.027 5
F_{14}	0.034 964	0.029 628	0.026 753	0.033 691	0.024 828	0.030 776	0.050 438	0.033 898	0.030 961	0.029 768	0.027 009
F_{15}	0.033 674	0.027 7	0.024 838	0.023 194	0.023 151	0.039 258	0.022 852	0.032 067	0.031 149	0.034 45	0.044 349
F_{16}	0.045 063	0.038 954	0.033 014	0.031 013	0.032 068	0.035 289	0.031 411	0.042 841	0.038 606	0.060 768	0.083 532
F_{17}	0.046 769	0.040 54	0.034 418	0.032 52	0.033 21	0.036 624	0.032 583	0.044 482	0.040 113	0.062 191	0.081 962
F_{18}	0.047 589	0.040 912	0.035 722	0.033 508	0.034 682	0.042 49	0.033 724	0.045 31	0.045 602	0.065 07	0.091 996
F_{19}	0.042 889	0.036 295	0.032 015	0.029 662	0.031 753	0.038 365	0.030 061	0.040 82	0.039 734	0.067 768	0.086 723
F_{20}	0.045 551	0.038 448	0.034 927	0.032 667	0.033 926	0.051 144	0.032 811	0.043 443	0.048 913	0.062 57	0.083 181
F_{21}	0.034 16	0.027 915	0.024 455	0.022 992	0.023 17	0.034 38	0.022 609	0.032 492	0.025 217	0.042 306	0.045 18
F_{22}	0.047 315	0.040 165	0.040 677	0.040 96	0.033 009	0.046 848	0.033 629	0.045 628	0.044 483	0.042 818	0.052 351

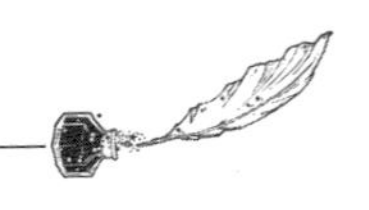

续表 5

指标	F_{12}	F_{13}	F_{14}	F_{15}	F_{16}	F_{17}	F_{28}	F_{39}	F_{20}	F_{21}	F_{22}
F_1	0.034 74	0.028 878	0.038 228	0.035 31	0.035 851	0.035 301	0.035 901	0.035 051	0.036 579	0.047 595	0.037 817
F_2	0.039 131	0.035 941	0.040 962	0.046 964	0.040 489	0.039 866	0.040 633	0.039 764	0.041 203	0.044 055	0.042 051
F_3	0.061 018	0.049 864	0.071 59	0.063 452	0.046 681	0.046 156	0.047 483	0.047 187	0.047 281	0.058 514	0.048 948
F_4	0.052 913	0.055 873	0.055 715	0.058 648	0.053 688	0.052 875	0.054 127	0.053 209	0.054 415	0.057 453	0.055 761
F_5	0.044 635	0.056 291	0.040 534	0.067 624	0.075 658	0.074 149	0.074 901	0.072 72	0.076 433	0.081 016	0.048 556
F_6	0.037 701	0.041 469	0.115 39	0.053	0.035 215	0.034 718	0.035 711	0.035 273	0.035 629	0.037 064	0.038 944
F_7	0.044 357	0.051 621	0.052 719	0.038 199	0.038 049	0.037 556	0.038 861	0.038 705	0.038 263	0.039 758	0.040 41
F_8	0.045 021	0.035 357	0.049 102	0.034 988	0.037 556	0.037 085	0.037 968	0.037 456	0.038 207	0.040 15	0.040 684
F_9	0.039 972	0.048 365	0.055 717	0.055 29	0.041 098	0.040 47	0.041 572	0.040 987	0.041 508	0.043 461	0.042 777
F_{10}	0.032 115	0.031 251	0.030 097	0.040 856	0.033 171	0.032 662	0.033 339	0.032 644	0.033 749	0.035 209	0.035 867
F_{11}	0.029 232	0.028 283	0.027 104	0.026 222	0.029 714	0.029 264	0.029 884	0.029 26	0.030 257	0.031 447	0.033 282
F_{12}	0.028 211	0.058 827	0.070 313	0.052 211	0.038 468	0.052 73	0.070 677	0.109 59	0.037 707	0.066 223	0.042 451
F_{13}	0.032 656	0.024 53	0.027 959	0.050 808	0.046 856	0.045 983	0.054 667	0.060 704	0.039 442	0.032 884	0.036 095
F_{14}	0.053 547	0.030 093	0.019 698	0.034 504	0.029 386	0.029 24	0.030 244	0.030 467	0.029 85	0.031 531	0.032 975
F_{15}	0.043 358	0.024 08	0.027 016	0.018 302	0.028 024	0.027 791	0.028 52	0.028 366	0.028 606	0.030 15	0.031 763
F_{16}	0.062 78	0.074 918	0.040 239	0.054 635	0.029 746	0.071 032	0.041 664	0.042 503	0.039 525	0.040 549	0.043 774
F_{17}	0.064 197	0.079 622	0.041 722	0.050 476	0.075 878	0.033 27	0.045 312	0.045 238	0.044 328	0.043 05	0.086 408
F_{18}	0.064 843	0.071 541	0.043 195	0.047 817	0.059 86	0.059 024	0.034 539	0.045 113	0.044 894	0.061 701	0.087 669
F_{19}	0.043 634	0.052 866	0.032 813	0.042 564	0.036 963	0.036 491	0.037 84	0.027 478	0.037 134	0.038 288	0.040 516
F_{20}	0.062 964	0.049 89	0.048 774	0.060 017	0.039 96	0.039 641	0.041 117	0.040 942	0.029 374	0.041 542	0.063 265
F_{21}	0.035 995	0.022 776	0.026 179	0.027 47	0.028 33	0.027 999	0.028 587	0.028 14	0.028 968	0.017 903	0.032 217
F_{22}	0.046 978	0.047 666	0.044 935	0.040 645	0.119 36	0.116 7	0.116 45	0.079 203	0.166 65	0.080 457	0.037 771

附录 6　煤矿系统脆性关联度评价专家问卷

尊敬的领导：

您好！

为了研究煤矿安全生产系统的安全脆弱程度，测度煤矿生产过程中的不安全状态，特制订本问卷对全矿的情况进行问卷调研，所有采集数据仅作研究之用。请您站在全矿角度，在对应的选项上选择适合本矿的对应项□内打“√”。谢谢您的配合！

第一部分 基本信息

1 您所在煤矿的所有制形式：

□乡镇煤矿　　□国有地方煤矿　　□国有重点煤矿

2 您所在煤矿的年产量规模：__________（万吨）

3 您所在煤矿企业的人员规模：

□100 人以下　□100～500 人　□500～1 000 人　□1 000～5 000 人　□5 000 人以上

4 您在煤矿任职部门：

□采煤　□掘进　□机电　□运输　□通风　□地测　□生产技术　□安全管理　□其他

5 您的工作岗位：__________

第二部分 煤矿安全生产系统脆弱程度调查

1 人员素质

1.1 身体健康状况：员工的力量、耐力、柔韧性，有无疾病等

□很差　□比较差　□一般　□较好　□良好

1.2 知识经验水平：员工的学历水平、从业经验

□很低　□比较低　□一般　□较高　□很高

1.3 疲劳程度：员工在工作中经常感觉工作量大，容易疲劳

□经常　□有时　□一般　□很少　□从来没有

1.4 情绪因素：员工工作中的情绪状况，有无人因工作闹情绪

□经常　□有时　□一般　□很少　□从来没有

附录

1.5 冒险心理:不符合安全生产条件时,有人会跃跃欲试

□经常　□有时　□一般　□极少　□从来没有

1.6 技能水平:员工经验丰富程度、操作熟练程度

□很差　□比较差　□一般　□较好　□良好

1.7 风险判断能力:员工能识别本岗位以及与自己相关的工作中的危险源,并作出合理行动判断

□很差　□比较差　□一般　□较好　□良好

1.8 学习与应变能力:生产条件变化后快速掌握生产技能和安全知识的能力

□很差　□比较差　□一般　□较好　□良好

1.9 员工的工作态度:对工作所持有的评价与行为倾向,包括工作的认真度、责任度、努力程度等

□很差　□比较差　□一般　□较好　□良好

2 机器设备

2.1 支护设备完善程度

□很差　□比较差　□一般　□较好　□良好

2.2 煤体注水覆盖率

□很差　□比较差　□一般　□较好　□良好

2.3 采后注浆覆盖率

□很差　□比较差　□一般　□较好　□良好

2.5 机械及保护设备完好程度

□很差　□比较差　□一般　□较好　□良好

2.5 采掘机械化水平

□很差　□比较差　□一般　□较好　□良好

2.6 瓦斯抽放设备完好率

□很差　□比较差　□一般　□较好　□良好

2.7 排水设备完好率

□很差　□比较差　□一般　□较好　□良好

2.8 运输机械化水平

□很差　□比较差　□一般　□较好　□良好

2.9 通信设施完善程度

□很差　□比较差　□一般　□较好　□良好

2.10 监测设备完善程度

□很差 □比较差 □一般 □较好 □良好

2.11 通风设备完好率

□很差 □比较差 □一般 □较好 □良好

2.12 防尘设施完善程度

□很差 □比较差 □一般 □较好 □良好

2.13 电器及保护设备完好率

□很差 □比较差 □一般 □较好 □良好

2.14 隔爆设施齐备率及完好率

□很差 □比较差 □一般 □较好 □良好

3 环境

3.1 地质构造情况:断层多少、复杂程度等

□很差 □比较差 □一般 □较好 □良好

3.2 煤层赋存条件:煤层厚度、煤层倾角大小、埋藏深浅等

□很差 □比较差 □一般 □较好 □良好

3.3 顶底板稳定性

□很差 □比较差 □一般 □较好 □良好

3.4 瓦斯地质条件

□很差 □比较差 □一般 □较好 □良好

3.5 水文地质条件

□很差 □比较差 □一般 □较好 □良好

3.6 煤层自燃倾向性

□极易自燃 □较容易自燃 □自燃 □基本不会 □不易自燃

3.7 煤层爆炸性

□很差 □比较差 □一般 □较好 □良好

3.8 温度:井下温度高低,是否符合规程要求

□很高或很低 □比较高或低 □一般 □较符合 □符合

3.9 湿度:井下湿度高低,是否符合规程要求

□很高或很低 □比较高或低 □一般 □较符合 □符合

3.10 空气流速:矿井通风能力及空气流速大小

□很差 □比较差 □一般 □较好 □良好

3.11 照明条件

□很差　□比较差　□一般　□较好　□良好

3.12 噪声

□很大　□比较大　□一般　□较低　□很低

3.13 粉尘、煤尘浓度

□很高　□比较高　□一般　□较低　□很低

3.14 巷道高度、宽度及整洁度

□很差　□比较差　□一般　□较好　□良好

4 组织管理

4.1 组织机构设置合理性

□很差　□比较差　□一般　□较好　□良好

4.2 规章制度完备性

□很差　□比较差　□一般　□较好　□良好

4.3 规章制度执行贯彻能力

□很差　□比较差　□一般　□较好　□良好

4.4 部门的监督管理水平

□很差　□比较差　□一般　□较好　□良好

4.5 安全质量标准化水平

□很差　□比较差　□一般　□较好　□良好

4.6 安全文化建设水平

□很低　□比较低　□中等　□较高　□很高

5 除以上因素外，您认为还有哪些重要因素会导致煤矿安全生产系统的脆弱性？请注明：

____

____

请检查您的问卷是否填写完整，再次感谢您对本次专家问卷调查的支持，祝您工作顺利！

附录7　煤矿系统动力学模型建模方程

(01) 安全管理承诺= INTEG (安全管理承诺变化,初始安全管理承诺)

Units:百分比

(02) 安全管理承诺变化=(安全管理承诺目标－安全管理承诺)/安全管理承诺改变时间

Units:百分比

(03) 安全管理承诺改变时间=13

Units:周

(04) 安全管理承诺目标=MIN(改变安全管理承诺压力，最大安全管理承诺)

Units:百分比

(05) 安全生产目标经验值=101

Units:周/人

(06) 安全学习指数=0.4

Units: Dmnl

(07) 不安全行为=1/个人相对安全承诺

Units: Dmnl

(08) 不安全状态=1/相对安全管理承诺

Units: Dmnl

(09) 产量=MIN(要求的生产率，煤矿产量水平)

Units:吨/周

(10) 产量缺口=目标生产速率－实际产量

Units:吨/周

(11) 产量损失=事故损失 * 煤矿产量水平

Units: * * undefined * *

(12) 产量增加=期望损失+(MIN(核定产量，煤矿最大产量)－煤矿产量水平)/增加产量所需时间

Units:吨/周

(13) 初始安全管理承诺=0.8

Units:百分比

(14) 初始个人安全承诺=0.8

Units:百分比

(15)初始矿工数量=4 500

Units:人

(16) 改变安全管理承诺压力=安全管理承诺 * 生产对安全优势作用效果 * 管理承诺对于相对事故率的效果

Units:百分比

(17) 改变个人安全承诺压力=个人安全承诺 * 相对事故率对个人安全承诺的影响效果 * 相对管理承诺对个人安全管理承诺的效果 * 经验对个人安全承诺的效果

Units:百分比

(18) 个人安全承诺= INTEG(个人安全承诺变化,初始个人安全承诺)

Units:百分比

(19) 个人安全承诺变化=(个人安全目标一个人安全承诺)/个人安全承诺改变时间

Units:百分比

(20) 个人安全承诺改变时间=13

Units:周

(21) 个人安全目标=MIN(改变个人安全承诺压力 ,个人最大安全承诺)

Units:百分比

(22) 个人承诺对管理承诺的遗忘=13

Units:周

(23) 个人事故学习指数=0.4

Units: Dmnl

(24) 个人相对安全承诺=个人安全承诺/正常个人安全承诺

Units: Dmnl

(25) 个人最大安全承诺=1.2

Units:百分比

(26) 工作中的经验增加=矿工数量 * 每周工作学习到的经验 * 培训

Units:周/人

(27) 工作中经验增加＝雇佣矿工平均经验＊招聘人数

Units：＊＊undefined＊＊

(28) 雇佣矿工平均经验＝60

Units:周/人

(29) 管理承诺对于相对事故率的效果＝相对事故率^管理的事故学习指数

Units:百分比

(30) 管理的事故学习指数＝0.4

Units：Dmnl

(31) 核定产量＝SMOOTH(目标生产速率，评估产量所需时间)

Units:吨/周

(32) 技术改造＝MAX(产量增加，0)

Units:吨/周

(33) 计划雇佣速率＝人数损耗＋产量缺口/(煤矿生产率＊正常雇佣时间)

Units:人/周

(34) 经验对个人安全承诺的效果＝矿工相对经验^安全学习指数

Units:百分比

(35) 经验衰减量＝矿工数量＊经验衰减率＊矿工平均经验

Units:周/人

(36) 经验衰减率＝0.001

Units:周

(37) 经验缺口＝MAX(安全生产目标经验值－矿工平均经验，0)

Units:周/人

(38) 经验消耗损失＝人数损耗＊矿工平均经验

Units:周/人

(39) 矿工初始经验＝100

Units：weeks/person

(40) 矿工平均经验＝矿工全部经验/矿工数量

Units:周/人

(41) 矿工全部经验＝INTEG(＋工作中经验增加＋工作中的经验增加－经验衰减量－经验消耗损失,初始矿工数量＊矿工初始经验)

Units:周/人

(42) 矿工数量= INTEG (+招聘人数-人数损耗,初始矿工数量)

Units:人

(43) 矿工数量最大值=煤矿最大产量/煤矿生产率

Units:人

(44) 矿工相对经验=矿工平均经验/相关经验

Units:周/人

(45) 煤矿产量水平= INTEG (+技术改造-产量损失,核定产量)

Units:吨/人*周

(46) 煤矿生产率=相对生产率*(矿工相对经验)^学习曲线指数

Units:吨/周

(47) 煤矿最大产量=130 000

Units:吨/周

(48) 平均每起事故损失=0.01

Units: Dmnl

(49) 平均事故改变时间=4

Units:周

(50) 平均事故率= INTEG ((事故率-平均事故率)/平均事故改变时间,0)

Units:次/周

(51) 目标生产速率= INTEG (0.01,10000)

Units:吨/周

(52) 每周工作学习到的经验=个人相对安全承诺

Units:周/人

(53) 评估产量所需时间=13

Units:周

(54) 评估损失速率的时间=6

Units:周

(55) 培训=经验缺口*相对安全管理承诺/培训时间

Units:周/(周*人)

(56) 培训时间=8

Units: weeks

(57) 期望损失= INTEG (期望损失变化量,0)

Units:吨/周

(58) 期望损失变化量=(产量损失-期望损失)/评估损失速率的时间

Units:吨/周

(59) 行业事故率=1

Units:次/周

(60) 实际产量=MIN(煤矿生产率 * 矿工数量，煤矿产量水平)

Units:吨/周

(61) 事故率=行业事故率 *(不安全状态+不安全行为)/2

Units:次/周

(62) 事故损失=事故率 * 平均每起事故损失

Units:百分比

(63) 人数损耗=矿工数量 * 琐碎经验损耗

Units:人/周

(64) 琐碎经验损耗=MIN(正常人数损耗 * 相对事故率对小经验的效果，1)

Units:人/周

(65) 生产的管理驱动=目标生产速率

Units: Dmnl

(66) 生产对安全的优势度指数=0.5

Units: Dmnl

(67) 生产对安全优势作用效果=生产对安全的优势度指数 * 生产驱动相对值

Units:百分比

(68) 生产驱动相对值=生产的管理驱动/正常对生产的管理驱动

Units: Dmnl

(69) FINAL TIME= 150

Units: Week

(70) 相对安全管理承诺=安全管理承诺/正常安全管理承诺

Units:百分比

(71) 相对管理承诺对个人安全管理承诺的效果=SMOOTH(相对安全管理承诺，个人承诺对管理承诺的遗忘)

Units:百分比

(72) 相对事故率=IF THEN ELSE(行业事故率=0,1，平均事故率)

Units:次/周

(73) 相对事故率对个人安全承诺的影响效果=(相对事故率)^个人事故学习指数

Units:周/人

(74) 相对事故率对小经验的效果=MAX(相对事故率，1)

Units:周/人

(75) 相对生产率=30

Units: tone/person per week

(76) 相关经验=100

Units:周/人

(77) INITIAL TIME = 0

Units: Week

(78) 学习曲线指数=0.4

Units: Dmnl

(79) 要求的生产率=MIN(实际产量，目标生产速率)

Units:吨/周

(80) 招聘人数=MIN(计划雇佣速率，最大雇佣速率)

Units:人/周

(81) 最大安全管理承诺=1.2

Units:百分比

(82) 最大雇佣速率=MAX(0，矿工数量最大值－矿工数量)/最短雇佣时间

Units:人/周

(83) 最短雇佣时间=2

Units:周

(84) 增加产量所需时间=52

Units:周

(85) 总产量= INTEG (产量,1000)

Units:吨

(86) 正常安全管理承诺=0.8

Units:百分比

(87) 正常对生产的管理驱动=1

Units: Dmnl

(88) 正常个人安全承诺=0.8

Units:百分比

(89) 正常雇佣时间=8

Units: Week

(90) 正常人数损耗=0.001

Units:人/周

(91) SAVEPER = TIME STEP

Units: Week(0,?)

(92) TIME STEP = 4

Units: Week(0,?)